수박수학

개념편

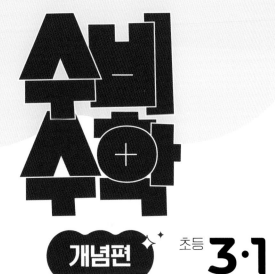

개념편 초등 **3·1**

WRITERS

미래엔콘텐츠연구회
No.1 Content를 개발하는 교육 콘텐츠 연구회

COPYRIGHT

인쇄일 2025년 2월 17일(1판1쇄)
발행일 2025년 2월 17일

펴낸이 신광수
펴낸곳 (주)미래엔
등록번호 제16−67호

초등개발본부장 황은주
개발책임 정은주 **개발** 장혜승, 김희주, 김미라, 박새연

디자인실장 손현지
디자인책임 김기욱 **디자인** 안채리

CS본부장 장명진

ISBN 979-11-7347-073-8

진짜 실력자의 수학 비법

수비수학

[개념편]

여러분에게 수학은 어떤 과목인가요?
마냥 어렵고, 공부할 것이 많은 과목이라고만 생각하진 않나요?
수학은 기본적인 원리만 완벽하게 익히면,
어떤 문제라도 척척 해결할 수 있는 과목이에요.

수비수학[개념편]은
개념의 기본적인 원리를 꼼꼼하게 익히고
개념을 적용할 수 있는 문제 집중 훈련으로
수학 실력을 키울 수 있게 하였어요.
개념북으로 교과서의 흐름에 따라 개념을 익히고,
워크북으로 개념별 문제를 집중적으로 풀어보세요.
수학 공부가 점점 재미있어지는 마법을 경험할 수 있을 거예요.

수비수학과 함께
수학의 자신감을 키워 나가요!

구성과 특징

하루에 4쪽씩 수학 개념을 익혀요.

❖ 교과서 흐름에 맞추어 개념
  의 원리를 익힐 수 있도록
  하였습니다.

❖ 학습한 개념을 스스로 채워 가며
  정리할 수 있도록 하였습니다.

❖ 개념을 바로 적용할 수 있는 확인
  문제로 공부한 내용을 잘 이해했
  는지 확인할 수 있도록 하였습니다.

❖ 익힘책 수준의 문제를 집중적으로 풀면서 개념을 확실하게
  익히고 실력을 다질 수 있도록 하였습니다.

> 중요   꼭 익혀야 하는 중요한 문제

> 잘 틀려요   문제 해결 능력을 향상시킬 수 있는
> 잘 틀리는 문제

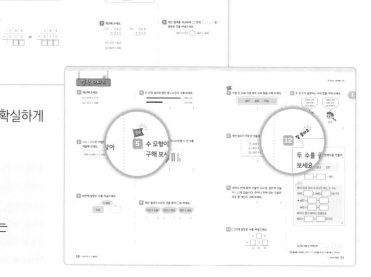

문제 집중 훈련으로 실력을 완성해요.

❖ 개념북의 실력 다지기 문제를 한 번
  더 반복 학습하여 수학 실력을 쑥쑥
  키울 수 있도록 하였습니다.

개념북으로 개념 학습을 탄탄하게!
워크북으로 수학 실력이 쑥쑥!

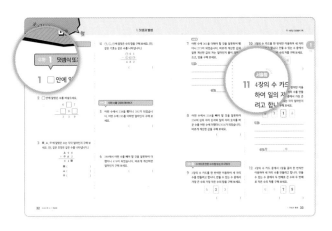

◈ 단원별 대표 응용 문제를 유형화하여 단원을 마무리할 수 있도록 하였습니다.

서술형 서술형 유형을 익힐 수 있는 문제

◈ 단원 평가에 대비하여 단원 학습을 마무리할 수 있는 문제로 구성하였습니다.

◈ 기본, 심화 2단계 구성으로 수준별 단원 평가 대비가 가능하도록 하였습니다.

차례

1
덧셈과 뺄셈

2학년
이전 학습에서
받아올림이 있는 두 자리
수의 덧셈, 받아내림이 있는
두 자리 수의 뺄셈을
공부했어요.

이 단원에서는
세 자리 수의 덧셈과 뺄셈을
공부해요!

4학년
이후 학습에서
분수, 소수의 덧셈과 뺄셈을
공부할 거예요.

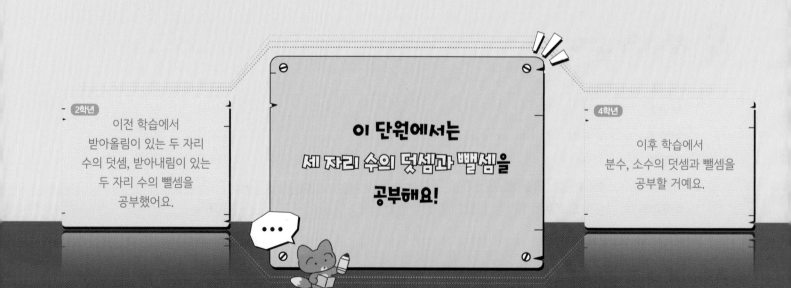

개념 1 받아올림이 없는 (세 자리 수) + (세 자리 수)

 273+124 계산하기

	2	7	3
+	1	2	4
			7

➡

	2	7	3
+	1	2	4
		9	7

➡

	2	7	3
+	1	2	4
	3	9	7

3+4=7에서 7을 일의 자리에 씁니다.

7+2=9에서 9를 십의 자리에 씁니다.

2+1=3에서 3을 백의 자리에 씁니다.

▶ 273+124를 어림하여 계산하기
273과 124를 각각 몇백으로 어림하면 273은 약 300, 124는 약 100이므로 273+124는 약 400입니다.

🔎 각 자리의 수를 맞추어 쓰고 일의 자리, 십의 자리, [백]의 자리 수끼리 더한 값을 차례로 씁니다.

확인 1 184+312를 어림하여 계산하려고 합니다. ☐ 안에 알맞은 수를 써넣으세요.

184와 312를 각각 몇백으로 어림하면 184는 약 ☐, 312는 약 ☐ 이므로

184+312는 약 ☐ 입니다.

확인 2 ☐ 안에 알맞은 수를 써넣으세요.

	1	8	4
+	3	1	2
			☐

➡

	1	8	4
+	3	1	2
		☐	☐

➡

	1	8	4
+	3	1	2
	☐	☐	☐

개념 익히기

1 수 모형을 보고 계산해 보세요.

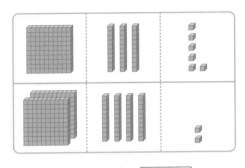

$$136 + 242 = \boxed{}$$

2 362＋117을 백의 자리부터 차례로 계산하려고 합니다. □ 안에 알맞은 수를 써넣으세요.

$300+100=\boxed{}$, $60+10=\boxed{}$,

$2+7=\boxed{}$ 이므로

$362+117=\boxed{}$ 입니다.

3 계산해 보세요.

(1)
$$\begin{array}{r} 2\ 0\ 2 \\ +\ 3\ 3\ 7 \\ \hline \end{array}$$

(2)
$$\begin{array}{r} 5\ 6\ 4 \\ +\ 2\ 1\ 3 \\ \hline \end{array}$$

(3) $137+421$

(4) $622+345$

4 빈칸에 두 수의 합을 써넣으세요.

431	321

5 계산 결과를 찾아 선으로 이어 보세요.

234＋462 •	• 796
621＋175 •	• 696

6 계산 결과를 비교하여 ◯ 안에 ＞, ＝, ＜ 중 알맞은 것을 써넣으세요.

$$105+573 \bigcirc 362+304$$

1 계산해 보세요.

(1) $254+213$

(2) $372+106$

4 두 끈의 길이의 합은 몇 cm인지 구해 보세요.

463 cm

215 cm

(   )

2 $104+295$의 어림셈을 하기 위한 식을 찾아 색칠해 보세요.

$$100+200 \bigcirc 100+300 \bigcirc 200+300$$

5 수 모형이 나타내는 수보다 460만큼 더 큰 수를 구해 보세요.

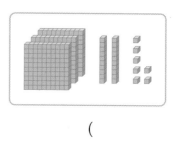

(   )

3 빈칸에 알맞은 수를 써넣으세요.

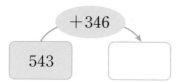

+346

543

6 계산 결과가 848인 것을 찾아 ◯표 하세요.

$752+146$ $533+315$ $467+401$

(   )   (   )   (   )

바른답·알찬풀이 2쪽

7 가장 큰 수와 가장 작은 수의 합을 구해 보세요.

| 427 265 734 |

( )

8 계산 결과가 가장 큰 것을 찾아 기호를 써 보세요.

ㄱ 324+415
ㄴ 431+254
ㄷ 202+592

( )

9 주머니 안에 흰색 구슬이 684개, 검은색 구슬이 113개 있습니다. 주머니 안에 있는 구슬은 모두 몇 개인지 구해 보세요.

( )

10 ☐ 안에 알맞은 수를 써넣으세요.

```
    1 ☐ 2
+   ☐ 2 ☐
─────────
    4 8 9
```

11 두 친구가 설명하는 수의 합을 구해 보세요.

100이 2개,
10이 3개,
1이 1개인 수

100이 4개,
10이 5개,
1이 2개인 수

하준   은주

( )

12 잘 틀려요

두 수를 골라 합이 985인 덧셈식을 만들어 보세요.

| 462 513 523 |

☐ + ☐ = 985

풀이

합의 일의 자리 수가 5가 되는 두 수는
(462, ☐), (462, ☐)입니다.

→ 462+ ☐ = ☐ ,

462+ ☐ = ☐

따라서 합이 985인 덧셈식은

462+ ☐ = ☐ 입니다.

오늘 학습 내용을 잘 이해했나요? ☺ ☺ ☹

➕ **워크북** 2쪽에서 실력 다지기 문제를 한 번 더 풀어볼 수 있어요.

개념 2

받아올림이 한 번 있는 (세 자리 수) + (세 자리 수)

137 + 328 계산하기

```
    1
    1 3 7
  + 3 2 8
  ───────
        5
```
➡
```
      1
    1 3 7
  + 3 2 8
  ───────
      6 5
```
➡
```
      1
    1 3 7
  + 3 2 8
  ───────
    4 6 5
```

십의 자리 수끼리의 합이 10이거나 10보다 크면 백의 자리로 받아올림합니다.
```
      1 ── 십의 자리에서
    2 7 4   받아올림한 수
  + 1 6 3
  ───────
    4 3 7
```

7+8=15에서 5를 일의 자리에 쓰고 1을 십의 자리 위에 작게 씁니다.

1+3+2=6에서 6을 십의 자리에 씁니다.

1+3=4에서 4를 백의 자리에 씁니다.

✏️ 일의 자리, 십의 자리, 백의 자리 수끼리 더합니다. 이때, 같은 자리 수끼리의 합이 [10] 이거나

[10] 보다 크면 바로 윗자리로 받아올림하여 계산합니다.

확인 ☐ 안에 알맞은 수를 써넣으세요.

(1)
```
        ☐
    4 3 5
  + 2 4 9
  ───────
        ☐
```
➡
```
        ☐
    4 3 5
  + 2 4 9
  ───────
      ☐ ☐
```
➡
```
        ☐
    4 3 5
  + 2 4 9
  ───────
    ☐ ☐ ☐
```

(2)
```
    3 7 6
  + 1 5 1
  ───────
        ☐
```
➡
```
        ☐
    3 7 6
  + 1 5 1
  ───────
      ☐ ☐
```
➡
```
        ☐
    3 7 6
  + 1 5 1
  ───────
    ☐ ☐ ☐
```

개념 익히기

1 수 모형을 보고 계산해 보세요.

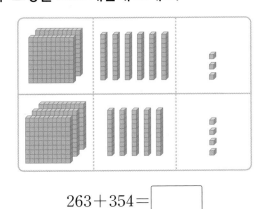

$$263+354=\boxed{}$$

2 계산해 보세요.

(1)
```
    2 4 9
  + 4 1 3
```

(2)
```
    5 5 2
  + 3 8 4
```

(3) $124+358$

(4) $473+394$

3 ☐ 안에 알맞은 수를 써넣으세요.

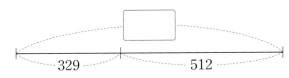

329 512

1 단원

4 두 수의 합을 구해 보세요.

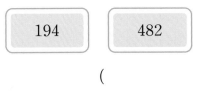

| 194 | 482 |

(   )

5 다음 덧셈식에서 ☐ 안의 수 1이 실제로 나타내는 값은 얼마인지 써 보세요.

```
      1
    3 5 9
  + 1 2 7
    4 8 6
```

(   )

6 계산 결과가 766인 것을 찾아 ◯표 하세요.

$294+472$ $527+249$

(   )   (   )

1 계산해 보세요.

(1) $128 + 253$

(2) $551 + 378$

2 빈칸에 알맞은 수를 써넣으세요.

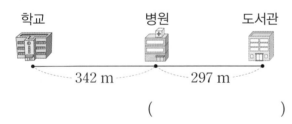

429	352	
173	654	

3 그림을 보고 학교에서 병원을 지나 도서관까지의 거리는 몇 m인지 구해 보세요.

학교　　　　　병원　　　　　도서관

342 m　　　　297 m

(　　　　　　　　)

4 나타내는 수보다 135만큼 더 큰 수를 구해 보세요.

100이 5개, 10이 4개, 1이 9개인 수

(　　　　　　　　)

5 잘못 계산한 곳을 찾아 ○표 하고, 바르게 계산해 보세요.

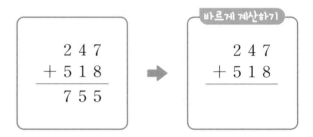

바르게 계산하기

$$\begin{array}{r} 2\ 4\ 7 \\ +\ 5\ 1\ 8 \\ \hline 7\ 5\ 5 \end{array}$$

➡

$$\begin{array}{r} 2\ 4\ 7 \\ +\ 5\ 1\ 8 \\ \hline \end{array}$$

6 계산 결과를 비교하여 ○ 안에 >, =, < 중 알맞은 것을 써넣으세요.

(1) $357 + 213$ ◯ $176 + 382$

(2) $294 + 524$ ◯ $423 + 418$

바른답·알찬풀이 3쪽

7 오늘 야구장에 입장한 여자는 574명이고 남자는 여자보다 163명 더 많았습니다. 오늘 야구장에 입장한 남자는 몇 명인지 구해 보세요.

( )

8 삼각형에 적힌 수의 합을 구해 보세요.

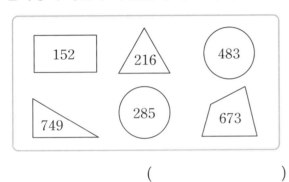

( )

9 계산 결과가 큰 것부터 차례로 기호를 써 보세요.

> ㉠ 214+495
> ㉡ 507+285
> ㉢ 370+378

( )

10 4장의 수 카드에 적힌 수 중에서 가장 큰 수와 가장 작은 수의 합을 구해 보세요.

394   139   648   752

( )

11 0부터 9까지의 수 중에서 ☐ 안에 들어갈 수 있는 수를 모두 구해 보세요.

371+262>63☐

( )

12 잘 틀려요

어떤 수에 127을 더해야 할 것을 잘못하여 뺐더니 438이 되었습니다. 바르게 계산하면 얼마인지 구해 보세요.

( )

풀이

어떤 수를 ■라 하면

■－☐＝438입니다.

→ 438+☐＝■, ■＝☐

따라서 바르게 계산하면

☐＋127＝☐입니다.

오늘 학습 내용을 잘 이해했나요? 😊 😐 😣

➕ **워크북** 4쪽에서 실력 다지기 문제를 한 번 더 풀어볼 수 있어요.

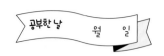
개념 3

받아올림이 여러 번 있는
(세 자리 수)+(세 자리 수)

279+368 계산하기

		1	
	2	7	9
+	3	6	8
			7

➡️

	1	1	
	2	7	9
+	3	6	8
		4	7

➡️

	1	1	
	2	7	9
+	3	6	8
	6	4	7

백의 자리에서 받아올림한 수 1은 천의 자리에 그대로 씁니다.

	1	1	
		6	3	4
+		7	8	9
	1	4	2	3

9+8=17에서 7을 일의 자리에 쓰고 1을 십의 자리 위에 작게 씁니다.

1+7+6=14에서 4를 십의 자리에 쓰고 1을 백의 자리 위에 작게 씁니다.

1+2+3=6에서 6을 백의 자리에 씁니다.

🔎 일의 자리에서 받아올림이 있으면 【십】의 자리로, 십의 자리에서 받아올림이 있으면 【백】의 자리로, 백의 자리에서 받아올림이 있으면 【천】의 자리로 받아올림하여 계산합니다.

확인 ☐ 안에 알맞은 수를 써넣으세요.

(1)

	☐		
	3	9	6
+	1	4	7
			☐

➡️

	☐	☐	
	3	9	6
+	1	4	7
		☐	☐

➡️

	☐	☐	
	3	9	6
+	1	4	7
	☐	☐	☐

(2)

	☐		
	4	5	8
+	9	5	3
			☐

➡️

	☐	☐	
	4	5	8
+	9	5	3
		☐	☐

➡️

	☐	☐	
	4	5	8
+	9	5	3
	☐	☐	☐	☐

개념 익히기

1 수 모형을 보고 계산해 보세요.

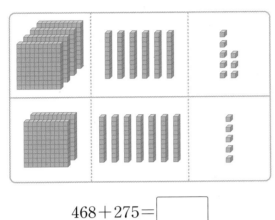

$$468 + 275 = \boxed{}$$

2 계산해 보세요.

(1)
```
    1 7 3
  + 3 5 9
```

(2)
```
    8 5 7
  + 4 8 6
```

(3) $234 + 289$

(4) $768 + 647$

3 ☐ 안에 알맞은 수를 써넣으세요.

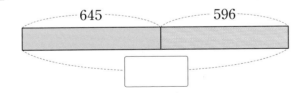

4 빈칸에 두 수의 합을 써넣으세요.

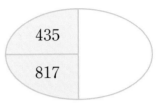

5 은우가 말한 수보다 784만큼 더 큰 수를 구해 보세요.

은우

(   )

6 계산 결과를 비교하여 ◯ 안에 >, =, < 중 알맞은 것을 써넣으세요.

(1) $349 + 593$ ◯ $265 + 678$

(2) $864 + 759$ ◯ $657 + 936$

1 계산해 보세요.

(1) $269+358$

(2) $654+827$

2 $465+285$를 두 가지 방법으로 계산하려고 합니다. ☐ 안에 알맞은 수를 써넣으세요.

방법 1

$400+200$, $60+$ ☐, $5+$ ☐ 을/를

차례로 계산해서 더하면 ☐ 입니다.

방법 2

$65+85$, $400+$ ☐ 을/를 차례로 계

산해서 더하면 ☐ 입니다.

3 빈칸에 알맞은 수를 써넣으세요.

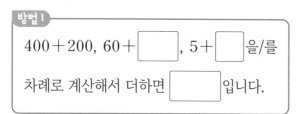

4 다음 덧셈식에서 ㉠에 알맞은 수와 ㉠이 실제로 나타내는 값을 각각 써 보세요.

```
    ㉠ 1
    8 3 6
  + 4 9 5
  ─────────
  1 3 3 1
```

㉠에 알맞은 수 (   )

㉠이 실제로 나타내는 값 (   )

5 받아올림이 세 번 있는 덧셈식을 찾아 기호를 써 보세요.

㉠ $286+459$

㉡ $697+534$

㉢ $823+158$

(   )

6 현우네 학교의 남학생은 377명이고, 여학생은 236명입니다. 현우네 학교의 학생은 모두 몇 명인지 구해 보세요.

(   )

7 계산 결과가 큰 것부터 차례로 ☐ 안에 1, 2, 3을 써넣으세요.

387＋534 ☐

615＋476 ☐

268＋749 ☐

8 해민이와 지환이가 하루 동안 한 줄넘기 횟수입니다. 하루 동안 줄넘기를 더 많이 한 친구의 이름을 써 보세요.

이름	오전	오후
해민	387번	436번
지환	593번	249번

( )

9 다음 수 중에서 짝수의 합을 구해 보세요.

| 381 | 496 | 629 | 128 |

( )

10 삼각형의 세 변의 길이의 합은 몇 cm인지 구해 보세요.

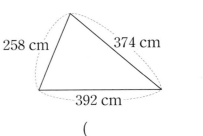

258 cm   374 cm
392 cm

( )

11 잘 틀려요

4장의 수 카드 중에서 3장을 골라 한 번씩만 이용하여 세 자리 수를 만들려고 합니다. 만들 수 있는 수 중에서 가장 큰 수와 가장 작은 수의 합을 구해 보세요.

4 9 7 1

( )

풀이

수 카드의 수를 비교하면

☐ > ☐ > ☐ > ☐ 이므로

만들 수 있는 세 자리 수 중에서 가장 큰 수는 ☐ 이고, 가장 작은 수는 ☐ 입니다.

따라서 가장 큰 수와 가장 작은 수의 합은

☐ ＋ ☐ ＝ ☐ 입니다.

오늘 학습 내용을 잘 이해했나요?

➕ **워크북** 6쪽에서 실력 다지기 문제를 한 번 더 풀어볼 수 있어요.

 개념 4

받아내림이 없는
(세 자리 수) − (세 자리 수)

385−213 계산하기

	3	8	5
−	2	1	3
			2

➡

	3	8	5
−	2	1	3
		7	2

➡

	3	8	5
−	2	1	3
	1	7	2

▶ 385−213을 어림하여 계산하기
385와 213을 각각 몇백으로 어림하면 385는 약 400, 213은 약 200이므로 385−213은 약 200입니다.

5−3=2에서 2를 일의 자리에 씁니다.

8−1=7에서 7을 십의 자리에 씁니다.

3−2=1에서 1을 백의 자리에 씁니다.

✎ 각 자리의 수를 맞추어 쓰고 일의 자리, 십의 자리, 백 의 자리 수끼리 뺀 값을 차례로 씁니다.

확인 1 496−184를 어림하여 계산하려고 합니다. ☐ 안에 알맞은 수를 써넣으세요.

496과 184를 각각 몇백으로 어림하면 496은 약 ☐ , 184는 약 ☐ 이므로

496−184는 약 ☐ 입니다.

확인 2 ☐ 안에 알맞은 수를 써넣으세요.

	4	9	6
−	1	8	4
			☐

➡

	4	9	6
−	1	8	4
		☐	☐

➡

	4	9	6
−	1	8	4
	☐	☐	☐

바른답·알찬풀이 4쪽

개념 익히기

1 수 모형을 보고 계산해 보세요.

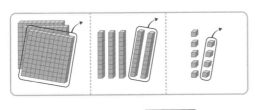

$$359-124=\boxed{}$$

2 537−216을 백의 자리부터 차례로 계산하려고 합니다. ☐ 안에 알맞은 수를 써넣으세요.

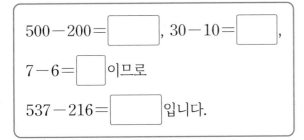

$500-200=\boxed{}$, $30-10=\boxed{}$,

$7-6=\boxed{}$ 이므로

$537-216=\boxed{}$ 입니다.

3 계산해 보세요.

(1)
```
    4 7 5
  − 2 4 3
```

(2)
```
    5 8 9
  − 1 1 7
```

(3) $348-112$

(4) $796-325$

4 ☐ 안에 알맞은 수를 써넣으세요.

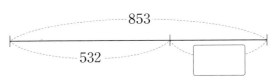

5 빈칸에 두 수의 차를 써넣으세요.

648	216

6 계산 결과를 비교하여 ◯ 안에 $>$, $=$, $<$ 중 알맞은 것을 써넣으세요.

$590-250$ ◯ $982-631$

1 계산해 보세요.

(1) $369-123$

(2) $645-204$

4 계산 결과가 서로 같은 것을 찾아 ◯표 하세요.

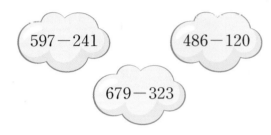

2 $398-183$의 어림셈을 하기 위한 식을 찾아 색칠해 보세요.

$$300-100 \bigcirc 400-200 \bigcirc 400-100$$

5 수 모형이 나타내는 수보다 237만큼 더 작은 수를 구해 보세요.

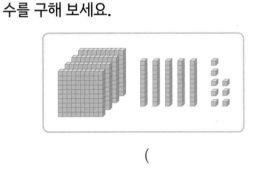

(   )

3 빈칸에 알맞은 수를 써넣으세요.

| 759 | -325 | |

6 계산 결과가 가장 작은 것을 찾아 기호를 써 보세요.

ㄱ $895-241$

ㄴ $893-281$

ㄷ $959-316$

(   )

바른답·알찬풀이 4쪽

7 지현이네 학교 학생은 579명입니다. 안경을 쓴 학생이 364명이라면 안경을 쓰지 않은 학생은 몇 명인지 구해 보세요.

(   )

8 새연이가 생각한 수를 구해 보세요.

내가 생각한 수에 426을 더했더니 738이 되었어.

새연

(   )

9 어느 가게에서 팔린 사탕 수를 맛별로 조사했습니다. 가장 많이 팔린 사탕 수와 가장 적게 팔린 사탕 수의 차를 구해 보세요.

맛별 팔린 사탕 수

맛	딸기 맛	초코 맛	포도 맛	사과 맛
사탕 수(개)	894	421	372	665

(   )

중요

10 ㉠과 ㉡이 나타내는 수의 차를 구해 보세요.

> ㉠ 100이 6개, 10이 5개, 1이 9개인 수
> ㉡ 100이 2개, 10이 3개, 1이 5개인 수

(   )

11 3장의 수 카드를 한 번씩만 이용하여 가장 큰 세 자리 수를 만들었습니다. 만든 세 자리 수보다 412만큼 더 작은 수를 구해 보세요.

5   3   9

(   )

12 **잘 틀려요**

■에 들어갈 수 있는 세 자리 수 중에서 가장 큰 수를 구해 보세요.

746−325>■

(   )

풀이

746−325=☐ 이므로 ■에는

☐ 보다 작은 수가 들어갈 수 있습니다.

따라서 ■에 들어갈 수 있는 세 자리 수 중에서 가장 큰 수는 ☐ 입니다.

오늘 학습 내용을 잘 이해했나요?

➕ **워크북** 8쪽에서 실력 다지기 문제를 한 번 더 풀어볼 수 있어요.

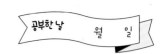
개념 5

받아내림이 한 번 있는
(세 자리 수) - (세 자리 수)

364 - 128 계산하기

```
   5  10              5  10              5  10
  3  6  4          3  6  4          3  6  4
-  1  2  8    ➡   -  1  2  8    ➡   -  1  2  8
        6              3  6          2  3  6
```

```
10+4-8=6에서
6을 일의 자리에 씁니다.
```

```
5-2=3에서 3을
십의 자리에 씁니다.
```

```
3-1=2에서 2를
백의 자리에 씁니다.
```

십의 자리 수끼리 뺄 수 없
으면 백의 자리에서 받아내
림합니다.
```
    3  10
   4  1  7
-  2  9  3
   1  2  4
```

🔍 일의 자리, 십의 자리, 백의 자리 수끼리 뺍니다. 이때, 같은 자리 수끼리 뺄 수 없으면 바로

윗자리에서 10 을 받아내림하여 계산합니다.

(확인) ☐ 안에 알맞은 수를 써넣으세요.

(1)

```
      ☐ ☐                   ☐ ☐                   ☐ ☐
   4  8  3                4  8  3                4  8  3
-  1  4  6      ➡       -  1  4  6      ➡       -  1  4  6
         ☐                     ☐ ☐                ☐ ☐ ☐
```

(2)

```
                           ☐ ☐                   ☐ ☐
   5  1  8                5  1  8                5  1  8
-  2  6  4      ➡       -  2  6  4      ➡       -  2  6  4
         ☐                     ☐ ☐                ☐ ☐ ☐
```

개념 익히기

1 수 모형을 보고 계산해 보세요.

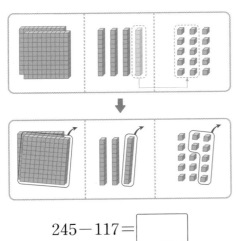

$$245 - 117 = \boxed{}$$

2 계산해 보세요.

(1)
$$\begin{array}{r} 6\ 7\ 4 \\ -\ 2\ 4\ 9 \\ \hline \end{array}$$

(2)
$$\begin{array}{r} 4\ 3\ 8 \\ -\ 1\ 6\ 5 \\ \hline \end{array}$$

(3) $371 - 206$

(4) $827 - 392$

3 두 수의 차를 구해 보세요.

(   )

4 다음 뺄셈식에서 □ 안의 수 3이 실제로 나타내는 값은 얼마인지 써 보세요.

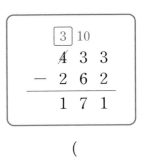

(   )

5 계산 결과를 찾아 선으로 이어 보세요.

536 - 119 •

829 - 342 •

• 487

• 457

• 417

6 계산 결과를 비교하여 ○ 안에 >, =, < 중 알맞은 것을 써넣으세요.

$$352 - 118 \bigcirc 946 - 673$$

1 계산해 보세요.

(1) 341−126

(2) 654−291

2 빈칸에 알맞은 수를 써넣으세요.

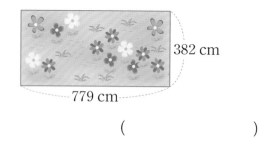

3 화단의 긴 쪽의 길이와 짧은 쪽의 길이의 차는 몇 cm인지 구해 보세요.

382 cm

779 cm

( )

4 선재가 설명하는 수보다 358만큼 더 작은 수를 구해 보세요.

100이 4개,
10이 9개,
1이 3개인 수

선재

( )

5 잘못 계산한 곳을 찾아 ○표 하고, 바르게 계산해 보세요.

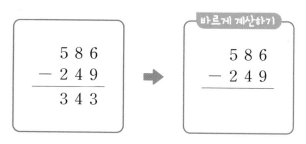

```
  5 8 6
− 2 4 9
─────
  3 4 3
```

바르게 계산하기

```
  5 8 6
− 2 4 9
─────
```

6 도서관에 책이 914권 있었습니다. 그중 163권을 학생들이 빌려 갔다면 도서관에 남아 있는 책은 몇 권인지 구해 보세요.

( )

7 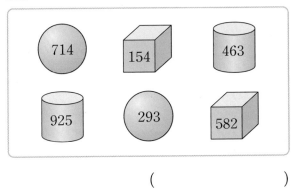 에 적힌 수의 차를 구해 보세요.

714   154   463
925   293   582

(   )

8 ☐ 안에 알맞은 수를 구해 보세요.

$$627-\square=341$$

(   )

9 계산 결과가 400보다 큰 것을 찾아 기호를 써 보세요.

㉠ 867−482
㉡ 594−206
㉢ 741−325

(   )

10 4장의 수 카드에 적힌 수 중에서 가장 큰 수와 가장 작은 수의 차를 구해 보세요.

376   839   168   503

(   )

11 같은 기호는 같은 수를 나타냅니다. ★에 알맞은 수를 구해 보세요.

· 983−345=●   · ●−174=★

(   )

12 잘 틀려요

㉠, ㉡, ㉢에 알맞은 수의 합을 구해 보세요.

$$\begin{array}{r} 6\ \boxed{㉡}\ 9 \\ -\ \boxed{㉢}\ 2\ 5 \\ \hline 1\ 9\ \boxed{㉠} \end{array}$$

(,   )

풀이

· 일의 자리 계산: 9−5=㉠, ㉠=☐

· 십의 자리 계산:
☐ +㉡−2=9, ㉡=☐

· 백의 자리 계산:
6−☐−㉢=1, ㉢=☐

→ ㉠+㉡+㉢=☐+☐+☐
=☐

오늘 학습 내용을 잘 이해했나요?

➕ 워크북 10쪽에서 실력 다지기 문제를 한 번 더 풀어볼 수 있어요.

개념 6

받아내림이 두 번 있는
(세 자리 수) - (세 자리 수)

426-279 계산하기

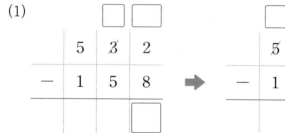

```
    1  10
  4  2  6
-  2  7  9
         7
```
➡
```
  3  11  10
  4  2  6
-  2  7  9
     4  7
```
➡
```
  3  11  10
  4  2  6
-  2  7  9
  1  4  7
```

> 10+6-9=7에서
> 7을 일의 자리에 씁니다.

> 11-7=4에서 4를
> 십의 자리에 씁니다.

> 3-2=1에서 1을
> 백의 자리에 씁니다.

일의 자리 수끼리 뺄 수 없고 빼지는 수의 십의 자리 수가 0일 때에는 먼저 백의 자리에서 십의 자리로 받아내림하고, 십의 자리에서 다시 일의 자리로 받아내림합니다.

```
       9
   2  10 10
   3  0  4
-  1  6  8
   1  3  6
```

✏️ 일의 자리 수끼리 뺄 수 없으면 [십]의 자리에서, 십의 자리 수끼리 뺄 수 없으면 [백]의 자리에서 받아내림하여 계산합니다.

확인 ⟩ □ 안에 알맞은 수를 써넣으세요.

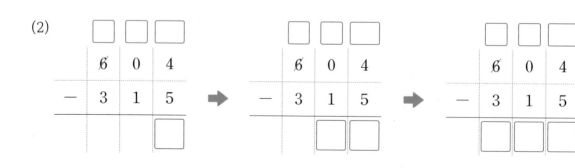

(1)
```
      □  □
   5  3  2
-  1  5  8
         □
```
➡
```
   □  □  □
   5  3  2
-  1  5  8
      □  □
```
➡
```
   □  □  □
   5  3  2
-  1  5  8
   □  □  □
```

(2)
```
   □  □  □
   6  0  4
-  3  1  5
         □
```
➡
```
   □  □  □
   6  0  4
-  3  1  5
      □  □
```
➡
```
   □  □  □
   6  0  4
-  3  1  5
   □  □  □
```

개념 익히기

1 수 모형을 보고 계산해 보세요.

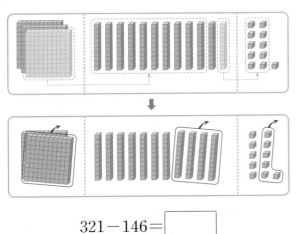

$321 - 146 =$ ☐

2 계산해 보세요.

(1)
$$\begin{array}{r} 4\ 7\ 2 \\ -\ 2\ 9\ 8 \\ \hline \end{array}$$

(2)
$$\begin{array}{r} 6\ 1\ 3 \\ -\ 3\ 7\ 5 \\ \hline \end{array}$$

(3) $524 - 169$

(4) $835 - 597$

3 ☐ 안에 알맞은 수를 써넣으세요.

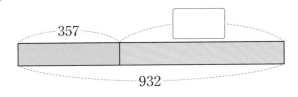

357

932

4 빈칸에 두 수의 차를 써넣으세요.

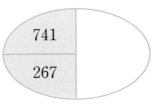

741

267

5 다음이 나타내는 수를 구해 보세요.

507보다 239만큼 더 작은 수

( )

6 계산 결과가 469인 것을 찾아 색칠해 보세요.

653 − 184

924 − 495

1 계산해 보세요.

(1) $372 - 198$

(2) $761 - 164$

2 $643 - 288$을 두 가지 방법으로 계산하려고 합니다. ☐ 안에 알맞은 수를 써넣으세요.

방법1

$500 - 200$, $130 - \boxed{}$, $13 - \boxed{}$을/를 차례로 계산해서 더하면 $\boxed{}$입니다.

방법2

$143 - \boxed{}$, $500 - \boxed{}$을/를 차례로 계산해서 더하면 $\boxed{}$입니다.

3 빈칸에 알맞은 수를 써넣으세요.

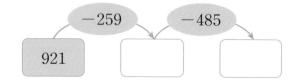

4 다음 뺄셈식에서 ㉠에 알맞은 수와 ㉠이 실제로 나타내는 값을 차례로 쓴 것은 어느 것인가요? (　　　)

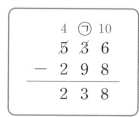

$$\begin{array}{r} 4\ \ ㉠\ \ 10 \\ \not5\ \not3\ 6 \\ -\ 2\ 9\ 8 \\ \hline 2\ 3\ 8 \end{array}$$

① 2, 2　　② 2, 20　　③ 12, 200
④ 12, 12　　⑤ 12, 120

5 계산 결과가 가장 큰 것을 찾아 기호를 써 보세요.

㉠ $715 - 249$
㉡ $934 - 567$
㉢ $621 - 185$

(　　　　　　)

6 집에서 학교까지의 거리와 집에서 공원까지의 거리는 다음과 같습니다. 학교와 공원 중 어느 곳이 집에서 몇 m 더 멀리 떨어져 있는지 구해 보세요.

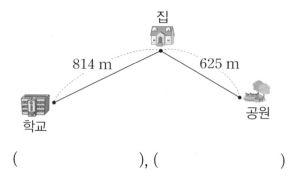

(　　　　　), (　　　　　　)

바른답·알찬풀이 6쪽

1 단원

7 길이가 7 m인 철사 중에서 286 cm를 사용하였습니다. 남은 철사는 몇 cm인지 구해 보세요.

( )

 8 ☐ 안에 알맞은 수를 찾아 선으로 이어 보세요.

$645 - \boxed{} = 179$ •

• 446

• 456

$832 - \boxed{} = 386$ •

• 466

9 3장의 수 카드를 한 번씩만 이용하여 세 자리 수를 만들려고 합니다. 만들 수 있는 수 중에서 가장 큰 수와 가장 작은 수의 차를 구해 보세요.

$\boxed{4}$ $\boxed{9}$ $\boxed{6}$

( )

10 윤서와 주원이가 고른 수를 보기에서 각각 찾아 두 수의 차를 구해 보세요.

보기

| 532 | 485 | 276 | 351 | 755 |

윤서: 내가 고른 수는 200보다 크고 300보다 작아.

주원: 내가 고른 수는 숫자 5가 두 번 들어가.

( )

11 잘 틀려요

두 수를 골라 차가 가장 큰 뺄셈식을 만들어 보세요.

| 486 | 279 | 508 | 813 |

$\boxed{} - \boxed{} = \boxed{}$

풀이

두 수의 차가 가장 큰 뺄셈식을 만들려면 가장 큰 수에서 가장 작은 수를 빼야 합니다.

가장 큰 수는 $\boxed{}$, 가장 작은 수는

$\boxed{}$ 이므로 차가 가장 큰 뺄셈식은

$\boxed{} - \boxed{} = \boxed{}$ 입니다.

오늘 학습 내용을 잘 이해했나요?

➕ **워크북** 12쪽에서 실력 다지기 문제를 한 번 더 풀어볼 수 있어요.

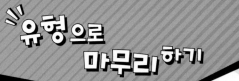

유형 **1** 덧셈식 또는 뺄셈식 완성하기

1 ☐ 안에 알맞은 수를 써넣으세요.

```
  ☐ 7 ☐
+ 3 ☐ 6
─────────
  7 9 7
```

2 ☐ 안에 알맞은 수를 써넣으세요.

```
  6 ☐ 7
- ☐ 9 ☐
─────────
  3 3 9
```

3 ■, ▲, ●에 알맞은 수는 각각 얼마인지 구해 보세요. (단, 같은 모양은 같은 수를 나타냅니다.)

```
  ▲ 9 8
+ ● ▲ 2
─────────
  8 4 ■
```

■ (   )

▲ (   )

● (   )

4 ㉠, ㉡, ㉢에 알맞은 수의 합을 구해 보세요. (단, 같은 기호는 같은 수를 나타냅니다.)

```
  ㉠ 6 1
- ㉡ ㉢ ㉠
─────────
  4 8 2
```

(   )

유형 **2** 어떤 수를 구하여 계산하기

5 어떤 수에서 238을 뺐더니 392가 되었습니다. 어떤 수에 195를 더하면 얼마인지 구해 보세요.

(   )

6 289에서 어떤 수를 빼야 할 것을 잘못하여 더했더니 476이 되었습니다. 바르게 계산하면 얼마인지 구해 보세요.

(   )

서술형

7 어떤 수에 361을 더해야 할 것을 잘못하여 뺐더니 273이 되었습니다. 바르게 계산한 값과 잘못 계산한 값의 차는 얼마인지 풀이 과정을 쓰고, 답을 구해 보세요.

풀이 _____

_____

_____

답 _____

8 어떤 수에서 258을 빼야 할 것을 잘못하여 258의 십의 자리 숫자와 일의 자리 숫자를 바꾼 수를 어떤 수에 더했더니 614가 되었습니다. 바르게 계산한 값을 구해 보세요.

( )

유형 3 수 카드로 만든 수의 합 또는 차 구하기

9 3장의 수 카드를 한 번씩만 이용하여 세 자리 수를 만들려고 합니다. 만들 수 있는 수 중에서 가장 큰 수와 가장 작은 수의 합을 구해 보세요.

| 6 | 2 | 3 |

( )

10 3장의 수 카드를 한 번씩만 이용하여 세 자리 수를 만들려고 합니다. 만들 수 있는 수 중에서 가장 큰 수와 가장 작은 수의 차를 구해 보세요.

| 5 | 8 | 4 |

( )

서술형

11 4장의 수 카드 중 3장을 골라 한 번씩만 이용하여 일의 자리 숫자가 8인 세 자리 수를 만들려고 합니다. 만들 수 있는 수 중에서 가장 큰 수와 가장 작은 수의 합과 차는 각각 얼마인지 풀이 과정을 쓰고, 답을 구해 보세요.

| 8 | 3 | 1 | 6 |

풀이 _____

_____

_____

답 합: , 차:

12 4장의 수 카드 중에서 3장을 골라 한 번씩만 이용하여 세 자리 수를 만들려고 합니다. 만들 수 있는 수 중에서 두 번째로 큰 수와 두 번째로 작은 수의 차를 구해 보세요.

| 4 | 9 | 7 | 5 |

( )

13 종이 2장에 세 자리 수를 한 개씩 써 놓았는데 그중 한 장이 찢어져서 백의 자리 숫자만 보입니다. 두 수의 합이 518일 때 찢어진 종이에 적힌 세 자리 수를 구해 보세요.

| 362 | 1 |

( )

14 종이 2장에 세 자리 수를 한 개씩 써 놓았는데 그중 한 장이 찢어져서 백의 자리 숫자만 보입니다. 두 수의 차가 498일 때 두 수의 합을 구해 보세요.

| 743 | 2 |

( )

15 종이 2장에 세 자리 수를 한 개씩 써 놓았는데 그중 한 장이 찢어져서 일의 자리 숫자만 보입니다. 두 수의 합이 851일 때 두 수의 차를 구해 보세요.

| 597 | 4 |

( )

16 종이 2장에 세 자리 수를 각각 써 놓은 후 그중 한 장을 뒤집어 놓았습니다. 두 수의 합이 971일 때 두 수의 차를 구해 보세요.

| 485 | |

( )

17 색 테이프 2장을 137 cm만큼 겹치게 이어 붙였습니다. 이어 붙인 색 테이프의 전체 길이는 몇 cm인지 구해 보세요.

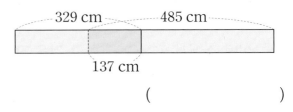

329 cm   485 cm
137 cm

( )

서술형

18 길이가 458 cm인 색 테이프 2장을 197 cm만큼 겹치게 이어 붙였습니다. 이어 붙인 색 테이프의 전체 길이는 몇 cm인지 풀이 과정을 쓰고, 답을 구해 보세요.

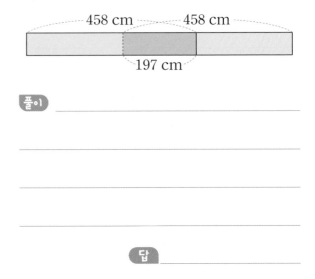

458 cm   458 cm
197 cm

풀이 _____

_____

_____

_____

답 _____

19 길이가 487 cm인 색 테이프 2장을 겹치게 이어 붙였습니다. 이어 붙인 색 테이프의 전체 길이가 688 cm일 때, 겹쳐진 부분의 길이는 몇 cm인지 구해 보세요.

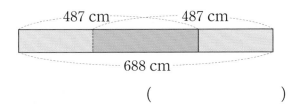

487 cm   487 cm

688 cm

(   )

20 길이가 296 cm인 색 테이프 3장을 같은 길이만큼씩 이어 붙였습니다. 이어 붙인 색 테이프의 전체 길이가 676 cm일 때, 겹쳐진 한 부분의 길이는 몇 cm인지 구해 보세요.

296 cm   296 cm   296 cm

676 cm

(   )

유형 **6** □안에 들어갈 수 있는 수 구하기

21 □ 안에 들어갈 수 있는 세 자리 수 중에서 가장 작은 수를 구해 보세요.

$$385 + \boxed{} > 706$$

(   )

22 □ 안에 들어갈 수 있는 세 자리 수 중에서 가장 큰 수를 구해 보세요.

$$527 < 933 - \boxed{}$$

(   )

서술형

23 0부터 9까지의 수 중에서 □ 안에 들어갈 수 있는 모든 수의 합을 구하려고 합니다. 풀이 과정을 쓰고, 답을 구해 보세요.

$$589 + 33\boxed{} > 926$$

풀이 _____

_____

_____

답 _____

24 □ 안에 공통으로 들어갈 수 있는 세 자리 수를 모두 구해 보세요.

• $842 - 426 > 585 - \boxed{}$

• $568 - \boxed{} > 260 + 136$

(   )

오늘 학습 내용을 잘 이해했나요? ☺ ☺ ☹

➕ **워크북** 14쪽에서 단원 마무리하기 문제를 풀어볼 수 있어요.

2

평면도형

2학년

이전 학습에서
삼각형과 사각형, 원을
공부했어요.

이 단원에서는
선의 종류를 알고
각, 직각, 직각삼각형,
직사각형, 정사각형을
공부해요!

3학년

이후 학습에서
원의 중심과 반지름, 지름을
공부할 거예요.

선분, 반직선, 직선

선분, 반직선, 직선 알아보기

(1) 두 점을 곧게 이은 선을 **선분**이라고 합니다.

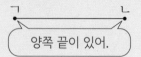
양쪽 끝이 있어.

점 ㄱ과 점 ㄴ을 이은 선분
→ 선분 ㄱㄴ 또는 선분 ㄴㄱ

> ▶ 곧은 선: 구부러지지 않고 반듯한 선
> ───────
> ▶ 굽은 선: 구부러진 선

(2) 한 점에서 시작하여 한쪽으로 끝없이 늘인 곧은 선을 **반직선**이라고 합니다.

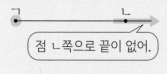
점 ㄴ쪽으로 끝이 없어.

점 ㄱ에서 시작하여 점 ㄴ을 지나는 반직선
→ 반직선 ㄱㄴ

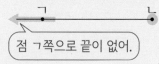
점 ㄱ쪽으로 끝이 없어.

점 ㄴ에서 시작하여 점 ㄱ을 지나는 반직선
→ 반직선 ㄴㄱ

참고 반직선 ㄱㄴ과 반직선 ㄴㄱ은 끝없이 늘인 방향이 다르므로 서로 다른 반직선입니다.

(3) 선분을 양쪽으로 끝없이 늘인 곧은 선을 **직선**이라고 합니다.

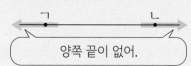
양쪽 끝이 없어.

점 ㄱ과 점 ㄴ을 지나는 직선
→ 직선 ㄱㄴ 또는 직선 ㄴㄱ

🔍 두 점을 곧게 이은 선을 선분 이라고 합니다.

🔍 한 점에서 시작하여 한쪽으로 끝없이 늘인 곧은 선을 반직선 이라고 합니다.

🔍 선분을 양쪽으로 끝없이 늘인 곧은 선을 직선 이라고 합니다.

확인) 관계있는 것끼리 선으로 이어 보세요.

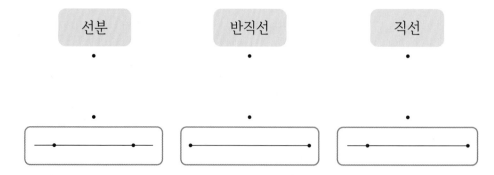

| 선분 | 반직선 | 직선 |

바른답·알찬풀이 9쪽

1 곧은 선에 ◯표, 굽은 선에 △표 하세요.

(   )   (   )   (   )

2 주어진 도형을 찾아 ◯표 하세요.

(1) 선분

(   )   (   )   (   )

(2) 반직선

(   )   (   )   (   )

(3) 직선

(   )   (   )   (   )

3 주어진 도형의 이름을 찾아 색칠해 보세요.

(1)

| 선분 ㄱㄴ | 직선 ㄱㄴ |

(2) ㄷ   ㄹ

| 선분 ㄷㄹ | 직선 ㄷㄹ |

4 관계있는 것끼리 선으로 이어 보세요.

반직선 ㅁㅂ •

반직선 ㅂㅁ •

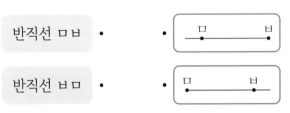

5 주어진 도형을 각각 그어 보세요.

(1) 선분 ㄱㄴ

(2) 반직선 ㄷㄹ

(3) 직선 ㅁㅂ

6 바르게 설명한 것에 ◯표, 잘못 설명한 것에 ✕표 하세요.

(1) 직선은 끝이 있지만 선분은 끝이 없습니다.

(   )

(2) 반직선은 선분을 한쪽으로 끝없이 늘인 곧은 선입니다. (   )

1 곧은 선과 굽은 선으로 분류하여 기호를 써 보세요.

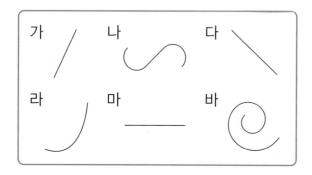

곧은 선	굽은 선

2 점 ㄱ과 점 ㄴ을 이은 선분을 찾아 기호를 써 보세요.

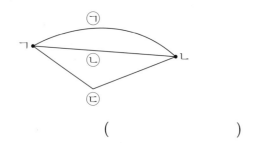

( )

3 반직선 ㄹㄷ은 어느 것인가요? ( )

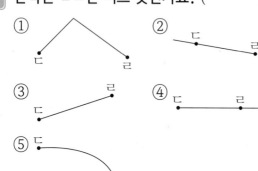

4 선분, 반직선, 직선을 각각 모두 찾아 이름을 써 보세요.

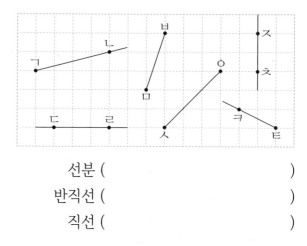

선분 ( )

반직선 ( )

직선 ( )

5 직선은 선분보다 몇 개 더 많은지 구해 보세요.

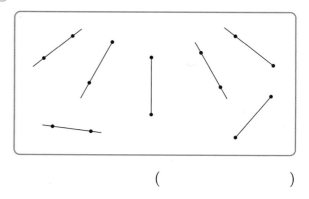

( )

6 선분 ㅅㅇ, 반직선 ㅁㅂ, 직선 ㅈㅊ을 각각 그어 보세요.

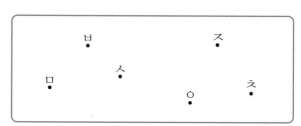

7 도형에서 찾을 수 있는 선분은 모두 몇 개인지 구해 보세요.

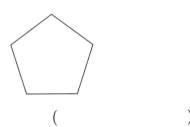

(   )

8 직선 ㄱㄴ 위에 점 ㄷ이 있습니다. 점 ㄷ에서 시작하여 점 ㄴ을 지나는 곧은 선을 그어 보고, 그은 선의 이름을 써 보세요.

(   )

9 선분, 반직선, 직선에 대해 잘못 설명한 것을 찾아 기호를 써 보세요.

> ㉠ 선분은 반직선의 일부분입니다.
> ㉡ 반직선 ㅁㅂ과 반직선 ㅂㅁ은 같습니다.
> ㉢ 두 점을 지나는 직선은 1개뿐입니다.

(   )

10 알맞은 말에 ◯표 하고, 이유를 써 보세요.

반직선 ㅇㅈ이 (맞습니다 , 아닙니다).

이유 _____

_____

_____

11 잘 틀려요

4개의 점 중에서 2개의 점을 이어 그을 수 있는 선분은 모두 몇 개인지 구해 보세요.

(   )

풀이

선분은 두 점을 곧게 이은 선입니다.
4개의 점 중에서 2개의 점을 이어 그을 수 있는 선분을 모두 그어 봅니다.

따라서 그을 수 있는 선분은 모두 ☐ 개 입니다.

오늘 학습 내용을 잘 이해했나요?

➕ **워크북** 20쪽에서 실력 다지기 문제를 한 번 더 풀어볼 수 있어요.

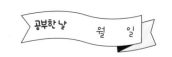
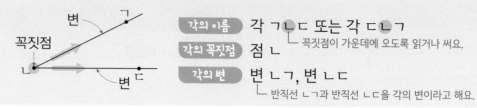
각 알아보기

한 점에서 그은 두 반직선으로 이루어진 도형을 **각**이라고 합니다.
각에서 두 반직선이 시작되는 점을 각의 **꼭짓점**, 두 반직선을 각의 **변**이라고 합니다.

변 ㄱ

꼭짓점

ㄴ   변 ㄷ

각의 이름	각 ㄱㄴㄷ 또는 각 ㄷㄴㄱ

└─ 꼭짓점이 가운데에 오도록 읽거나 써요.

각의 꼭짓점	점 ㄴ

각의 변	변 ㄴㄱ, 변 ㄴㄷ

└─ 반직선 ㄴㄱ과 반직선 ㄴㄷ을 각의 변이라고 해요.

✏️ 각 ㄱㄴㄷ은 점 ㄴ 에서 시작하는 두 반직선으로 이루어진 도형입니다.

확인 1 각을 보고 ☐ 안에 알맞게 써넣으세요.

ㄱ

ㄷ   ㄴ

각	각 ㄱㄴㄷ 또는 각 ☐

꼭짓점	점 ☐		변	변 ☐ , 변 ☐

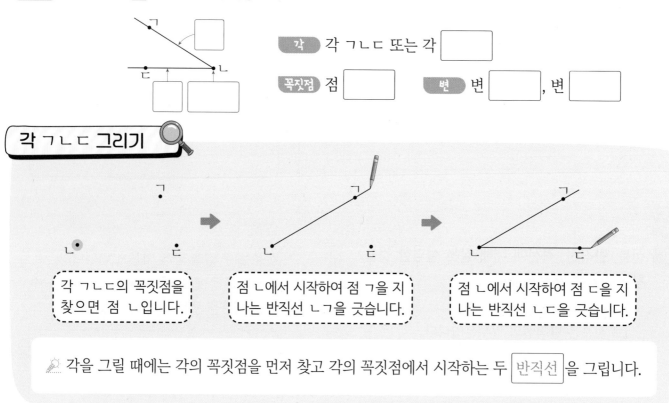
각 ㄱㄴㄷ 그리기

각 ㄱㄴㄷ의 꼭짓점을 찾으면 점 ㄴ입니다.

점 ㄴ에서 시작하여 점 ㄱ을 지나는 반직선 ㄴㄱ을 긋습니다.

점 ㄴ에서 시작하여 점 ㄷ을 지나는 반직선 ㄴㄷ을 긋습니다.

✏️ 각을 그릴 때에는 각의 꼭짓점을 먼저 찾고 각의 꼭짓점에서 시작하는 두 반직선 을 그립니다.

확인 2 각 ㄱㄴㄷ을 완성해 보세요.

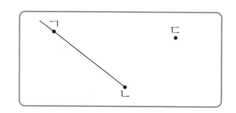

개념 익히기

1 각을 찾아 ◯표 하세요.

(   )   (   )   (   )

2 각을 보고 ☐ 안에 알맞은 수를 써넣으세요.

각에는 변이 ☐개, 꼭짓점이 ☐개 있습니다.

3 각의 꼭짓점을 써 보세요.

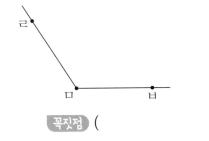

꼭짓점 (   )

4 각을 바르게 읽은 것을 모두 찾아 색칠해 보세요.

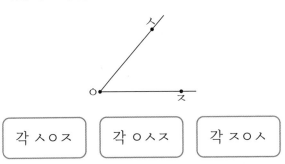

각 ㅅㅇㅈ   각 ㅇㅅㅈ   각 ㅈㅇㅅ

5 세 점을 이용하여 꼭짓점이 다음과 같은 각을 각각 그려 보세요.

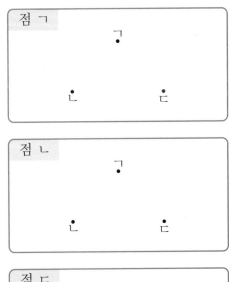

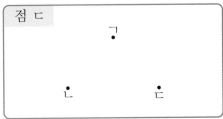

6 도형에서 각을 모두 찾아 ◯표 하세요.

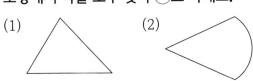

(1)   (2)

실력 다지기

1 그림에서 표시한 부분과 같이 한 점에서 그은 두 반직선으로 이루어진 도형을 무엇이라고 하는지 써 보세요.

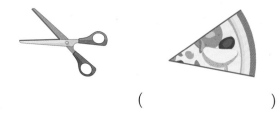

(   )

2 각 ㄴㄷㄹ을 찾아 ◯표 하세요.

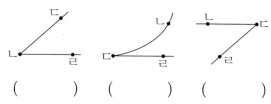

(   )   (   )   (   )

3 삼각자를 이용하여 그린 각입니다. 각의 이름과 변을 써 보세요.

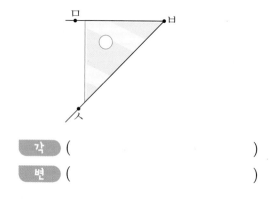

각 (   )

변 (   )

4 각이 <u>없는</u> 도형은 어느 것인가요? (   )

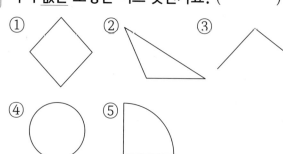

5 다음 각에 대해 <u>잘못</u> 설명한 것을 찾아 기호를 써 보세요.

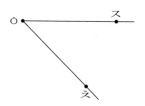

> ㉠ 각의 꼭짓점은 점 ㅇ입니다.
> ㉡ 각 ㅇㅈㅊ이라고 읽습니다.
> ㉢ 각의 변은 변 ㅇㅈ과 변 ㅇㅊ으로 2개입니다.

(   )

6 각 ㅌㅎㅍ을 그리고, 각의 꼭짓점과 각의 변을 써 보세요.

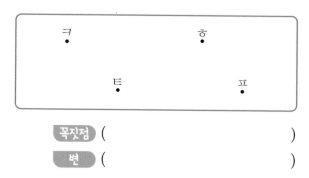

꼭짓점 (   )

변 (   )

● 바른답·알찬풀이 11쪽

7 도형에서 점 ㄱ을 꼭짓점으로 하는 각은 모두 몇 개인지 구해 보세요.

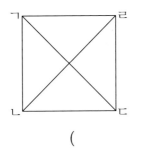

(   )

8 중요 각의 수가 많은 도형부터 차례로 기호를 써 보세요.

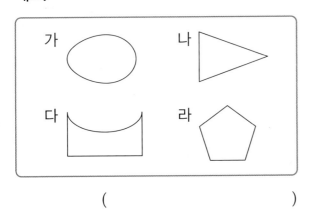

(   )

9 승현이가 다음과 같이 각을 잘못 그렸습니다. 잘못된 이유를 써 보세요.

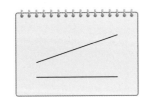

이유 _____

_____

_____

10 5개의 점 중에서 3개의 점을 이용하여 각을 그릴 때 점 ㄴ을 꼭짓점으로 하는 각은 모두 몇 개인지 구해 보세요.

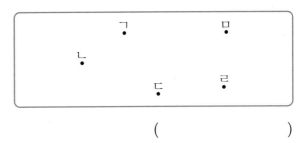

(   )

11 잘 틀려요

그림에서 찾을 수 있는 크고 작은 각은 모두 몇 개인지 구해 보세요.

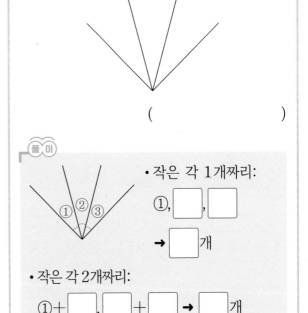

(   )

풀이

• 작은 각 1개짜리:
①, ☐, ☐
➡ ☐ 개

• 작은 각 2개짜리:
①+☐, ☐+☐ ➡ ☐ 개

• 작은 각 3개짜리:
①+☐+☐ ➡ ☐ 개

따라서 크고 작은 각은 모두
☐+☐+☐=☐ (개)입니다.

오늘 학습 내용을 잘 이해했나요? ☺ ☺ ☹

➕ 워크북 22쪽에서 실력 다지기 문제를 한 번 더 풀어볼 수 있어요.

직각 알아보기

그림과 같이 종이를 반듯하게 두 번 접었을 때 생기는 각을 **직각**이라고 합니다.

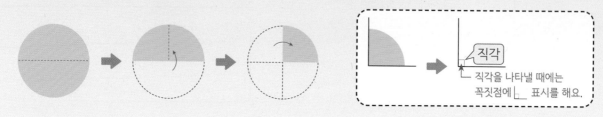

직각을 나타낼 때에는 꼭짓점에 └ 표시를 해요.

💡 오른쪽 그림과 같이 삼각자의 직각 부분을 대었을 때 꼭 맞게 겹쳐지면 이 각은
직각 입니다.

확인 1 (보기)와 같이 삼각자에서 직각을 찾아 └ 표시를 해 보세요.

보기

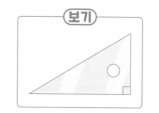   

직각 그리기

 한 변을 긋습니다.

그은 변의 한쪽 끝이 꼭짓점이 되도록 삼각자를 놓습니다.

 삼각자의 직각 부분을 따라 다른 변을 긋습니다.

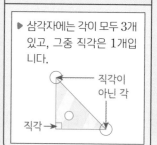

▶ 삼각자에는 각이 모두 3개 있고, 그중 직각은 1개입니다.

직각이 아닌 각

직각 →

💡 직각을 그릴 때에는 삼각자의 직각 부분을 이용합니다.

확인 2 주어진 선분을 한 변으로 하는 직각을 그려 보세요.

(1)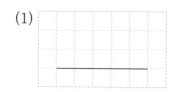

(2)

개념 익히기

1 도형을 보고 물음에 답해 보세요.

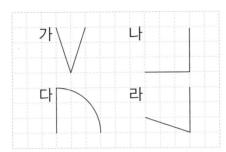

(1) 각을 모두 찾아 기호를 써 보세요.

(   )

(2) 직각을 찾아 기호를 써 보세요.

(   )

2 직각을 찾아 ◯표 하세요.

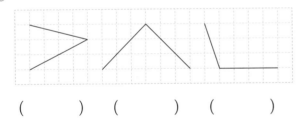

(   )   (   )   (   )

3 도형에서 직각을 모두 찾아 └ 표시를 해 보세요.

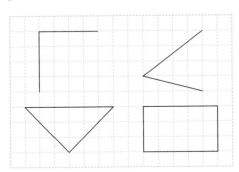

4 직각을 그리기 위해 점 ㄱ과 이어야 하는 점은 어느 것인가요? (   )

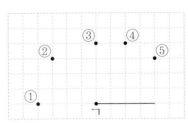

5 도형에서 직각을 모두 찾아 └ 표시를 하고, 직각이 모두 몇 개인지 구해 보세요.

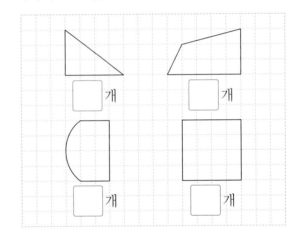

☐ 개   ☐ 개

☐ 개   ☐ 개

6 도형에서 찾을 수 있는 직각은 모두 몇 개인지 구해 보세요.

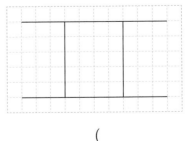

(   )

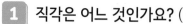

실력 다지기

1 직각은 어느 것인가요? (   )

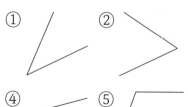

① ② ③
④ ⑤

2 삼각자를 사용하여 직각을 바르게 그린 것에
○표 하세요.

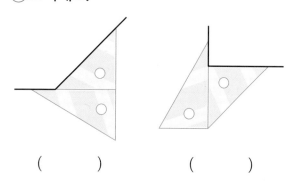

(   )   (   )

3 직각을 찾아 써 보세요.

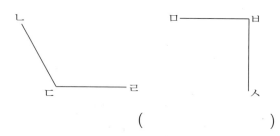

(   )

4 도형에서 직각을 모두 찾아 └ 표시를 하고,
직각은 모두 몇 개인지 구해 보세요.

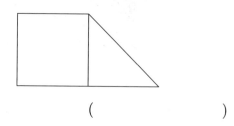

(   )

5 직각을 모두 찾아 써 보세요.

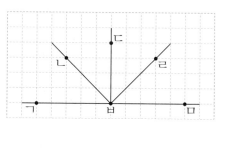

(   )

6 점 ㅇ을 꼭짓점으로 하는 직각을 그려 보세요.

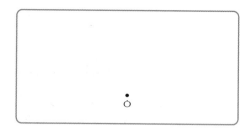

바른답·알찬풀이 12쪽

7 보기 와 같이 직각이 2개 있는 모양을 그려 보세요.

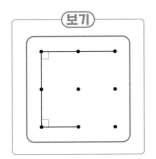
보기

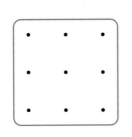

8 직각은 모두 몇 개인지 구해 보세요.

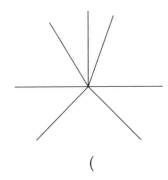

(   )

9 직각의 수가 가장 많은 도형을 찾아 기호를 써 보세요.

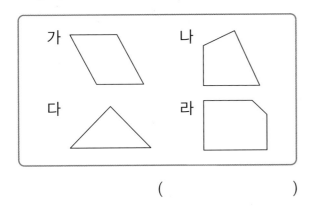

(   )

10 시계의 긴바늘과 짧은바늘이 이루는 작은 쪽의 각이 직각인 시각을 모두 찾아 ◯표 하세요.

| 3시 | 4시 | 6시 | 9시 | 12시 |

11 잘 틀려요

글자에서 찾을 수 있는 직각은 모두 몇 개인지 구해 보세요.

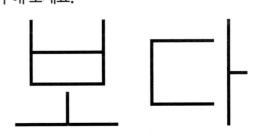

(   )

풀이

글자에서 직각을 모두 찾아 └ 표시를 해 봅니다.

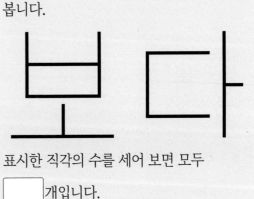

표시한 직각의 수를 세어 보면 모두 ☐ 개입니다.

오늘 학습 내용을 잘 이해했나요? ☺ 😐 😣

➕ **워크북** 24쪽에서 실력 다지기 문제를 한 번 더 풀어볼 수 있어요.

개념 4 직각삼각형

🔍 직각삼각형 알아보기

한 각이 직각인 삼각형을 **직각삼각형**이라고 합니다.

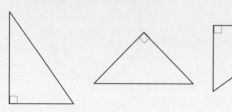

- 변이 3개입니다.
- 꼭짓점이 3개입니다.
- 각이 3개이고, 그중 1개는 직각입니다.

✏️ 한 각이 직각 인 삼각형을 직각삼각형이라고 합니다.

확인 1 직각삼각형을 보고 빈칸에 알맞은 수를 써넣으세요.

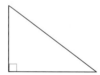

변의 수(개)	꼭짓점의 수(개)	각의 수(개)	직각의 수(개)

🔍 직각삼각형 그리기

 한 변을 긋습니다.

➡️

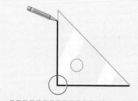 삼각자의 직각 부분을 따라 다른 변을 긋습니다.

➡️

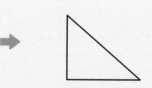 그은 두 변의 양 끝점을 잇습니다.

✏️ 직각삼각형을 그릴 때에는 직각 을 이루는 두 변을 그린 후 두 변의 양 끝점을 잇습니다.

확인 2 주어진 선분을 한 변으로 하는 직각삼각형을 그려 보세요.

(1)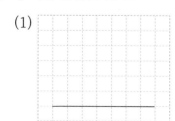

(2)

개념 익히기

1 도형을 보고 물음에 답해 보세요.

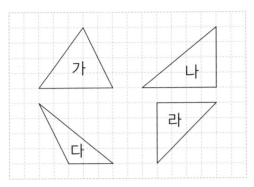

(1) 한 각이 직각인 삼각형을 모두 찾아 기호를 써 보세요.

(   )

(2) (1)과 같은 삼각형의 이름을 써 보세요.

(   )

2 직각삼각형을 찾아 기호를 써 보세요.

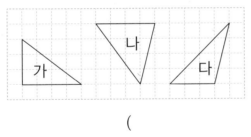

(   )

3 직각삼각형 모양의 물건을 찾아 ◯표 하세요.

(   ) (   ) (   )

4 다음은 직각삼각형입니다. 직각을 찾아 ∟ 표시를 해 보세요.

(1)    (2)

5 점 종이에 모양과 크기가 다른 직각삼각형을 2개 그려 보세요.

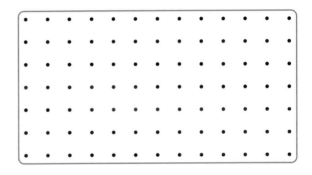

6 직각삼각형을 모두 찾아 ◯표 하세요.

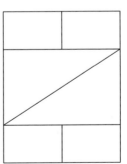

2
단원

1 직각삼각형은 모두 몇 개인지 구해 보세요.

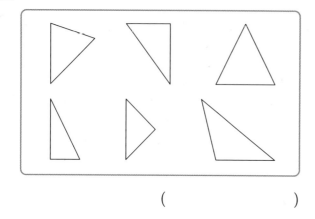

(   )

2 삼각형 ㄱㄴㄷ의 꼭짓점 ㄱ을 옮겨 직각삼각형을 만들려고 합니다. 꼭짓점 ㄱ을 어느 점으로 옮겨야 할까요? (   )

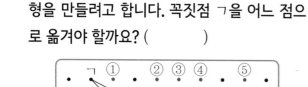

3 종이를 점선을 따라 잘랐을 때 만들어지는 도형 중에서 직각삼각형을 모두 찾아 기호를 써 보세요.

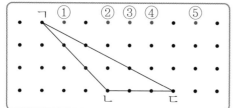

(   )

4 직각삼각형에 대해 바르게 설명한 것을 모두 찾아 기호를 써 보세요.

> ㉠ 꼭짓점이 3개입니다.
> ㉡ 직각이 3개입니다.
> ㉢ 세 변으로 둘러싸인 도형입니다.

(   )

5 칠교판 조각으로 모양을 만들었습니다. 만든 모양에서 찾을 수 있는 직각삼각형은 모두 몇 개인지 구해 보세요.

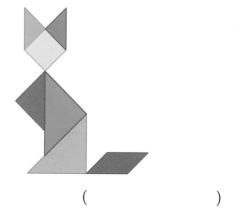

(   )

6 주어진 선분을 한 변으로 하는 직각삼각형을 그려 보세요.

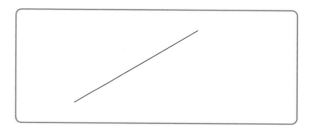

바른답·알찬풀이 13쪽

7 다음 도형이 직각삼각형이 <u>아닌</u> 이유를 바르게 설명한 친구의 이름을 써 보세요.

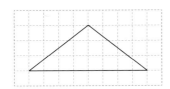

> 민석: 각이 1개가 아니기 때문이야.
> 지아: 3개의 각 중에서 직각이 없기 때문이야.

(   )

8 두 직각삼각형의 같은 점과 다른 점을 써 보세요.

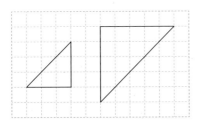

같은 점 _____

다른 점 _____

_____

9 삼각형에 선분을 1개 그어서 직각삼각형 2개가 만들어지도록 나누어 보세요.

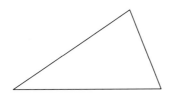

2
단원

10 보기의 직각삼각형 모양 조각을 겹치지 않게 사용하여 집 모양을 만들었습니다. 직각삼각형 모양 조각을 몇 개 사용했는지 구해 보세요.

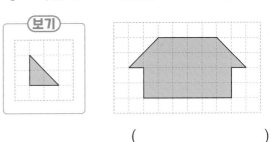

(   )

11 잘 틀려요

그림에서 찾을 수 있는 크고 작은 직각삼각형은 모두 몇 개인지 구해 보세요.

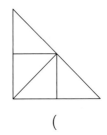

(   )

풀이

• 작은 삼각형 1개짜리:

①, ②, ▢, ▢

➡ ▢ 개

• 작은 삼각형 2개짜리:

①+②, ▢+▢ ➡ ▢ 개

• 작은 삼각형 4개짜리:

①+▢+▢+▢ ➡ ▢ 개

따라서 크고 작은 직각삼각형은 모두

▢+▢+▢=▢ (개)입니다.

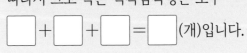
오늘 학습 내용을 잘 이해했나요?

➡ 워크북 26쪽에서 실력 다지기 문제를 한 번 더 풀어볼 수 있어요.

개념 **5**

직사각형

직사각형 알아보기 🔍

네 각이 모두 직각인 사각형을 **직사각형**이라고 합니다.

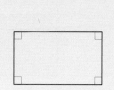 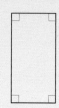

- 변이 4개입니다.
- 꼭짓점이 4개입니다.
- 직각이 4개입니다.
- 마주 보는 두 변의 길이가 같습니다.

🔍 네 각이 모두 직각 인 사각형을 직사각형이라고 합니다.

확인 1 직사각형을 보고 빈칸에 알맞은 수를 써넣으세요.

변의 수(개)	꼭짓점의 수(개)	각의 수(개)	직각의 수(개)

직사각형 그리기 🔍

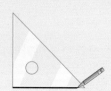 ➡ 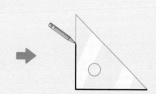 ➡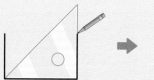

한 변을 긋습니다.

삼각자의 직각 부분을 따라 길이가 같은 두 변을 긋습니다.

그은 두 변의 양 끝점을 잇습니다.

🖋 직사각형을 그릴 때에는 네 각이 모두 직각 이 되도록 그립니다.

확인 2 주어진 선분을 두 변으로 하는 직사각형을 그려 보세요.

(1)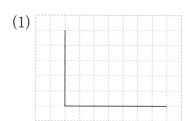

(2)

개념 익히기

1 도형을 보고 물음에 답해 보세요.

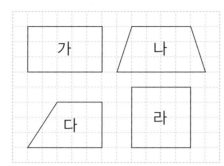

(1) 직각이 있는 사각형을 모두 찾아 기호를 써 보세요.

(   )

(2) 네 각이 모두 직각인 사각형을 모두 찾아 기호를 써 보세요.

(   )

(3) (2)와 같은 사각형의 이름을 써 보세요.

(   )

2 직사각형을 모두 찾아 기호를 써 보세요.

(   )

3 직사각형 모양의 물건을 찾아 ◯표 하세요.

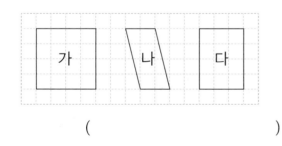

(   )   (   )   (   )

4 다음은 직사각형입니다. 직각을 모두 찾아 ⌐ 표시를 해 보세요.

5 점 종이에 모양과 크기가 다른 직사각형을 2개 그려 보세요.

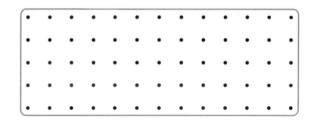

6 다음은 직사각형입니다. ☐ 안에 알맞은 수를 써넣으세요.

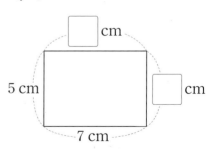

1 직사각형을 모두 찾아 색칠해 보세요.

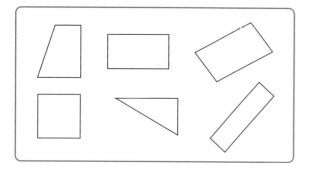

2 점 종이에 그린 사각형의 꼭짓점을 한 개만 옮겨서 직사각형을 만들어 보세요.

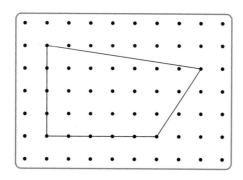

3 두 도형의 직각의 수의 합은 몇 개인지 구해 보세요.

직각삼각형   직사각형

(   )

4 직사각형 모양의 종이를 점선을 따라 잘랐을 때 만들어지는 도형 중에서 직사각형을 모두 찾아 기호를 써 보세요.

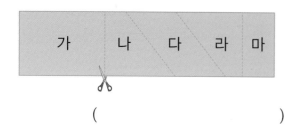

(   )

5 직사각형에 대해 <u>잘못</u> 설명한 것을 찾아 기호를 써 보세요.

> ㉠ 변이 4개입니다.
> ㉡ 꼭짓점이 4개입니다.
> ㉢ 모든 변의 길이가 같습니다.
> ㉣ 모든 각이 직각입니다.

(   )

6 주어진 선분을 한 변으로 하는 직사각형을 그려 보세요.

7 다음 직사각형의 네 변의 길이의 합은 몇 cm 인지 구해 보세요.

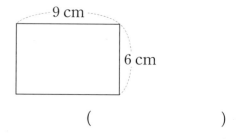

(   )

바른답·알찬풀이 15쪽

8 하준이의 말을 바르게 고쳐 보세요.

직각이 있으니까 직사각형이야.

하준

바르게 고치기 _____

_____

_____

9 직사각형을 모두 따라 그리고, 몇 개인지 구해 보세요.

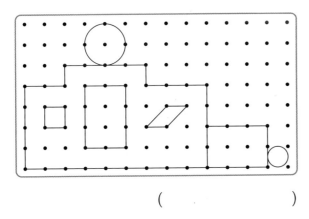

(   )

10 꽃이 한 송이씩 들어가도록 땅을 세 부분으로 나누려고 합니다. 모양과 크기가 같은 직사각형 모양으로 나누어지도록 점선을 따라 땅을 나누는 선을 그어 보세요.

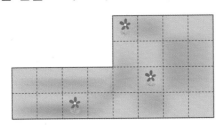

11 그림에서 찾을 수 있는 크고 작은 직사각형은 모두 몇 개인지 구해 보세요.

(   )

2
단원

12 잘 틀려요

직사각형의 네 변의 길이의 합이 24 cm일 때, ☐ 안에 알맞은 수를 구해 보세요.

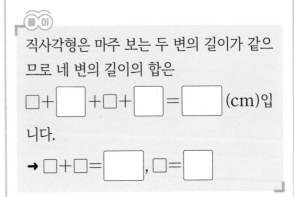

4 cm

☐ cm

(   )

풀이

직사각형은 마주 보는 두 변의 길이가 같으므로 네 변의 길이의 합은

☐+☐+☐+☐=☐ (cm)입니다.

➡ ☐+☐=☐ , ☐=☐

오늘 학습 내용을 잘 이해했나요? ☺ 😐 😖

➕ **워크북** 28쪽에서 실력 다지기 문제를 한 번 더 풀어볼 수 있어요.

개념 **6** 정사각형

정사각형 알아보기

네 각이 모두 직각이고 네 변의 길이가 모두 같은 사각형을 **정사각형**이라고 합니다.

- 변이 4개입니다.
- 꼭짓점이 4개입니다.
- 직각이 4개입니다.
- 네 변의 길이가 모두 같습니다.

참고 ・ 정사각형은 네 각이 모두 직각이므로 직사각형이라고 할 수 있습니다.
　　 ・ 직사각형은 네 변의 길이가 모두 같지 않은 것이 있으므로 정사각형이라고 할 수 없습니다.

🔍 네 각이 모두 직각이고 네 변의 길이가 모두 같은 사각형을 정사각형이라고 합니다.

확인 1 정사각형을 보고 빈칸에 알맞은 수를 써넣으세요.

변의 수(개)	꼭짓점의 수(개)	각의 수(개)	직각의 수(개)

정사각형 그리기

 ➡  ➡ ⬜

한 변을 긋습니다.

삼각자의 직각 부분을 따라 처음 그은 변과 길이가 같은 두 변을 긋습니다.

그은 두 변의 양 끝점을 잇습니다.

🔍 정사각형을 그릴 때에는 네 각이 모두 직각 이고 네 변의 길이가 모두 같도록 그립니다.

확인 2 주어진 선분을 한 변으로 하는 정사각형을 그려 보세요.

(1)

(2)

개념 익히기

1 도형을 보고 물음에 답해 보세요.

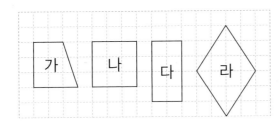

(1) 네 각이 모두 직각인 사각형을 모두 찾아 기호를 써 보세요.

( )

(2) 네 변의 길이가 모두 같은 사각형을 모두 찾아 기호를 써 보세요.

( )

(3) 네 각이 모두 직각이고 네 변의 길이가 모두 같은 사각형을 찾아 기호를 써 보세요.

( )

(4) (3)과 같은 사각형의 이름을 써 보세요.

( )

2 정사각형을 찾아 ◯표 하세요.

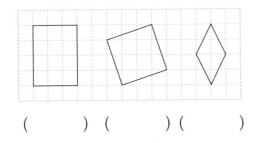

( ) ( ) ( )

3 정사각형 모양의 물건을 가지고 있는 친구의 이름을 써 보세요.

수진   동연   현경

( )

4 두 사각형을 보고 ☐ 안에 알맞은 말을 써넣으세요.

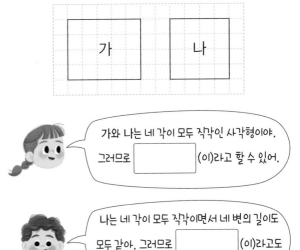

가와 나는 네 각이 모두 직각인 사각형이야. 그러므로 ☐ (이)라고 할 수 있어.

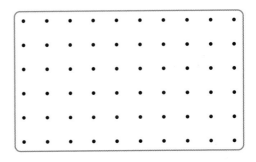

나는 네 각이 모두 직각이면서 네 변의 길이도 모두 같아. 그러므로 ☐ (이)라고도 할 수 있어.

5 점 종이에 크기가 다른 정사각형을 2개 그려 보세요.

6 다음은 정사각형입니다. ☐ 안에 알맞은 수를 써넣으세요.

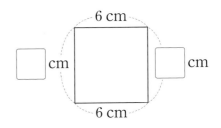

6 cm

☐ cm   ☐ cm

6 cm

1 정사각형은 모두 몇 개인지 구해 보세요.

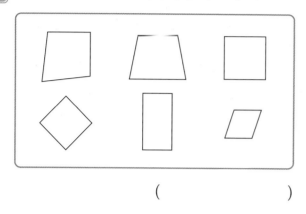

( )

2 다음과 같이 직사각형 모양의 종이를 접고 자른 후 다시 펼쳤습니다. 만들어진 도형의 이름을 써 보세요.

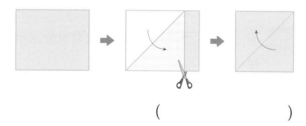

( )

3 정사각형을 그리려고 합니다. 두 선분을 어느 점과 이어야 하는지 써 보세요.

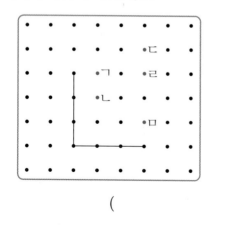

( )

4 정사각형에 대해 <u>잘못</u> 설명한 것은 어느 것인가요? ( )

① 네 각이 모두 직각입니다.
② 변이 4개 있습니다.
③ 꼭짓점이 4개 있습니다.
④ 네 변의 길이가 모두 같습니다.
⑤ 정사각형은 직사각형이라고 할 수 없습니다.

5 한 변의 길이가 3 cm인 정사각형을 그려 보세요.

6 한 변의 길이가 4 cm인 정사각형의 네 변의 길이의 합은 몇 cm인지 구해 보세요.

( )

7 오른쪽 도형의 이름이 될 수 있는 것을 모두 찾아 기호를 써 보세요.

> ㉠ 원　　㉡ 삼각형　　㉢ 사각형
> ㉣ 직사각형　㉤ 직각삼각형　㉥ 정사각형

(　　　　　　　)

8 다음 도형이 정사각형이 아닌 이유를 바르게 설명한 친구의 이름을 써 보세요.

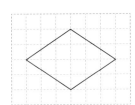

네 변의 길이가 모두 같지 않기 때문이야.

선하

네 각이 직각이 아니기 때문이야.

지호

(　　　　　)

9 직사각형 모양의 종이를 잘라서 가장 큰 정사각형을 만들려고 합니다. 정사각형의 한 변의 길이는 몇 cm로 해야 하는지 구해 보세요.

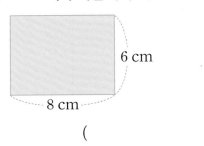

6 cm

8 cm

(　　　　　)

10 정사각형과 직사각형의 같은 점이 <u>아닌</u> 것을 찾아 기호를 써 보세요.

> ㉠ 변과 꼭짓점이 각각 4개입니다.
> ㉡ 네 각이 모두 직각입니다.
> ㉢ 네 변의 길이가 모두 같습니다.

(　　　　　　　)

11 잘 틀려요

한 변의 길이가 5 cm인 정사각형 2개를 그림과 같이 겹치지 않게 이어 붙여 직사각형을 만들었습니다. 만든 직사각형의 네 변의 길이의 합은 몇 cm인지 구해 보세요.

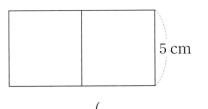

5 cm

(　　　　　)

풀이

정사각형은 네 변의 길이가 모두 같습니다.

(만든 직사각형의 긴 변의 길이)

= □ + □ = □ (cm)

(만든 직사각형의 짧은 변의 길이)

= □ cm

➡ (만든 직사각형의 네 변의 길이의 합)

= □ + □ + □ + □

= □ (cm)

오늘 학습 내용을 잘 이해했나요?

➡ **워크북** 30쪽에서 실력 다지기 문제를 한 번 더 풀어볼 수 있어요.

유형으로 마무리하기

1 교통안전 표지에서 직각을 모두 찾아 ⌐ 표시를 해 보세요.

2 체코 국기에서 직각을 모두 찾아 ⌐ 표시를 해 보세요.

3 칠교판으로 새 모양을 만들었습니다. 새 모양에서 찾을 수 있는 직각은 모두 몇 개인지 구해 보세요.

( )

4 그림에서 찾을 수 있는 크고 작은 각은 모두 몇 개인지 구해 보세요.

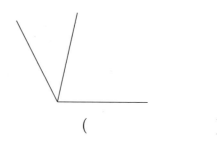

( )

5 그림에서 찾을 수 있는 크고 작은 각은 모두 몇 개인지 구해 보세요.

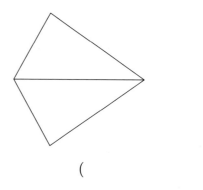

( )

6 그림에서 찾을 수 있는 크고 작은 각은 모두 몇 개인지 구해 보세요.

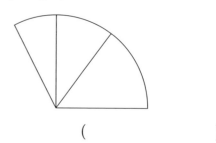

( )

2 단원

서술형

7 그림에서 찾을 수 있는 크고 작은 각은 모두 몇 개인지 풀이 과정을 쓰고, 답을 구해 보세요.

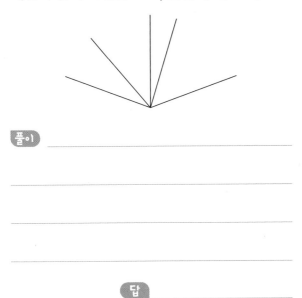

풀이 _____

_____

_____

_____

답 _____

유형 3 그을 수 있는 선분, 반직선, 직선의 수 구하기

8 3개의 점 중에서 2개의 점을 이어 그을 수 있는 선분은 모두 몇 개인지 바르게 말한 친구의 이름을 써 보세요.

( )

---

9 6개의 점 중에서 2개의 점을 이용하여 직선을 그으려고 합니다. 점 ㄴ을 지나는 직선은 모두 몇 개 그을 수 있는지 구해 보세요.

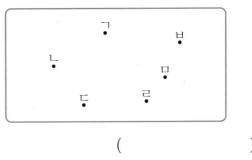

( )

10 5개의 점 중에서 2개의 점을 이용하여 그을 수 있는 직선은 모두 몇 개인지 구해 보세요.

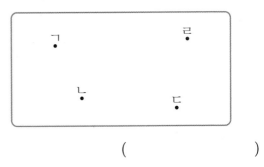

( )

11 4개의 점 중에서 2개의 점을 이용하여 그을 수 있는 반직선은 모두 몇 개인지 구해 보세요.

( )

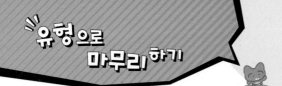

12 도형 안에 선분을 2개 그어서 직각삼각형 3개가 만들어지도록 나누어 보세요.

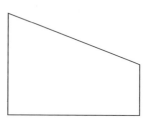

13 도형 안에 선분을 3개 그어서 직사각형 6개가 만들어지도록 나누어 보세요.

14 정사각형 모양의 색종이를 잘라 크기가 같은 정사각형 2개와 직사각형 1개를 만들려고 합니다. 어떻게 잘라야 하는지 선을 그어 보세요.

15 오른쪽 그림에서 찾을 수 있는 크고 작은 직각삼각형은 모두 몇 개인지 구해 보세요.

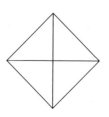

(   )

16 오른쪽 그림에서 찾을 수 있는 크고 작은 직사각형은 모두 몇 개인지 구해 보세요.

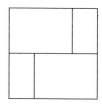

(   )

서술형

17 그림에서 찾을 수 있는 크고 작은 정사각형은 모두 몇 개인지 풀이 과정을 쓰고, 답을 구해 보세요.

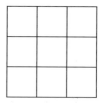

풀이 _____

_____

_____

_____

답 _____

유형 6 이어 붙인 도형에서 길이 구하기

18 크기가 다른 2개의 정사각형을 겹치지 않게 이어 붙였습니다. ☐ 안에 알맞은 수를 구해 보세요.

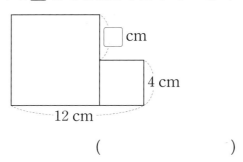

(   )

서술형

19 크기가 같은 직사각형 2개를 겹치지 않게 이어 붙여 만든 직사각형입니다. 만든 직사각형의 네 변의 길이의 합은 몇 cm인지 풀이 과정을 쓰고, 답을 구해 보세요.

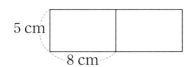

풀이 _____

_____

_____

답 _____

20 오른쪽 도형은 크기가 다른 정사각형 2개와 직사각형 1개를 겹치지 않게 이어 붙인 것입니다. 빨간색 선의 길이는 몇 cm인지 구해 보세요.

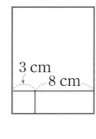

(   )

유형 7 도형의 변의 길이 구하기

21 직사각형 가와 정사각형 나의 네 변의 길이의 합은 같습니다. 정사각형 나의 한 변의 길이는 몇 cm인지 구해 보세요.

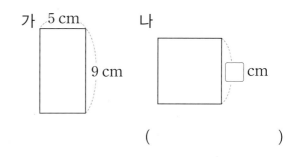

(   )

22 정사각형 가와 직사각형 나의 네 변의 길이의 합은 같습니다. ☐ 안에 알맞은 수를 구해 보세요.

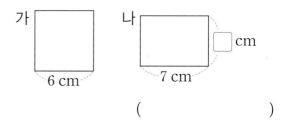

(   )

23 다음 직사각형과 한 변의 길이가 10 cm인 정사각형의 네 변의 길이의 합이 같을 때 ☐ 안에 알맞은 수를 구해 보세요.

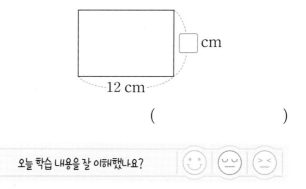

(   )

오늘 학습 내용을 잘 이해했나요? ☺ 😐 😣

➕ **워크북** 32쪽에서 단원 마무리하기 문제를 풀어볼 수 있어요.

3 나눗셈

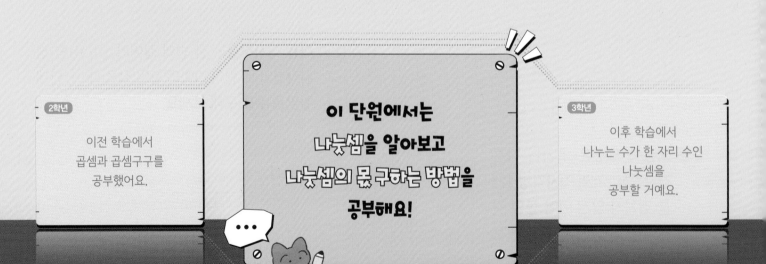

2학년

이전 학습에서
곱셈과 곱셈구구를
공부했어요.

이 단원에서는
나눗셈을 알아보고
나눗셈의 몫 구하는 방법을
공부해요!

3학년

이후 학습에서
나누는 수가 한 자리 수인
나눗셈을
공부할 거예요.

몇 묶음으로 똑같이 나누기

사탕 8개를 접시 2개에 똑같이 나누기

사탕 8개를 접시 2개에 번갈아 가며 똑같이 나누어 담으면 한 접시에 사탕을 4개씩 담을 수 있습니다.

8을 2로 나누는 것과 같은 계산을 **나눗셈**이라 하고, 8÷2라고 씁니다.

8을 2로 나누면 4가 되고, 이것을 식으로 나타내면 8÷2=4입니다.

> **나눗셈식** 8 ÷ 2 = 4   **읽기** 8 나누기 2는 4와 같습니다.
> 나누어지는 수 ┘ └ 나누는 수 └ 몫

이때 8은 **나누어지는 수**, 2는 **나누는 수**, 4는 8을 2로 나눈 **몫**이라고 합니다.

> ■를 ▲묶음으로 똑같이 나누면 한 묶음에 ●씩 됩니다.
> → **나눗셈식** ■ ÷ ▲ = ●   **읽기** ■ 나누기 ▲는 ●와 같습니다.

확인 1 과자 6개를 접시 3개에 똑같이 나누어 담으려고 합니다. ☐ 안에 알맞은 수를 써넣으세요.

과자 6개를 접시 3개에 똑같이 나누어 담으면 한 접시에 ☐개씩 담을 수 있습니다.

나눗셈식 6÷3=☐

확인 2 나눗셈식을 보고 ☐ 안에 알맞은 수나 말을 써넣으세요.

> 6÷3=2

(1) 6 나누기 ☐은/는 ☐와/과 같습니다라고 읽습니다.

(2) ☐은/는 나누어지는 수, ☐은/는 나누는 수, 2는 6을 3으로 나눈 ☐이라고 합니다.

개념 익히기

바른답·알찬풀이 19쪽

[1~3] 송편 10개를 접시 2개에 똑같이 나누어 담으려고 합니다. 접시 한 개에 송편을 몇 개씩 담을 수 있는지 물음에 답해 보세요.

1 선을 그어 송편 10개를 접시 2개에 똑같이 나누어 담아 보세요.

2 ☐ 안에 알맞은 수를 써넣으세요.

> 송편 10개를 접시 2개에 똑같이 나누어 담으면 접시 한 개에 송편을 ☐개씩 담을 수 있습니다.

3 접시 한 개에 송편을 몇 개씩 담을 수 있는지 나눗셈식으로 나타내 보세요.

$$\boxed{} \div \boxed{} = \boxed{}$$

4 나눗셈식을 보고 빈칸에 알맞은 수를 써넣으세요.

$$18 \div 3 = 6$$

나누어지는 수	나누는 수	몫

5 나눗셈식을 읽어 보세요.

$$30 \div 5 = 6$$

읽기 _____

6 나눗셈식에서 나누어지는 수에 ☐표, 나누는 수에 △표, 몫에 ○표 하세요.

(1)
$$21 \div 7 = 3$$

(2)
$$45 \div 9 = 5$$

7 주어진 문장을 나눗셈식으로 나타내 보세요.

> 풍선 42개를 6명이 똑같이 나누어 가지면 한 명이 풍선을 7개씩 가질 수 있습니다.

$$\boxed{} \div \boxed{} = \boxed{}$$

1 깃발 9개를 3곳에 똑같이 나누어 꽂으려고 합니다. 한 곳에 깃발을 몇 개씩 꽂을 수 있는지 구해 보세요.

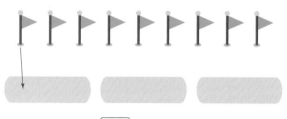

한 곳에 깃발을 ☐ 개씩 꽂을 수 있습니다.

2 사과 15개를 5개의 봉지에 똑같이 나누어 담았습니다. 봉지 한 개에 사과를 몇 개씩 담았는지 나눗셈식으로 나타내 보세요.

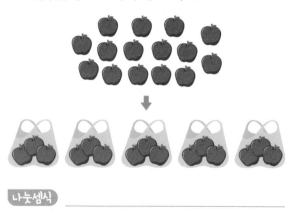

나눗셈식 _____

3 빈칸에 알맞은 나눗셈식이나 말을 써넣으세요.

나눗셈식	읽기
$45 \div 9 = 5$	
	14 나누기 7은 2와 같습니다.

4 다음을 읽고 잘못 나타낸 친구의 이름을 써 보세요.

54를 6으로 나누면 9가 됩니다.

윤서: 나눗셈식 $54 \div 6 = 9$로 나타내.

지호: 6은 54를 9로 나눈 몫이야.

( )

5 몫이 7인 나눗셈식을 모두 찾아 기호를 써 보세요.

㉠ $28 \div 7 = 4$ ㉡ $35 \div 5 = 7$
㉢ $56 \div 7 = 8$ ㉣ $63 \div 9 = 7$

( )

6 주어진 문장을 나눗셈식으로 바르게 나타낸 것을 찾아 ◯표 하세요.

연필 16자루를 필통 2개에 똑같이 나누어 담으면 필통 한 개에 연필을 8자루씩 담을 수 있습니다.

$16 \div 8 = 2$ $16 \div 2 = 8$

( )   ( )

바른답·알찬풀이 20쪽

7 탁구공 20개를 상자 4개에 똑같이 나누어 담으려고 합니다. 상자 한 개에 탁구공을 몇 개씩 담아야 하는지 구해 보세요.

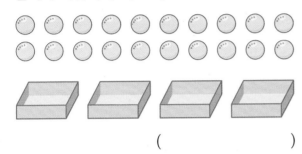

(   )

[8~9] 마카롱 24개를 접시에 똑같이 나누어 담으려고 합니다. 물음에 답해 보세요.

8 접시 수에 따라 담을 수 있는 마카롱 수를 구해 보세요.

• 접시 3개에 담을 때: 한 접시에 ☐개

• 접시 6개에 담을 때: 한 접시에 ☐개

9 옳은 말에 ○표 하세요.

나누어 담으려고 하는 접시 수가 많아지면 접시 한 개에 담을 수 있는 마카롱 수는 (많아집니다 , 적어집니다).

10 잘 틀려요

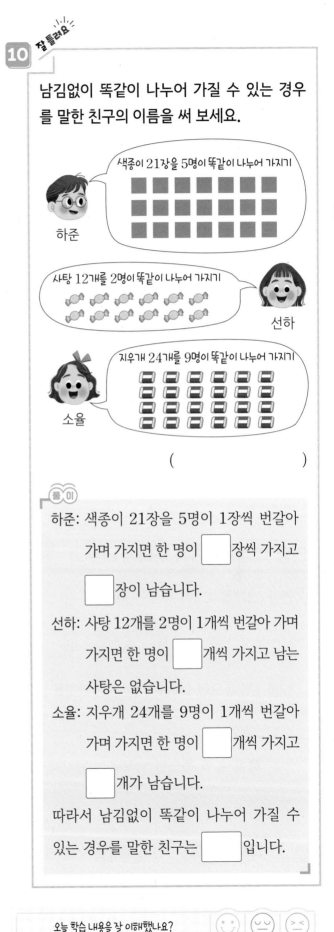

남김없이 똑같이 나누어 가질 수 있는 경우를 말한 친구의 이름을 써 보세요.

색종이 21장을 5명이 똑같이 나누어 가지기 — 하준

사탕 12개를 2명이 똑같이 나누어 가지기 — 선하

지우개 24개를 9명이 똑같이 나누어 가지기 — 소율

(   )

풀이

하준: 색종이 21장을 5명이 1장씩 번갈아 가며 가지면 한 명이 ☐장씩 가지고 ☐장이 남습니다.

선하: 사탕 12개를 2명이 1개씩 번갈아 가며 가지면 한 명이 ☐개씩 가지고 남는 사탕은 없습니다.

소율: 지우개 24개를 9명이 1개씩 번갈아 가며 가지면 한 명이 ☐개씩 가지고 ☐개가 남습니다.

따라서 남김없이 똑같이 나누어 가질 수 있는 경우를 말한 친구는 ☐입니다.

오늘 학습 내용을 잘 이해했나요? ☺ ☺ ☹

🔜 **워크북 38쪽**에서 **실력 다지기** 문제를 한 번 더 풀어볼 수 있어요.

개념 2 몇 개씩 똑같이 나누기

인형 12개를 4개씩 덜어 내면서 나누기

인형 12개를 4개씩 3번 덜어 내면 인형의 수가 0이 됩니다.

12에서 4씩 3번 빼면 0이 됩니다. 이것을 나눗셈식으로 나타내면 $12 \div 4 = 3$입니다.

→ 뺄셈식 $12 - 4 - 4 - 4 = 0$ 나눗셈식 $12 \div 4 = 3$
            └── 3번 ──┘

■에서 ▲씩 0이 될 때까지 빼면 뺀 횟수가 나눗셈의 몫이 됩니다.

→ 뺄셈식 $■ - ▲ - ▲ - \cdots - ▲ = 0$ 나눗셈식 $■ \div \boxed{▲} = ●$
            └──── ●번 ────┘

확인 1 뺄셈식을 나눗셈식으로 나타내 보세요.

$$10 - 2 - 2 - 2 - 2 - 2 = 0$$ → $10 \div \boxed{} = \boxed{}$

인형 12개를 4개씩 묶어서 나누기

인형 12개를 4개씩 묶으면 3묶음이 됩니다.

12를 4씩 묶으면 3묶음이 됩니다. 이것을 나눗셈식으로 나타내면 $12 \div 4 = 3$입니다.

→ 나눗셈식 $12 \div 4 = 3$

■를 ▲씩 묶으면 ●묶음이 됩니다. → 나눗셈식 $■ \div ▲ = \boxed{●}$

확인 2 그림을 보고 ☐ 안에 알맞은 수를 써넣으세요.

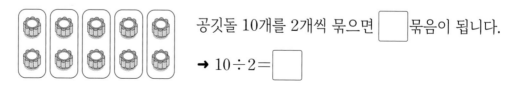

공깃돌 10개를 2개씩 묶으면 $\boxed{}$묶음이 됩니다.

→ $10 \div 2 = \boxed{}$

개념 익히기

✔ 바른답·알찬풀이 20쪽

[1~3] 색연필 21자루를 한 명에게 7자루씩 주려고 합니다. 색연필을 몇 명에게 나누어 줄 수 있는지 물음에 답해 보세요.

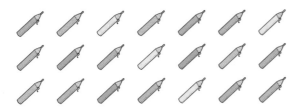

1 색연필 21자루를 7자루씩 몇 번 덜어 낼 수 있는지 뺄셈식으로 알아보세요.

$$21-\boxed{}-\boxed{}-\boxed{}=0$$

→ 7자루씩 $\boxed{}$ 번 덜어 낼 수 있습니다.

2 색연필을 몇 명에게 나누어 줄 수 있는지 구해 보세요.

(   )

3 색연필을 몇 명에게 나누어 줄 수 있는지 나눗셈식으로 나타내 보세요.

$$21\div\boxed{}=\boxed{}$$

4 뺄셈식을 나눗셈식으로 나타내 보세요.

$$18-6-6-6=0$$

$$\boxed{}\div\boxed{}=\boxed{}$$

[5~6] 장난감 자동차 20개를 한 상자에 5개씩 담으려면 상자는 몇 개 필요한지 알아보려고 합니다. 물음에 답해 보세요.

5 장난감 자동차를 5개씩 묶어 보세요.

6 ☐ 안에 알맞은 수를 써넣으세요.

장난감 자동차 20개를 5개씩 묶으면 $\boxed{}$ 묶음이 되므로 $20\div\boxed{}=\boxed{}$ 입니다.

→ 상자는 $\boxed{}$ 개 필요합니다.

7 주어진 문장을 나눗셈식으로 나타내 보세요.

종이배 27개를 한 수조에 3개씩 띄우려면 수조는 9개 필요합니다.

$$\boxed{}\div\boxed{}=\boxed{}$$

1 테니스공 24개를 한 명에게 6개씩 나누어 주려고 합니다. 테니스공을 6개씩 묶어 보고, 몇 명에게 나누어 줄 수 있는지 구해 보세요.

□명에게 나누어 줄 수 있습니다.

2 $35-7-7-7-7-7=0$을 나눗셈식으로 바르게 나타낸 것을 찾아 ○표 하세요.

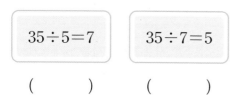

$35 \div 5 = 7$ $35 \div 7 = 5$

(   )   (   )

3 장미 16송이를 꽃병 한 개에 4송이씩 꽂으려고 합니다. 꽃병이 몇 개 필요한지 두 가지 방법으로 구해 보세요.

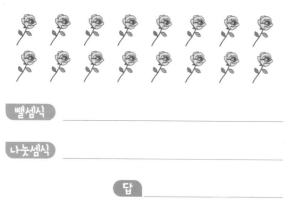

빨셈식 _____

나눗셈식 _____

답 _____

4 수직선을 보고 뺄셈식과 나눗셈식으로 나타내 보세요.

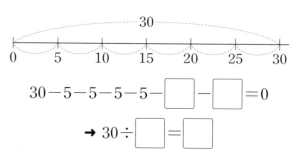

$30 - 5 - 5 - 5 - 5 - \boxed{} - \boxed{} = 0$

→ $30 \div \boxed{} = \boxed{}$

5 빵 18개를 한 봉지에 3개씩 담으려고 합니다. 봉지는 몇 개 필요한지 구해 보세요.

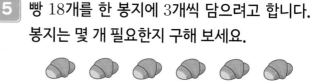
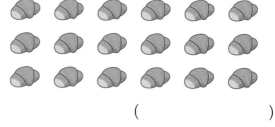

(   )

6 나눗셈식으로 나타내었을 때 몫이 더 큰 것의 기호를 써 보세요.

㉠ 36에서 9씩 4번 빼면 0이 됩니다.
㉡ 42에서 7씩 6번 빼면 0이 됩니다.

(   )

[7~8] 공책 32권을 똑같이 나누어 가지려고 합니다. 물음에 답해 보세요.

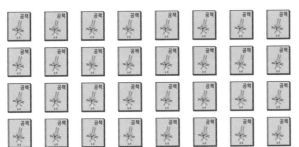

7 ☐ 안에 알맞은 수를 써넣으세요.

공책 32권을 한 명이 4권씩 가지면 ☐ 명이 가질 수 있고, 한 명이 8권씩 가지면 ☐ 명이 가질 수 있습니다.

8 옳은 말에 ◯표 하세요.

한 명이 가지는 공책 수가 많아지면 나누어 가질 수 있는 사람 수는 (많아집니다 , 적어집니다).

중요

9 동화책 14권을 종이 가방 한 개에 7권씩 담으면 종이 가방 몇 개에 담을 수 있는지 구하려고 합니다. 바르게 말한 친구의 이름을 써 보세요.

선재: 14−2−2−2−2−2−2−2=0 이니까 종이 가방 2개에 담을 수 있어.

은주: 나눗셈식으로 나타내면 14÷7=2이고, 종이 가방 2개에 담을 수 있어.

( )

10 나눗셈식을 보고 문장을 완성해 보세요.

$$48 \div 6 = 8$$

초콜릿 48개를 _____

_____

11 잘 틀려요

고구마와 감자를 각각 바구니에 똑같이 나누어 담으려고 합니다. 어느 채소를 담는 바구니가 더 적게 필요한지 구해 보세요.

	고구마	감자
채소 수(개)	20	28
한 바구니에 담는 채소 수(개)	4	7

( )

풀이

(고구마를 담는 바구니 수)

= ☐ ÷ ☐ = ☐ (개)

(감자를 담는 바구니 수)

= ☐ ÷ ☐ = ☐ (개)

따라서 ☐ 를 담는 바구니가 더 적게 필요합니다.

오늘 학습 내용을 잘 이해했나요? ☺ 😑 😣

➕ **워크북** 40쪽에서 **실력 다지기** 문제를 한 번 더 풀어볼 수 있어요.

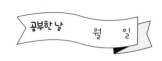
개념 3 곱셈과 나눗셈의 관계

 사과 15개를 이용하여 곱셈과 나눗셈의 관계 알아보기

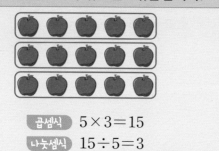

사과 15개를 5개씩 묶으면 3묶음입니다.

곱셈식 $5 \times 3 = 15$
나눗셈식 $15 \div 5 = 3$

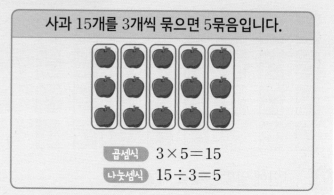

사과 15개를 3개씩 묶으면 5묶음입니다.

곱셈식 $3 \times 5 = 15$
나눗셈식 $15 \div 3 = 5$

곱셈식으로 2개의 나눗셈식을, 나눗셈식으로 2개의 곱셈식을 만들 수 있습니다.

$$\cdot 5 \times 3 = 15 \begin{cases} 15 \div 5 = 3 \\ 15 \div 3 = 5 \end{cases}$$

$$\cdot 15 \div 5 = 3 \begin{cases} 5 \times 3 = 15 \\ 3 \times 5 = 15 \end{cases}$$

곱셈식은 나눗셈식 2개로, 나눗셈식은 곱셈식 2개로 나타낼 수 있습니다.

$$\cdot \triangle \times \bullet = \blacksquare \begin{cases} \blacksquare \div \triangle = \bullet \\ \blacksquare \div \bullet = \boxed{\triangle} \end{cases}$$

$$\cdot \blacksquare \div \triangle = \bullet \begin{cases} \triangle \times \bullet = \blacksquare \\ \bullet \times \triangle = \boxed{\blacksquare} \end{cases}$$

확인 1 그림을 보고 ☐ 안에 알맞은 수를 써넣으세요.

(1)

구슬 8개를 4개씩 묶으면 ☐묶음입니다.

곱셈식 $4 \times 2 = $ ☐
나눗셈식 $8 \div 4 = $ ☐

(2)

구슬 8개를 2개씩 묶으면 ☐묶음입니다.

곱셈식 $2 \times 4 = $ ☐
나눗셈식 $8 \div 2 = $ ☐

확인 2 곱셈식을 나눗셈식으로, 나눗셈식을 곱셈식으로 나타내려고 합니다. ☐ 안에 알맞은 수를 써넣으세요.

$$(1)\ 4 \times 5 = 20 \begin{cases} 20 \div 4 = \boxed{} \\ 20 \div 5 = \boxed{} \end{cases}$$

$$(2)\ 20 \div 4 = 5 \begin{cases} 4 \times 5 = \boxed{} \\ 5 \times 4 = \boxed{} \end{cases}$$

개념 익히기

◉ 바른답·알찬풀이 21쪽

[1~3] 그림을 보고 물음에 답해 보세요.

1 머리핀은 모두 몇 개인지 곱셈식으로 나타내 보세요.

$$7 \times \boxed{} = \boxed{}$$

2 머리핀 21개를 3개씩 묶으면 몇 묶음이 되는 지 나눗셈식으로 나타내 보세요.

$$21 \div \boxed{} = \boxed{}$$

3 머리핀 21개를 7개씩 묶으면 몇 묶음이 되는 지 나눗셈식으로 나타내 보세요.

$$21 \div \boxed{} = \boxed{}$$

4 그림을 보고 ☐ 안에 알맞은 수를 써넣으세요.

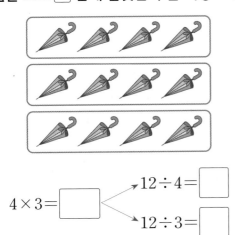

$$4 \times 3 = \boxed{} \begin{cases} 12 \div 4 = \boxed{} \\ 12 \div 3 = \boxed{} \end{cases}$$

5 곱셈식을 보고 나눗셈식 2개로 나타내 보세요.

(1) $2 \times 7 = 14$
$$14 \div \boxed{} = \boxed{}$$
$$14 \div \boxed{} = \boxed{}$$

(2) $5 \times 6 = 30$
$$30 \div \boxed{} = \boxed{}$$
$$30 \div \boxed{} = \boxed{}$$

6 나눗셈식을 보고 곱셈식 2개로 나타내 보세요.

(1) $18 \div 3 = 6$
$$3 \times \boxed{} = \boxed{}$$
$$6 \times \boxed{} = \boxed{}$$

(2) $35 \div 5 = 7$
$$5 \times \boxed{} = \boxed{}$$
$$7 \times \boxed{} = \boxed{}$$

7 곱셈식 $6 \times 7 = 42$를 이용하여 나타낼 수 있는 나눗셈식이 <u>아닌</u> 것을 찾아 ◯표 하세요.

$42 \div 6 = 7$	( )
$63 \div 7 = 9$	( )
$42 \div 7 = 6$	( )

3
단원

[1~2] 곱셈식을 나눗셈식으로 나타내려고 합니다. 물음에 답해 보세요.

$$8 \times 3 = 24$$

1 도넛 24개를 3봉지에 똑같이 나누어 담으면 한 봉지에 몇 개씩 담을 수 있는지 구해 보세요.

$$\boxed{} \div \boxed{} = \boxed{}$$

→ 한 봉지에 $\boxed{}$ 개씩 담을 수 있습니다.

2 도넛 24개를 한 봉지에 8개씩 담으면 몇 봉지에 나누어 담을 수 있는지 구해 보세요.

$$\boxed{} \div \boxed{} = \boxed{}$$

→ $\boxed{}$ 봉지에 나누어 담을 수 있습니다.

3 나눗셈식 $36 \div 4 = 9$를 이용하여 나타낼 수 있는 곱셈식을 모두 찾아 기호를 써 보세요.

> ㉠ $4 \times 8 = 32$ ㉡ $4 \times 9 = 36$
> ㉢ $6 \times 6 = 36$ ㉣ $9 \times 4 = 36$

(   )

4 곱셈식을 보고 나눗셈식 2개로 나타내 보세요.

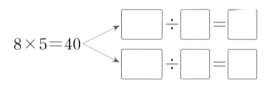

5 나눗셈식을 보고 곱셈식 2개로 나타내 보세요.

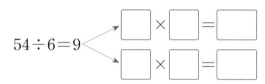

6 그림을 보고 ☐ 안에 알맞은 수를 써넣으세요.

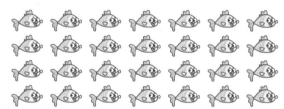

(1) 물고기 28마리를 7명에게 똑같이 나누어 주면 한 명에게 $\boxed{}$ 마리씩 줄 수 있습니다.

$$28 \div 7 = \boxed{}$$

(2) 물고기 28마리를 한 명에게 $\boxed{}$ 마리씩 주면 7명에게 나누어 줄 수 있습니다.

$$28 \div \boxed{} = 7$$

바른답·알찬풀이 21쪽

7 수직선을 보고 곱셈식과 나눗셈식 2개로 각각 나타내 보세요.

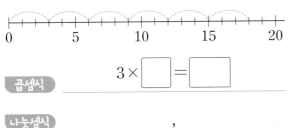

곱셈식 $3 \times \boxed{} = \boxed{}$

나눗셈식 _____ , _____

8 새연이의 질문을 해결하도록 곱셈식을 나눗셈식으로 나타내 보세요.

비누 16개를 한 상자에 2개씩 담으려면 상자가 몇 개 필요할까?

새연

곱셈식 $2 \times 8 = 16$

나눗셈식 _____

9 그림을 보고 곱셈식 2개와 나눗셈식 2개로 각각 나타내 보세요.

곱셈식 _____ , _____

나눗셈식 _____ , _____

10 문장에 알맞은 곱셈식을 만들고, 만든 곱셈식을 나눗셈식 2개로 나타내 보세요.

운동장에 학생들이 5명씩 9줄로 서 있습니다.

곱셈식 _____

나눗셈식 _____ , _____

11 잘 틀려요

수 카드 4장을 모두 이용하여 곱셈식과 나눗셈식을 각각 만들어 보세요.

| 5 | 6 | 7 | 8 |

곱셈식 _____

나눗셈식 _____

풀이

수 카드 4장을 모두 이용하여 만들 수 있는 곱셈식은 $\boxed{} \times \boxed{} = \boxed{}$ 이고, 곱셈식을 나눗셈식으로 나타내면 $\boxed{} \div \boxed{} = \boxed{}$ 입니다.

오늘 학습 내용을 잘 이해했나요?

➔ **워크북** 42쪽에서 **실력 다지기** 문제를 한 번 더 풀어볼 수 있어요.

개념 4 나눗셈의 몫 구하기

12÷4의 몫을 곱셈식으로 구하기

나눗셈 12÷4=□의 몫 □는 4×3=12를 이용하여 구할 수 있습니다.

> 나눗셈식 12÷ 4 =□
>
> 곱셈식   4 × 3 = 12 → □=3

→ 12÷4의 몫은 3입니다.

🔍 나눗셈의 몫은 곱셈식에서 | 곱하는 수 | 와 같습니다.

확인 1 그림을 보고 나눗셈의 몫을 곱셈식으로 구해 보세요.

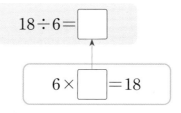

$18 \div 6 = \square$

$6 \times \square = 18$

12÷4의 몫을 곱셈구구로 구하기

×	1	2	3	4	5	6	7	8	9
1	1	2	3	4	5	6	7	8	9
2	2	4	6	8	10	12	14	16	18
3	3	6	9	12	15	18	21	24	27
4	4	8	12	16	20	24	28	32	36

나누는 수가 4 이므로 4단 곱셈구구를 이용합니다.
→ 4단 곱셈구구에서 곱이 12가 되는 곱셈식을 찾으면 4×3=12입니다.
→ 12÷4의 몫은 3입니다.

🔍 나눗셈 ■÷▲에서 나누는 수는 ▲이므로 | ▲ |단 곱셈구구를 이용하여 몫을 구합니다.

확인 2 나눗셈의 몫을 구할 때 필요한 곱셈구구를 써 보세요.

(1) 27÷3 → □단 곱셈구구   (2) 36÷9 → □단 곱셈구구

개념 익히기

✓ 바른답·알찬풀이 22쪽

[1~3] 귤 24개를 한 명에게 4개씩 나누어 주려고 합니다. 몇 명에게 나누어 줄 수 있는지 물음에 답해 보세요.

1 귤 24개를 4개씩 묶어 보고, 나눗셈식으로 나타내 보세요.

$$\boxed{} \div 4$$

2 나눗셈의 몫을 구할 수 있는 곱셈식을 써 보세요.

$$4 \times \boxed{} = \boxed{}$$

3 귤을 몇 명에게 나누어 줄 수 있는지 구해 보세요.

(   )

4 $40 \div 5$의 몫을 구하는 데 필요한 곱셈식을 찾아 ○표 하세요.

$6 \times 7 = 42$	$5 \times 8 = 40$	$4 \times 9 = 36$
( )	( )	( )

5 나눗셈의 몫을 구할 때 필요한 곱셈구구를 찾아 선으로 이어 보세요.

$25 \div 5$ •	• 4단 곱셈구구
$32 \div 4$ •	• 5단 곱셈구구
$64 \div 8$ •	• 8단 곱셈구구

6 나눗셈의 몫을 곱셈식으로 구해 보세요.

(1)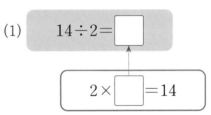

(2)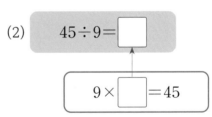

7 7단 곱셈구구를 이용하여 □ 안에 알맞은 수를 써넣으세요.

(1) $35 \div 7 = \boxed{}$

(2) $56 \div 7 = \boxed{}$

1 관계있는 것끼리 선으로 이어 보세요.

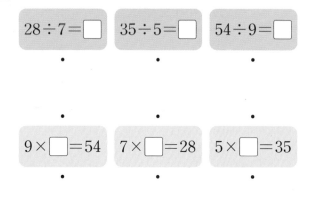

$28 \div 7 = \square$ $35 \div 5 = \square$ $54 \div 9 = \square$

$9 \times \square = 54$ $7 \times \square = 28$ $5 \times \square = 35$

$\square = 4$ $\square = 6$ $\square = 7$

2 나눗셈의 몫을 곱셈구구를 이용하여 구할 때 곱셈구구의 단이 <u>다른</u> 하나를 찾아 기호를 써 보세요.

ㄱ $18 \div 9$ ㄴ $9 \div 3$ ㄷ $81 \div 9$

(   )

3 나눗셈의 몫을 구해 보세요.

(1) $12 \div 2$

(2) $49 \div 7$

4 □ 안에 알맞은 수를 써넣으세요.

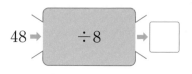

$48 \rightarrow \boxed{\div 8} \rightarrow \square$

5 곱셈식을 이용하여 $54 \div 6$의 몫을 구하려고 합니다. ㉠에 공통으로 들어갈 수 있는 수를 구해 보세요.

$54 \div 6 = ㉠ \rightarrow 6 \times ㉠ = 54$

(   )

6 가장 큰 수를 가장 작은 수로 나눈 몫을 구해 보세요.

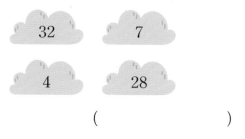

32   7

4   28

(   )

7 두 나눗셈의 몫의 차를 구해 보세요.

$$16 \div 8 \qquad 36 \div 4$$

( )

10 도화지 42장을 한 명에게 6장씩 나누어 주려고 합니다. 몇 명에게 나누어 줄 수 있는지 구해 보세요.

( )

3
단원

8 몫이 큰 것부터 차례로 ▭ 안에 1, 2, 3을 써 넣으세요.

$$56 \div 7 \qquad \Large\bigcirc$$

$$15 \div 3 \qquad \Large\bigcirc$$

$$45 \div 5 \qquad \Large\bigcirc$$

11 1부터 9까지의 수 중에서 ▭ 안에 들어갈 수 있는 수를 모두 구해 보세요.

$$63 \div 9 < \boxed{}$$

( )

12 잘 틀려요

어떤 수를 4로 나눈 몫은 6입니다. 어떤 수를 8로 나눈 몫은 얼마인지 구해 보세요.

( )

풀이

어떤 수를 ■라 하면 ■ ÷ 4 = ▭ 입니다.

이것을 곱셈식으로 나타내면

$$4 \times \boxed{} = ■ 이므로 ■ = \boxed{} 입니다.$$

따라서 어떤 수를 8로 나눈 몫은

$$\boxed{} \div 8 = \boxed{} 입니다.$$

9 색연필 20자루를 5명에게 똑같이 나누어 주려고 합니다. 한 명에게 몇 자루씩 줄 수 있는지 곱셈식을 이용하여 구해 보세요.

나눗셈식 _____

곱셈식 _____

답 _____

오늘 학습 내용을 잘 이해했나요?

➕ **워크북** 44쪽에서 실력 다지기 문제를 한 번 더 풀어볼 수 있어요.

1 □ 안에 알맞은 수를 써넣으세요.

(1) □÷5=9

(2) 14÷□=7

2 □ 안에 알맞은 수의 합을 구해 보세요.

27÷□=3   40÷□=8

(   )

3 □ 안에 알맞은 수가 가장 큰 나눗셈식을 찾아 기호를 써 보세요.

㉠ 54÷9=□   ㉡ 18÷□=6
㉢ 49÷7=□   ㉣ 45÷□=5

(   )

서술형
4 □ 안에 알맞은 수는 얼마인지 풀이 과정을 쓰고, 답을 구해 보세요.

24÷□=36÷6

풀이 _____

_____

_____

_____

답 _____

5 어떤 수를 7로 나누었더니 몫이 4가 되었습니다. 어떤 수를 구해 보세요.

(   )

6 어떤 수를 4로 나누었더니 몫이 3이 되었습니다. 어떤 수를 6으로 나눈 몫을 구해 보세요.

(   )

7 대화를 읽고 주원이의 질문에 답해 보세요.

윤서: 어떤 수를 4로 나누었더니 몫이 6이 되었어.

주원: 어떤 수를 8로 나누면 얼마일까?

(   )

8 어떤 수를 6으로 나누어야 할 것을 잘못하여 3으로 나누었더니 몫이 6이 되었습니다. 바르게 계산한 값을 구해 보세요.

(   )

유형 **3** 수 카드를 이용하여 나눗셈식 만들기

9 수 카드 2 , 4 , 8 중에서 한 장을 골라 □ 안에 넣어 나눗셈식을 만들려고 합니다. 몫이 가장 큰 나눗셈식을 만들고, 몫을 구해 보세요.

$$16 \div \square$$

나눗셈식 _____

몫 _____

10 수 카드 3 , 6 , 9 중에서 한 장을 골라 □ 안에 넣어 나눗셈식을 만들려고 합니다. 몫이 가장 작은 나눗셈식을 만들고, 몫을 구해 보세요.

$$36 \div \square$$

나눗셈식 _____

몫 _____

서술형

11 수 카드를 한 번씩만 이용하여 만들 수 있는 가장 작은 두 자리 수를 남은 수 카드의 수로 나눈 몫은 얼마인지 풀이 과정을 쓰고, 답을 구해 보세요.

5   3   7

풀이 _____

_____

_____

_____

답 _____

12 수 카드를 한 번씩만 이용하여 몫이 가장 작은 (두 자리 수)÷(한 자리 수)의 나눗셈식을 만들었을 때, 몫을 구해 보세요.

7   1   4

(   )

유형 4 생활에서 나눗셈 활용하기

13 문구점에서 연필 7자루를 사면 지우개 1개를 주는 행사를 하고 있습니다. 이 문구점에서 연필 21자루를 사면 지우개를 몇 개 받을 수 있는지 구해 보세요.

( )

14 빨간 구슬 25개와 파란 구슬 17개가 있습니다. 이 구슬을 색깔에 상관없이 7명이 똑같이 나누어 가지면 한 명이 구슬을 몇 개씩 가지게 되는지 구해 보세요.

( )

15 가 모둠과 나 모둠에 색종이를 각각 24장씩 나누어 주었습니다. 가 모둠은 한 명이 4장씩 나누어 가지고, 나 모둠은 한 명이 8장씩 나누어 가졌습니다. 가 모둠과 나 모둠의 학생 수는 모두 몇 명인지 구해 보세요. (단, 색종이를 가지지 못한 학생은 없습니다.)

( )

서술형

16 어느 장난감 공장에서 일정한 빠르기로 3분 동안 18개의 장난감을 만든다고 합니다. 같은 빠르기로 장난감 48개를 만드는 데 몇 분이 걸리는지 풀이 과정을 쓰고, 답을 구해 보세요.

풀이 _____

_____

_____

답 _____

유형 5 일정한 간격으로 나누기

17 길이가 28 m인 도로의 한쪽에 처음부터 끝까지 4 m 간격으로 가로등을 세우려고 합니다. 필요한 가로등은 모두 몇 개인지 구해 보세요. (단, 가로등의 두께는 생각하지 않습니다.)

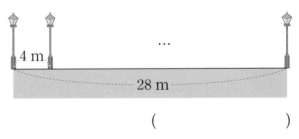

( )

---

18 길이가 56 m인 도로의 한쪽에 처음부터 끝까지 7 m 간격으로 나무를 심으려고 합니다. 필요한 나무는 모두 몇 그루인지 구해 보세요. (단, 나무의 두께는 생각하지 않습니다.)

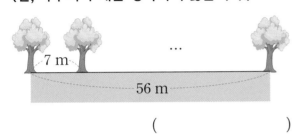

(   )

19 길이가 72 m인 도로의 양쪽에 처음부터 끝까지 9 m 간격으로 화분을 놓으려고 합니다. 필요한 화분은 모두 몇 개인지 구해 보세요. (단, 화분의 두께는 생각하지 않습니다.)

(   )

유형 **6** ☐ 안에 들어갈 수 있는 수 구하기

20 1부터 9까지의 수 중에서 ☐ 안에 들어갈 수 있는 수를 모두 구해 보세요.

$$35 \div 7 > \square$$

(   )

서술형

21 1부터 9까지의 수 중에서 ☐ 안에 들어갈 수 있는 가장 큰 수는 얼마인지 풀이 과정을 쓰고, 답을 구해 보세요.

$$\square < 63 \div 9$$

풀이 _____

_____

_____

답 _____

22 1부터 9까지의 수 중에서 ☐ 안에 들어갈 수 있는 가장 작은 수를 구해 보세요.

$$42 \div 6 < \square$$

(   )

23 각각 남김없이 똑같이 나누어지는 두 나눗셈의 몫의 크기를 비교한 것입니다. ☐ 안에 들어갈 수 있는 두 자리 수를 모두 구해 보세요.

$$\square \div 4 < 40 \div 8$$

(   )

오늘 학습 내용을 잘 이해했나요? ☺ ☺ ☹

➕ **워크북** 46쪽에서 단원 마무리하기 문제를 풀어볼 수 있어요.

4

곱셈

2학년

이전 학습에서
곱셈과 곱셈구구를
공부했어요.

이 단원에서는
두 자리 수와 한 자리 수의 곱셈을
공부해요!

3학년

이후 학습에서
곱하는 수가 한 자리 수 또는
두 자리 수인 곱셈을
공부할 거예요.

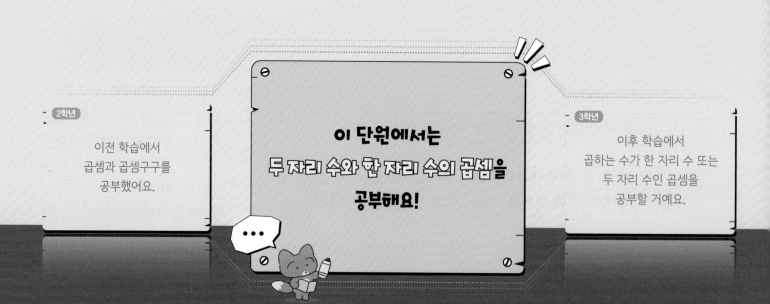

올림이 없는 (두 자리 수) × (한 자리 수)

20 × 4 계산하기

0을 1개 붙입니다.

$20 \times 4 = 80$

$2 \times 4 = 8$

가로로 계산하기

세로로 계산하기

	2	0
×		4
	8	0

💡 ■0 × ▲는 ■ × ▲를 계산한 결과에 0 을 붙입니다.

확인 1 ◦ ☐ 안에 알맞은 수를 써넣으세요.

(1) $10 \times 5 = \boxed{}0$

$1 \times \boxed{} = \boxed{}$

(2) $30 \times 3 = \boxed{}0$

$3 \times \boxed{} = \boxed{}$

23 × 2 계산하기

	2	3
×		2
		6	← 3 × 2
	4	0	← 20 × 2
	4	6

간단하게 계산하기

	2	3
×		2
		6

➡

	2	3
×		2
	4	6

$3 \times 2 = 6$에서 6을 일의 자리에 씁니다.

$2 \times 2 = 4$에서 4를 십의 자리에 씁니다.

💡 일의 자리와 십 의 자리를 계산하고, 각 자리에 맞게 씁니다.

확인 2 ◦ ☐ 안에 알맞은 수를 써넣으세요.

(1) 21×3 ─ $20 \times 3 = \boxed{}$ ─ $\boxed{}$
$1 \times 3 = \boxed{}$

(2) 11×4 ─ $10 \times 4 = \boxed{}$ ─ $\boxed{}$
$1 \times 4 = \boxed{}$

개념 익히기

1 20×2를 수 모형으로 어떻게 계산하는지 알아보려고 합니다. ☐ 안에 알맞은 수를 써넣으세요.

(1) 십 모형의 수를 곱셈식으로 나타내면

2×☐=☐ 입니다.

(2) 십 모형 4개가 나타내는 수는 ☐ 입니다.

(3) 20×2=☐

2 수 모형을 보고 ☐ 안에 알맞은 수를 써넣으세요.

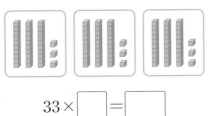

33×☐=☐

3 계산해 보세요.

(1) 　 1 2
　　×　 4
　──────

(2) 　 4 1
　　×　 2
　──────

(3) 40×2

(4) 31×3

4 빈칸에 두 수의 곱을 써넣으세요.

34	2

5 계산 결과를 찾아 선으로 이어 보세요.

11×5 ・　　　　・ 70

23×3 ・　　　　・ 69

10×7 ・　　　　・ 55

6 계산 결과를 비교하여 ◯ 안에 >, =, < 중 알맞은 것을 써넣으세요.

13×3 ◯ 32×2

1 계산해 보세요.

(1) 10×3

(2) 14×2

2 구슬이 한 줄에 10개씩 4줄에 꿰어 있습니다. ☐ 안에 알맞은 수를 써넣으세요.

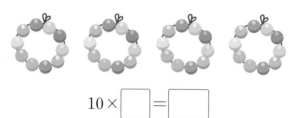

$10 \times$ ☐ $=$ ☐

3 빈칸에 알맞은 수를 써넣으세요.

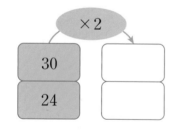

4 가장 큰 수와 가장 작은 수의 곱을 구해 보세요.

| 11 | 2 | 3 | 44 |

( )

5 두 곱의 합을 구해 보세요.

22×3　　　　42×2

( )

6 곱이 가장 큰 것을 찾아 기호를 써 보세요.

㉠ 21×4　　㉡ 33×2　　㉢ 11×8

( )

바른답·알찬풀이 25쪽

7 길이가 32 cm인 색 테이프 3장을 겹치지 않게 이어 붙였습니다. 이어 붙인 색 테이프의 전체 길이는 몇 cm인지 구해 보세요.

32 cm   32 cm   32 cm

(   )

8 과녁 맞히기 놀이에서 연수가 맞힌 과녁입니다. 화살이 꽂힌 곳에 적힌 수만큼 점수를 얻는다면 연수가 얻은 점수는 몇 점인지 구해 보세요.

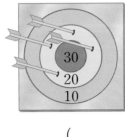

30
20
10

(   )

9 현경이는 역사책을 하루에 12쪽씩 읽었습니다. 현경이가 3일 동안 읽은 역사책은 모두 몇 쪽인지 구해 보세요.

(   )

10 어떤 두 자리 수에 6을 곱하면 60입니다. 이 두 자리 수를 구해 보세요.

(   )

11 윤정이네 학교 학생들이 좋아하는 과목을 나타낸 것입니다. 수학을 좋아하는 학생 수의 3배가 되는 과목은 무엇인지 써 보세요.

과목	수학	음악	미술	체육
학생 수(명)	31	62	90	93

(   )

12 잘 틀려요

1부터 9까지의 수 중에서 □ 안에 들어갈 수 있는 수를 모두 구해 보세요.

$$20 \times \square < 31 \times 2$$

(   )

풀이

$31 \times 2 = $ [ ] 이므로 $20 \times \square < $ [ ] 입니다.

$20 \times 3 = $ [ ], $20 \times 4 = $ [ ] 이므로

□ 안에 들어갈 수 있는 수는 [ ] 보다 작은 수인 [ ], [ ], [ ] 입니다.

오늘 학습 내용을 잘 이해했나요?

➡ **워크북** 52쪽에서 **실력 다지기** 문제를 한 번 더 풀어볼 수 있어요.

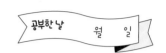

개념 2

십의 자리에서 올림이 있는 (두 자리 수) × (한 자리 수)

41 × 3 계산하기

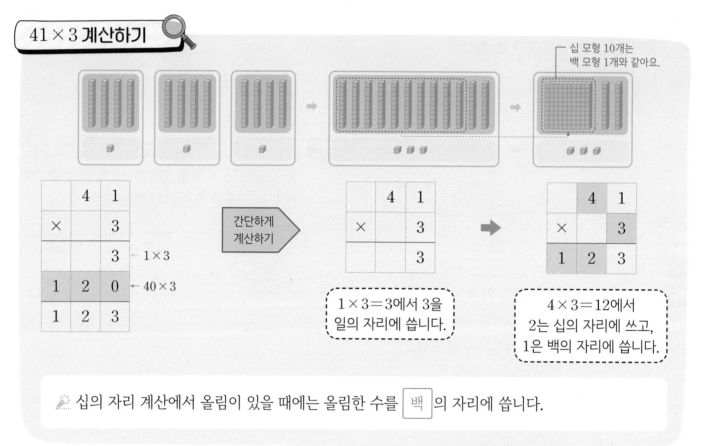

십 모형 10개는 백 모형 1개와 같아요.

간단하게 계산하기

1 × 3 = 3에서 3을 일의 자리에 씁니다.

4 × 3 = 12에서 2는 십의 자리에 쓰고, 1은 백의 자리에 씁니다.

💡 십의 자리 계산에서 올림이 있을 때에는 올림한 수를 백 의 자리에 씁니다.

확인 1 ⬚ 안에 알맞은 수를 써넣으세요.

(1)
```
      2   1
  ×       7
  ┌───────────┐
  │       │ ⬚ │
  ├───┬───┼───┤
  │ ⬚ │ ⬚ │ ⬚ │
  ├───┼───┼───┤
  │ ⬚ │ ⬚ │ ⬚ │
  └───┴───┴───┘
```

(2)
```
      6   4
  ×       2
  ┌───────────┐
  │       │ ⬚ │
  ├───┬───┼───┤
  │ ⬚ │ ⬚ │ ⬚ │
  ├───┼───┼───┤
  │ ⬚ │ ⬚ │ ⬚ │
  └───┴───┴───┘
```

확인 2 ⬚ 안에 알맞은 수를 써넣으세요.

(1) 53 × 3 ⟨ 50 × 3 = ⬚
              3 × 3 = ⬚   ⟩ ⬚

(2) 31 × 5 ⟨ 30 × 5 = ⬚
              1 × 5 = ⬚   ⟩ ⬚

개념 익히기

1 52×2를 수 모형으로 어떻게 계산하는지 알아보려고 합니다. ☐ 안에 알맞은 수를 써넣으세요.

(1) 일 모형이 나타내는 수를 곱셈식으로 나타내면 ☐×2=☐ 입니다.

(2) 십 모형이 나타내는 수를 곱셈식으로 나타내면 ☐×2=☐ 입니다.

(3) 52×2=☐

2 ☐ 안에 알맞은 수를 써넣으세요.

3 계산해 보세요.

(1)　 4 2
　　×　 3

(2)　 2 1
　　×　 9

(3) 31×7

(4) 82×3

4 빈칸에 알맞은 수를 써넣으세요.

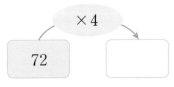

5 하준이가 말하는 수를 구해 보세요.

93의 3배인 수

하준

(　　　　　　　　　)

6 계산 결과가 더 큰 것을 찾아 ◯표 하세요.

62×2　　32×4

(　　　)　(　　　)

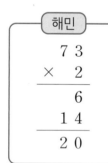

실력 다지기

1 계산해 보세요.

(1)
```
    6 3
  ×   3
```

(2)
```
    9 2
  ×   4
```

2 빈칸에 두 수의 곱을 써넣으세요.

51	7

3 계산을 바르게 한 친구의 이름을 써 보세요.

해민
```
    7 3
  ×   2
  ─────
      6
    1 4
  ─────
    2 0
```

현수
```
    7 3
  ×   2
  ─────
      6
  1 4 0
  ─────
  1 4 6
```

(   )

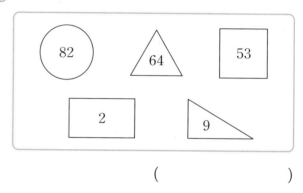

4 계산 결과가 <u>다른</u> 것을 찾아 기호를 써 보세요.

| ㉠ 42×4 | ㉡ 21×8 | ㉢ 74×2 |

(   )

5 사각형에 적힌 수의 곱을 구해 보세요.

82   64   53

2   9

(   )

6 다음 수 중에서 홀수의 곱을 구해 보세요.

| 42   3   64   8   81 |

(   )

7 계산 결과가 큰 것부터 차례로 ☐ 안에 1, 2, 3을 써넣으세요.

82×4 ☐

41×9 ☐

61×5 ☐

8 땅콩이 한 상자에 83개씩 들어 있습니다. 3상자에 들어 있는 땅콩은 모두 몇 개인지 구해 보세요.

( )

9 나타내는 수의 4배인 수를 구해 보세요.

10이 5개, 1이 2개인 수

( )

10 당근은 오이보다 몇 개 더 많은지 구해 보세요.

당근	오이
21개씩 6봉지	54개씩 2봉지

( )

11 ㉮와 ㉯의 합을 구해 보세요.

㉮ 41의 8배
㉯ 31+31+31+31

( )

12 잘 틀려요

수 카드 6 , 1 , 9 를 한 번씩만 이용하여 곱이 가장 큰 (두 자리 수)×(한 자리 수)의 곱셈식을 만들 때, 그 곱을 구해 보세요.

( )

풀이

㉠㉡×㉢이라고 할 때 두 번 곱해지는 ㉢에 가장 큰 수인 ☐을/를 놓고, 나머지 두 수로 가장 큰 두 자리 수를 만들면 ☐입니다.

➡ ☐ × ☐ = ☐

오늘 학습 내용을 잘 이해했나요?

➕ **워크북** 54쪽에서 실력 다지기 문제를 한 번 더 풀어볼 수 있어요.

개념 3

일의 자리에서 올림이 있는
(두 자리 수) × (한 자리 수)

24 × 3 계산하기

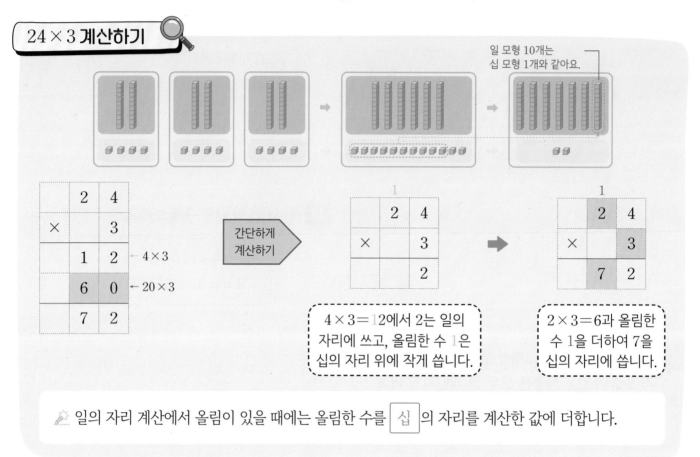

일 모형 10개는
십 모형 1개와 같아요.

간단하게 계산하기

4 × 3 = 12에서 2는 일의 자리에 쓰고, 올림한 수 1은 십의 자리 위에 작게 씁니다.

2 × 3 = 6과 올림한 수 1을 더하여 7을 십의 자리에 씁니다.

일의 자리 계산에서 올림이 있을 때에는 올림한 수를 십 의 자리를 계산한 값에 더합니다.

확인 1 □ 안에 알맞은 수를 써넣으세요.

(1)
```
    1 3
  ×   4
  ┌─┬─┐
  │ │ │
  ├─┼─┤
  │ │ │
  ├─┼─┤
  │ │ │
  └─┴─┘
```

(2)
```
    3 6
  ×   3
  ┌─┬─┐
  │ │ │
  ├─┼─┤
  │ │ │
  ├─┼─┤
  │ │ │
  └─┴─┘
```

확인 2 □ 안에 알맞은 수를 써넣으세요.

(1) 27 × 3 ┌ 20 × 3 = □ ┐ □
          └ 7 × 3 = □ ┘

(2) 49 × 2 ┌ 40 × 2 = □ ┐ □
          └ 9 × 2 = □ ┘

개념 익히기

1 17×4를 수 모형으로 어떻게 계산하는지 알아 보려고 합니다. □ 안에 알맞은 수를 써넣으세요.

(1) 일 모형이 나타내는 수를 곱셈식으로 나타 내면 □×4=□ 입니다.

(2) 십 모형이 나타내는 수를 곱셈식으로 나타 내면 □×4=□ 입니다.

(3) 17×4=□

2 □ 안에 알맞은 수를 써넣으세요.

3 계산해 보세요.

(1) 　3 5
　×　　2
　――――――

(2) 　1 8
　×　　4
　――――――

(3) 29×3

(4) 48×2

4 빈칸에 알맞은 수를 써넣으세요.

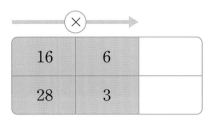

×		
16	6	
28	3	

5 두 수의 곱을 구해 보세요.

19　　　5

(　　　　　　　)

6 곱이 더 작은 것을 찾아 기호를 써 보세요.

㉠ 36×2　　㉡ 24×4

(　　　　　　　)

1 사과가 한 상자에 15개씩 4상자 있습니다. ☐ 안에 알맞은 수를 써넣으세요.

☐ × ☐ = ☐

2 보기 와 같이 계산해 보세요.

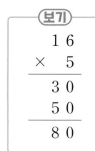

보기

```
    1 6
  ×   5
  ─────
    3 0
    5 0
  ─────
    8 0
```

```
    3 7
  ×   2
  ─────
```

3 다음을 곱셈식으로 나타내 계산해 보세요.

19＋19＋19

곱셈식 _____

4 빈칸에 알맞은 수를 써넣으세요.

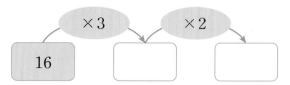

5 다음 계산에서 ☐ 안의 수 2가 실제로 나타내는 값은 얼마인지 써 보세요.

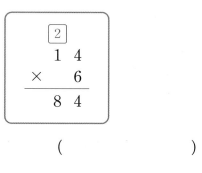

(   )

6 곱이 가장 작은 것을 찾아 ◯표 하세요.

12×8 23×4 47×2

(   )   (   )   (   )

7 네발자전거가 19대 있습니다. 네발자전거의 바퀴는 모두 몇 개인지 구해 보세요.

(   )

8 수 카드가 나타내는 수와 2의 곱을 구해 보세요.

10	10	10	10

1	1	1	1	1	1

(   )

9 잘못 계산한 곳을 찾아 이유를 쓰고, 바르게 계산해 보세요.

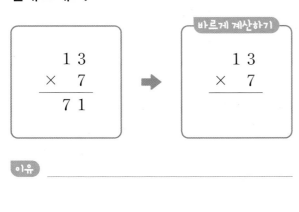

이유 _____

_____

10 명근이와 효주는 쓰레기 줍기 행사에 참여했습니다. 쓰레기를 더 많이 주운 친구의 이름을 써 보세요.

> 명근: 나는 한 봉지에 26개씩 3봉지 주웠어.
> 효주: 나는 한 봉지에 18개씩 5봉지 주웠어.

(   )

4
단원

11 ☐ 안에 들어갈 수 있는 두 자리 수 중에서 가장 작은 수를 구해 보세요.

$$17 \times 5 < \square$$

(   )

12 잘 틀려요

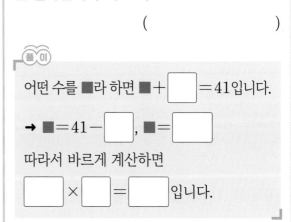

어떤 수에 2를 곱해야 할 것을 잘못하여 더했더니 41이 되었습니다. 바르게 계산한 값은 얼마인지 구해 보세요.

(   )

풀이

어떤 수를 ■라 하면 ■+☐=41입니다.

➜ ■=41−☐, ■=☐

따라서 바르게 계산하면

☐×☐=☐입니다.

오늘 학습 내용을 잘 이해했나요? ☺ ☺ ☹

➕ **워크북** 56쪽에서 **실력 다지기** 문제를 한 번 더 풀어볼 수 있어요.

개념 4

십의 자리와 일의 자리에서 올림이 있는
(두 자리 수) × (한 자리 수)

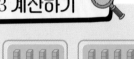

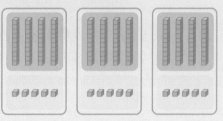

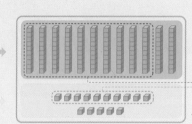

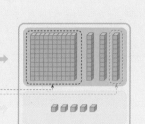

5×3=15에서 5는 일의 자리에 쓰고, 올림한 수 1은 십의 자리 위에 작게 씁니다.

4×3=12와 올림한 수 1을 더하여 3은 십의 자리에 쓰고, 1은 백의 자리에 씁니다.

💡 일의 자리 계산에서 올림한 수는 │십│의 자리를 계산한 값에 더하고, 십의 자리 계산에서 올림한 수는 │백│의 자리에 씁니다.

확인 1 □ 안에 알맞은 수를 써넣으세요.

(1)
```
      2  7
  ×      5
  ┌──┬──┐
  │  │  │
  ├──┼──┤
  │  │  │
  ├──┼──┤
  │  │  │
  └──┴──┘
```

(2)
```
      5  3
  ×      6
  ┌──┬──┐
  │  │  │
  ├──┼──┤
  │  │  │
  ├──┼──┤
  │  │  │
  └──┴──┘
```

확인 2 □ 안에 알맞은 수를 써넣으세요.

(1) 38 × 4 ┌ 30 × 4 = □ ┐ □
         └ 8 × 4 = □ ┘

(2) 49 × 5 ┌ 40 × 5 = □ ┐ □
         └ 9 × 5 = □ ┘

개념 익히기

1 34×4를 수 모형으로 어떻게 계산하는지 알아보려고 합니다. ☐ 안에 알맞은 수를 써넣으세요.

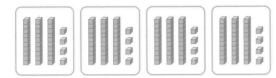

(1) 일 모형이 나타내는 수를 곱셈식으로 나타내면 ☐ × 4 = ☐ 입니다.

(2) 십 모형이 나타내는 수를 곱셈식으로 나타내면 ☐ × 4 = ☐ 입니다.

(3) 34 × 4 = ☐

2 ☐ 안에 알맞은 수를 써넣으세요.

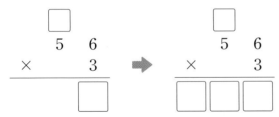

3 계산해 보세요.

(1) 9 5
   × 2

(2) 5 8
   × 3

(3) 65 × 5

(4) 44 × 9

4 나타내는 수를 구해 보세요.

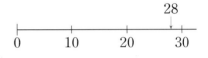

39의 6배인 수

(   )

5 28×5가 약 얼마인지 어림셈으로 구하려고 합니다. ☐ 안에 알맞은 수를 써넣으세요.

28
├────┼────┼────┼──↓─┤
0   10   20   30

(1) 28을 어림하면 약 ☐ 입니다.

(2) 28×5를 어림셈으로 구하면
약 ☐ × 5 = ☐ 입니다.

6 계산 결과가 더 큰 것을 말한 친구의 이름을 써보세요.

54×8   69×7

새연   주원

(   )

1 빈칸에 알맞은 수를 써넣으세요.

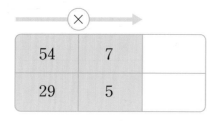

54	7	
29	5	

2 78×3의 어림셈을 하기 위한 식을 찾아 색칠해 보세요.

60×3 — 70×3 — 80×3

3 눈금 한 칸의 길이는 모두 같을 때 ☐ 안에 알맞은 수를 써넣으세요.

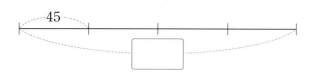

45

4 잘못 계산한 곳을 찾아 바르게 계산해 보세요.

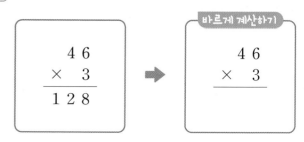

바르게 계산하기

$$\begin{array}{r} 4\,6 \\ \times\ \ 3 \\ \hline 1\,2\,8 \end{array}$$

$$\begin{array}{r} 4\,6 \\ \times\ \ 3 \\ \hline \end{array}$$

5 가장 큰 수의 6배는 얼마인지 구해 보세요.

| 59 | 68 | 47 | 83 |

(   )

6 두 곱의 차를 구해 보세요.

| 46×5 | 96×5 |

(   )

7 계산 결과가 600보다 큰 것을 찾아 ◯표 하세요.

62×9 86×7 72×8

(   )   (   )   (   )

8 철사를 겹치지 않게 사용하여 한 변의 길이가 58 cm인 정사각형을 만들었습니다. 이 정사각형을 만드는 데 사용한 철사의 길이는 몇 cm인지 구해 보세요.

(   )

9 같은 기호는 같은 수를 나타낼 때 ●에 알맞은 수를 구해 보세요.

$49 \times 2 = \blacksquare$

$\blacksquare \times 5 = \bullet$

(   )

10 두 사람의 대화를 읽고 도연이가 오늘 줄넘기를 몇 번 했는지 구해 보세요.

세현: 나는 오늘 줄넘기를 18을 3배 한 수만큼 했어.

도연: 나는 오늘 줄넘기를 세현이의 6배만큼 했어.

(   )

4 단원

11 재희와 성하가 각각 하루 동안 만든 종이별의 수입니다. 두 사람이 7일 동안 만든 종이별은 모두 몇 개인지 구해 보세요. (단, 두 사람이 매일 만드는 종이별의 수는 각각 같습니다.)

재희	성하
32개	46개

(   )

12 잘 틀려요

□ 안에 알맞은 수를 써넣으세요.

$$
\begin{array}{r}
\boxed{}\,8 \\
\times\quad 4 \\
\hline
3\;1\;2
\end{array}
$$

풀이

일의 자리 계산에서 $8 \times 4 = \boxed{}$ 이므로 십의 자리로 올림한 수는 $\boxed{}$ 입니다.

$\square \times 4$는 $31 - \boxed{} = \boxed{}$ 이어야 합니다.

➔ $\square \times 4 = \boxed{}$, $\square = \boxed{}$

오늘 학습 내용을 잘 이해했나요?

➕ 워크북 58쪽에서 실력 다지기 문제를 한 번 더 풀어볼 수 있어요.

1 □ 안에 알맞은 수를 써넣으세요.

```
      □ 7
  ×     5
  3 3 5
```

2 □ 안에 알맞은 수를 써넣으세요.

```
    5 6
  ×   □
  1 1 2
```

3 □ 안에 알맞은 수를 써넣으세요.

```
    □ 8
  ×   □
  1 6 8
```

4 □ 안에 알맞은 수를 써넣으세요.

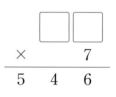

```
    □ □
  ×     7
  5 4 6
```

5 어떤 수에 5를 더했더니 35가 되었습니다. 어떤 수에 3을 곱한 값을 구해 보세요.

(   )

6 어떤 수에 9를 곱해야 할 것을 잘못하여 9를 뺐더니 86이 되었습니다. 바르게 계산한 값을 구해 보세요.

(   )

서술형

7 어떤 수에 7을 곱해야 할 것을 잘못하여 7을 더했더니 94가 되었습니다. 바르게 계산한 값은 얼마인지 풀이 과정을 쓰고, 답을 구해 보세요.

풀이 _____

_____

_____

_____

답 _____

8 어떤 수에 4를 곱해야 할 것을 잘못하여 4로 나누었더니 몫이 9가 되었습니다. 바르게 계산한 값을 구해 보세요.

( )

유형 3 수 카드로 곱셈식 만들기

9 수 카드 5 , 3 , 8 을 한 번씩만 이용하여 곱이 가장 큰 (두 자리 수) × (한 자리 수)의 곱셈식을 만들 때, 그 곱을 구해 보세요.

( )

10 수 카드 6 , 2 , 9 를 한 번씩만 이용하여 곱이 가장 작은 (두 자리 수) × (한 자리 수)의 곱셈식을 만들 때, 그 곱을 구해 보세요.

( )

4
단원

11 수 카드 중에서 3장을 골라 한 번씩만 이용하여 곱이 가장 큰 (두 자리 수) × (한 자리 수)의 곱셈식을 만들고, 계산해 보세요.

4 1 3 7

☐☐ × ☐ = ☐

12 수 카드 중에서 3장을 골라 한 번씩만 이용하여 (두 자리 수) × (한 자리 수)의 곱셈식을 만들려고 합니다. 곱이 가장 큰 곱셈식과 가장 작은 곱셈식을 만들고, 계산해 보세요.

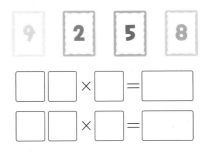

9 2 5 8

☐☐ × ☐ = ☐

☐☐ × ☐ = ☐

13 길이가 20 cm인 색 테이프 3장을 5 cm씩 겹치게 이어 붙였습니다. 이어 붙인 색 테이프의 전체 길이는 몇 cm인지 구해 보세요.

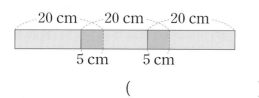

(   )

14 길이가 29 cm인 색 테이프 3장을 7 cm씩 겹치게 이어 붙였습니다. 이어 붙인 색 테이프의 전체 길이는 몇 cm인지 구해 보세요.

29 cm

7 cm

(   )

15 길이가 48 cm인 색 테이프 4장을 9 cm씩 겹치게 이어 붙였습니다. 이어 붙인 색 테이프의 전체 길이는 몇 cm인지 구해 보세요.

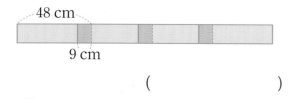

(   )

16 길이가 36 cm인 색 테이프 7장을 6 cm씩 겹치게 이어 붙였습니다. 이어 붙인 색 테이프의 전체 길이는 몇 cm인지 구해 보세요.

36 cm   36 cm

6 cm   6 cm   ···

(   )

17 1부터 9까지의 수 중에서 ☐ 안에 들어갈 수 있는 수를 모두 구해 보세요.

$$32 \times \boxed{} < 160$$

(   )

18 1부터 9까지의 수 중에서 ☐ 안에 들어갈 수 있는 가장 큰 수를 구해 보세요.

$$70 \times \boxed{} < 69 \times 4$$

(   )

유형 **6** 조건에 맞는 두 자리 수 구하기

서술형

19 1부터 9까지의 수 중에서 ☐ 안에 들어갈 수 있는 가장 작은 수는 얼마인지 풀이 과정을 쓰고, 답을 구해 보세요.

$$48 \times 8 < 56 \times \square$$

풀이

답

20 1부터 9까지의 수 중에서 ☐ 안에 들어갈 수 있는 수는 모두 몇 개인지 구해 보세요.

$$59 \times 6 < 64 \times \square < 81 \times 7$$

( )

21 조건 에 맞는 두 자리 수를 모두 구해 보세요.

조건
• 일의 자리 수는 5입니다.
• 이 수의 3배는 80보다 작습니다.

( )

서술형

22 조건 에 맞는 두 자리 수는 모두 몇 개인지 풀이 과정을 쓰고, 답을 구해 보세요.

조건
• 일의 자리 수는 2입니다.
• 이 수의 5배는 250보다 큽니다.

풀이

답

23 조건 에 맞는 두 자리 수를 구해 보세요.

조건
• 십의 자리 수는 8입니다.
• 이 수에 4를 곱하면 344입니다.

( )

24 조건 에 맞는 두 자리 수는 모두 몇 개인지 구해 보세요.

조건
• 십의 자리 수는 일의 자리 수보다 4만큼 더 큽니다.
• 이 수의 6배는 500보다 큽니다.

( )

오늘 학습 내용을 잘 이해했나요? ☺ ☺ ☹

워크북 60쪽에서 단원 마무리하기 문제를 풀어볼 수 있어요.

5

길이와 시간

2학년 이전 학습에서
길이의 단위 cm, m를
공부했어요.
또 시각을 분 단위로 읽고
1일, 1주일, 1개월, 1년을
공부했어요.

이 단원에서는
길이의 단위 mm, km와
시간의 단위 초를 알아보고
시간의 덧셈과 뺄셈을
공부해요!

3학년 이후 학습에서
들이의 단위 L, mL와
무게의 단위 kg, g, t을 알아보고
들이와 무게의 덧셈과 뺄셈을
공부할 거예요.

개념 1 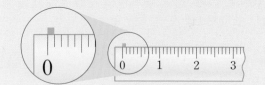 mm 단위

1cm보다 작은 단위 알아보기

1cm(☐)를 10칸으로 똑같이 나누었을 때(▭) 작은 눈금 한 칸의 길이(▪)를 **1mm**라 쓰고 **1 밀리미터**라고 읽습니다.

_{쓰기} **1 mm**   _{읽기} **1 밀리미터**   1cm=10mm

🖋 1cm= 10 mm이므로 ■cm=■0mm입니다.

확인 1 그림을 보고 ☐ 안에 알맞은 수를 써넣으세요.

색 테이프의 길이는 작은 눈금 ☐칸의 길이와 같으므로

☐mm입니다.

길이 나타내기

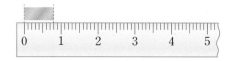

2cm보다 7mm 더 긴 길이를 **2cm 7mm**라 쓰고 **2 센티미터 7 밀리미터**라고 읽습니다.

_{쓰기} **2 cm 7 mm**   _{읽기} **2 센티미터 7 밀리미터**

2cm는 20mm와 같으므로 2cm 7mm는 27mm입니다.
└ 2cm 7mm=2cm+7mm=20mm+7mm=27mm

> ▶ 길이의 덧셈과 뺄셈 (1)
> • 같은 단위끼리 더하거나 뺍니다.
> • 1cm=10mm임을 이용하여 받아올림하거나 받아내림하여 계산합니다.

🖋 ■cm보다 ▲mm 더 긴 길이는 ■cm▲mm입니다.

확인 2 ☐ 안에 알맞게 써넣으세요.

4cm보다 6mm 더 긴 길이를 ☐cm☐mm라 쓰고 ☐☐☐☐☐☐(이)라고 읽습니다.

개념 익히기

1 길이를 쓰고 읽어 보세요.

(1) | 4 mm |

쓰기 _____

읽기 (_____)

(2) | 3 cm 6 mm |

쓰기 _____

읽기 (_____)

2 자를 사용하여 주어진 길이만큼 선분을 그어 보세요.

(1) | 5 mm |

├--------------------------

(2) | 2 cm 8 mm |

├--------------------------

3 화살표가 가리키는 곳의 길이를 써 보세요.

(1)

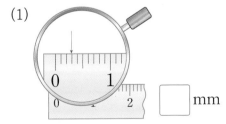

[ ] mm

(2)

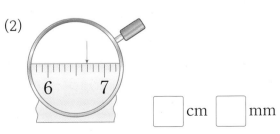

[ ] cm [ ] mm

4 주어진 길이가 몇 cm 몇 mm인지 쓰고 읽어 보세요.

| 9 cm보다 2 mm 더 긴 길이 |

쓰기 (_____)

읽기 (_____)

5 ☐ 안에 알맞은 수를 써넣으세요.

(1) $70\,mm = \boxed{}\,cm$

(2) $5\,cm\ 1\,mm = 5\,cm + \boxed{}\,mm$

$= \boxed{}\,mm + \boxed{}\,mm$

$= \boxed{}\,mm$

(3) $24\,mm = 20\,mm + \boxed{}\,mm$

$= \boxed{}\,cm + \boxed{}\,mm$

$= \boxed{}\,cm\ \boxed{}\,mm$

6 ☐ 안에 알맞은 수를 써넣으세요.

(1)

```
        ☐
    2  cm   8  mm
 +  5  cm   4  mm
 ─────────────────
   ☐ cm   ☐ mm
```

(2)

```
    ☐        ☐
    4̸  cm   5  mm
 −  1  cm   9  mm
 ─────────────────
   ☐ cm   ☐ mm
```

5
단원

1 크레파스의 길이를 써 보세요.

□ cm □ mm

2 □ 안에 알맞은 수를 써넣으세요.

(1) 3 cm 6 mm = □ mm

(2) 108 mm = □ cm □ mm

3 연필심의 길이는 몇 mm인지 자로 재어 보세요.

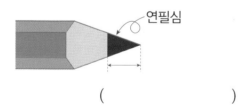

연필심

( )

4 은주의 발의 길이는 20 cm보다 5 mm 더 깁니다. 은주의 발의 길이를 두 가지 방법으로 나타내 보세요.

cm와 mm로 나타내기	mm로 나타내기

5 길이가 같은 것끼리 선으로 이어 보세요.

6 cm	·	·	630 mm
60 cm 3 mm	·	·	60 mm
63 cm	·	·	603 mm

6 길이가 더 긴 것을 찾아 기호를 써 보세요.

㉠ 11 cm 6 mm   ㉡ 97 mm

( )

7 지연이가 가지고 있는 색연필의 길이를 재었더니 13 cm 4 mm였습니다. 이 색연필의 길이는 몇 mm인지 구해 보세요.

( )

바른답·알찬풀이 31쪽

8 머리핀의 길이를 써 보세요.

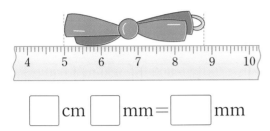

☐ cm ☐ mm = ☐ mm

9 자를 사용하여 길이가 같은 막대를 모두 찾아 기호를 써 보세요.

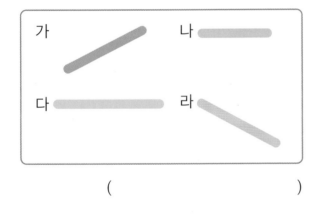

(   )

10 길이가 긴 것부터 차례로 ☐ 안에 1, 2, 3을 써넣으세요.

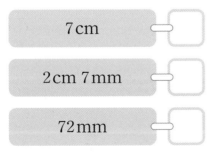

11 잘못 말한 친구의 이름을 써 보세요.

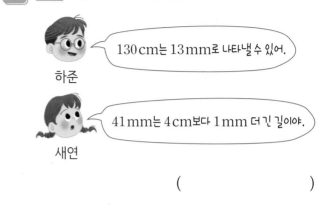

하준: 130 cm는 13 mm로 나타낼 수 있어.

새연: 41 mm는 4 cm보다 1 mm 더 긴 길이야.

(   )

12 잘 틀려요

두 색 테이프의 길이의 합과 차는 각각 몇 cm 몇 mm인지 구해 보세요.

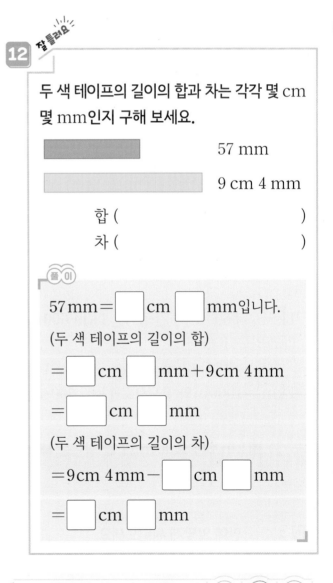

57 mm

9 cm 4 mm

합 (   )

차 (   )

풀이

57 mm = ☐ cm ☐ mm입니다.

(두 색 테이프의 길이의 합)

= ☐ cm ☐ mm + 9 cm 4 mm

= ☐ cm ☐ mm

(두 색 테이프의 길이의 차)

= 9 cm 4 mm − ☐ cm ☐ mm

= ☐ cm ☐ mm

오늘 학습 내용을 잘 이해했나요? ☺ 😐 😣

➕ 워크북 66쪽에서 실력 다지기 문제를 한 번 더 풀어볼 수 있어요.

개념 2 km 단위

1 m보다 큰 단위 알아보기

1000 m를 **1km**라 쓰고 **1 킬로미터**라고 읽습니다.

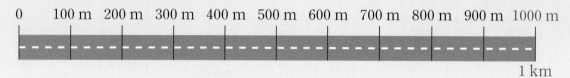

1 km

쓰기 **1 km**   **읽기** **1 킬로미터**   1000 m = 1 km

💡 1 km = [1000] m이므로 ■ km = ■000 m입니다.

확인 1 ▷ ☐ 안에 알맞은 수를 써넣으세요.

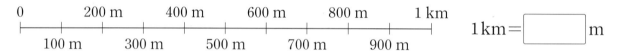

1 km = [   ] m

길이 나타내기

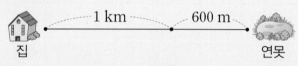

1 km보다 600 m 더 긴 길이를 **1 km 600 m**라 쓰고 **1 킬로미터 600 미터**라고 읽습니다.

쓰기 **1 km 600 m**   **읽기** **1 킬로미터 600 미터**

1 km는 1000 m와 같으므로 <u>1 km 600 m는 1600 m입니다.</u>

└─ 1 km 600 m = 1 km + 600 m = 1000 m + 600 m = 1600 m

▶ 길이의 덧셈과 뺄셈 (2)
• 같은 단위끼리 더하거나 뺍니다.
• 1 km = 1000 m임을 이용하여 받아올림하거나 받아내림하여 계산합니다.

💡 ■ km보다 ▲00 m 더 긴 길이는 ■ km [▲00] m입니다.

확인 2 ▷ ☐ 안에 알맞게 써넣으세요.

6 km보다 100 m 더 긴 길이를 [ ] km [ ] m라 쓰고 [   ](이)라고 읽습니다.

개념 익히기

1 길이를 쓰고 읽어 보세요.

(1)
| 3km |

쓰기 _____

읽기 (_____)

(2)
| 2km 400m |

쓰기 _____

읽기 (_____)

2 ☐ 안에 알맞은 수를 써넣으세요.

(1) | 1 km | 1 km | 1 km | 1 km | 1 km |

☐ km

(2) | 4 km | ← 800 m

☐ km ☐ m

3 ☐ 안에 알맞은 수를 써넣으세요.

(1)
| 3km보다 500m 더 긴 길이 |

☐ km ☐ m

(2)
| 7km보다 200m 더 긴 길이 |

☐ km ☐ m

4 ☐ 안에 알맞은 수를 써넣으세요.

(1) 4 km = ☐ m

(2) 6000 m = ☐ km

(3) 2 km 800 m

= 2 km + ☐ m

= ☐ m + ☐ m

= ☐ m

(4) 3700 m = 3000 m + ☐ m

= ☐ km + ☐ m

= ☐ km ☐ m

5 ☐ 안에 알맞은 수를 써넣으세요.

(1)
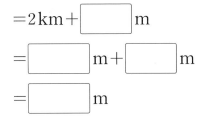

	☐	
	1 km	900 m
+	3 km	400 m
	☐ km	☐ m

(2)

	☐	☐
	5̸ km	200 m
−	2 km	700 m
	☐ km	☐ m

1 ☐ 안에 알맞은 수를 써넣으세요.

(1) 2 km 700 m = ☐ m

(2) 5100 m = ☐ km ☐ m

2 집에서 마트를 지나 병원까지의 거리는 몇 km 인지 구해 보세요.

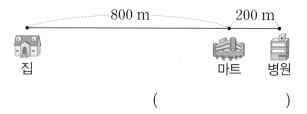

800 m   200 m

집   마트 병원

(   )

3 은우네 집에서 할머니 댁까지의 거리는 몇 km 몇 m인지 쓰고 읽어 보세요.

할머니 댁은 우리 집에서 3 km보다 450 m 더 먼 곳에 있어.

은우

쓰기 (   )

읽기 (   )

4 단위를 잘못 바꾸어 나타낸 것은 어느 것인가 요? (   )

① 2 km 450 m = 2450 m

② 5 km 100 m = 5100 m

③ 4090 m = 4 km 900 m

④ 7238 m = 7 km 238 m

⑤ 5 km 80 m = 5080 m

5 길이를 비교하여 ◯ 안에 >, =, < 중 알맞은 것을 써넣으세요.

6 km 2 m ◯ 6020 m

6 산의 높이를 두 가지 방법으로 나타낸 것입니다. 빈칸에 알맞게 써넣으세요.

산	km와 m로 나타내기	m로 나타내기
백두산	2 km 744 m	
한라산		1947 m

바른답·알찬풀이 32쪽

7 수직선을 보고 ☐ 안에 알맞은 수를 써넣으세요.

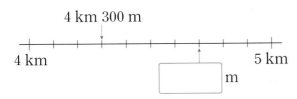

4 km 300 m

4 km   5 km

☐ m

8 선혜네 집에서 기차역까지의 거리는 9 km보다 820 m 더 멉니다. 선혜네 집에서 기차역까지의 거리는 몇 m인지 구해 보세요.

(   )

9 길이가 짧은 것부터 차례로 기호를 써 보세요.

> ㉠ 1 cm   ㉡ 1 m
> ㉢ 1 km   ㉣ 1 mm

(   )

10 바르게 말한 친구의 이름을 써 보세요.

> 지희: 2600 m는 2 km보다 600 km 더 먼 거리야.
> 도윤: 5 km보다 90 m 더 먼 거리는 590 m야.
> 연정: 7004 m는 7 km보다 4 m 더 먼 거리야.

(   )

11 잘 틀려요

집에서 경찰서, 소방서, 우체국까지의 거리를 나타낸 것입니다. 집에서 가장 먼 곳은 어디인지 써 보세요.

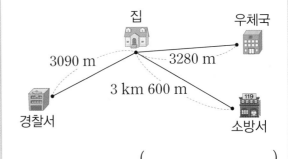

집   우체국
3090 m   3280 m
3 km 600 m
경찰서   소방서

(   )

풀이

집에서 소방서까지의 거리는

3 km 600 m = ☐ m입니다.

집에서 각 장소까지의 거리를 비교해 보면

☐ m > ☐ m > ☐ m

이므로 집에서 가장 먼 곳은 ☐ 입니다.

오늘 학습 내용을 잘 이해했나요?   😣

➕ **워크북** 68쪽에서 **실력 다지기** 문제를 한 번 더 풀어볼 수 있어요.

길이와 거리를 어림하고 재어 보기

지우개의 길이를 어림하고 자로 재어 보기

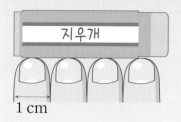
지우개

1 cm

지우개의 길이는 너비가 1 cm인 손가락 너비로 4번 정도입니다.

→ 지우개의 길이는 약 4 cm입니다.

└─ 길이를 어림하여 말할 때에는 '약'으로 표현해요.

물건	어림한 길이	자로 잰 길이
지우개	약 4 cm	4 cm 2 mm

💡 1 cm의 ■배 정도 되는 길이는 약 ■ cm로 어림합니다.

확인 1 연필의 길이를 어림하고 자로 재어 보세요.

1 cm

어림한 길이	자로 잰 길이
약 ☐ cm	☐ cm ☐ mm

집에서 학교까지의 거리를 어림하기

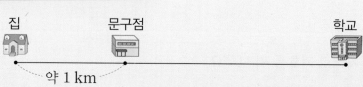
집   문구점   학교

약 1 km

집에서 학교까지의 거리는 집에서 문구점까지의 거리의 3배 정도입니다.

→ 집에서 학교까지의 거리는 약 3 km입니다.

└─ 1 km + 1 km + 1 km = 3 km

💡 1 km의 ▲배 정도 되는 거리는 약 ▲ km로 어림합니다.

확인 2 학교에서 병원까지의 거리를 어림하려고 합니다. ☐ 안에 알맞은 수를 써넣으세요.

학교   경찰서   병원

약 1 km

학교에서 병원까지의 거리는 학교에서 경찰서까지의

거리의 ☐배 정도이므로 약 ☐ km입니다.

개념 익히기

1 색 테이프의 길이를 어림하여 ☐ 안에 알맞은 수를 써넣으세요.

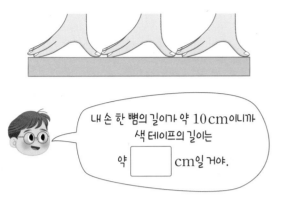

내 손 한 뼘의 길이가 약 10 cm이니까 색 테이프의 길이는

약 ☐ cm일 거야.

2 물건의 길이를 어림하고 자로 재어 보세요.

(1) 1 cm

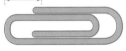

어림한 길이	자로 잰 길이	
약 ☐ cm	☐ cm	☐ mm

(2) 1 cm

어림한 길이	자로 잰 길이	
약 ☐ cm	☐ cm	☐ mm

3 집에서 야구장까지의 거리는 약 몇 km인지 구해 보세요.

집   공원   야구장

약 2 km

약 (   )

4 km 단위로 나타내기 알맞은 것을 찾아 ◯표 하세요.

대전에서 대구까지의 거리	학교 운동장에서 교실까지의 거리
( )	( )

5 알맞은 단위를 골라 ◯표 하세요.

(1)

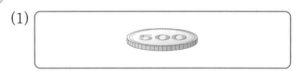

500원짜리 동전의 두께는
약 2 (m , cm , mm)입니다.

(2)

승용차의 길이는 약 5 (km , m , cm)입니다.

(3)

서울•   •춘천

서울에서 춘천까지의 거리는
약 90 (km , m , cm)입니다.

실력 다지기

1 색 테이프의 길이는 3 cm입니다. 색연필의 길이를 어림하여 ☐ 안에 알맞은 수를 써넣으세요.

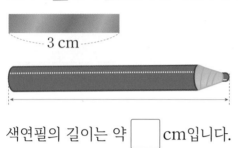

3 cm

색연필의 길이는 약 ☐ cm입니다.

2 단추의 길이를 어림하고 자로 재어 몇 cm 몇 mm인지 써 보세요.

어림한 길이	자로 잰 길이

3 주어진 길이만큼 어림하여 선분을 그어 보세요.

(1) 3 cm 2 mm

(2) 50 mm

4 길이가 1 km보다 긴 것은 어느 것인가요?

( )

① 동화책 한 권의 두께
② 쌀 한 톨의 길이
③ 지리산의 높이
④ 칠판 긴 쪽의 길이
⑤ 학교 운동장 한 바퀴의 거리

5 (보기)에서 알맞은 길이의 단위를 골라 ☐ 안에 써넣으세요.

(보기)
| mm | cm | m | km |

(1) 친구의 키는 약 132 ☐ 입니다.

(2) 볼펜심의 길이는 약 3 ☐ 입니다.

(3) 터널의 길이는 약 7 ☐ 입니다.

(4) 기차의 길이는 약 300 ☐ 입니다.

6 길이가 가장 긴 것을 찾아 ◯표 하세요.

마라톤의 거리	( )

서울에서 부산까지의 거리	( )

3층 건물의 높이	( )

바른답·알찬풀이 33쪽

7 m, cm, mm 중 ☐ 안에 알맞은 단위가 cm 인 것을 찾아 기호를 써 보세요.

> ㉠ 속눈썹의 길이 ➡ 약 8 ☐
> ㉡ 버스의 길이 ➡ 약 12 ☐
> ㉢ 줄넘기의 길이 ➡ 약 150 ☐

(   )

8 주어진 길이를 골라 문장을 완성해 보세요.

> 240 mm   2 m 50 cm   425 km

(1) 신발의 길이는 약 ☐ 입니다.

(2) 축구 골대의 높이는 약 ☐ 입니다.

(3) 제주특별자치도의 올레길 전체 길이는 약 ☐ 입니다.

9 가와 나 중에서 어느 쪽이 더 긴지 어림해 보세요.

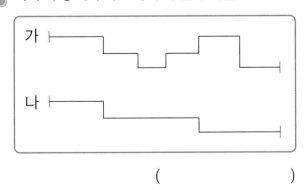

(   )

10 길이의 단위를 <u>잘못</u> 쓴 문장을 찾아 기호를 쓰고, 바르게 고쳐 보세요.

> ㉠ 집 현관문의 높이는 약 2 km입니다.
> ㉡ 젓가락의 길이는 약 180 mm입니다.
> ㉢ 기차역에서 할머니 댁까지의 거리는 약 4091 m입니다.

기호 _____

바르게 고치기 _____

_____

5
단원

11 잘 틀려요

지도를 보고 집에서 약 1 km 떨어진 곳에 있는 장소를 모두 찾아 써 보세요.

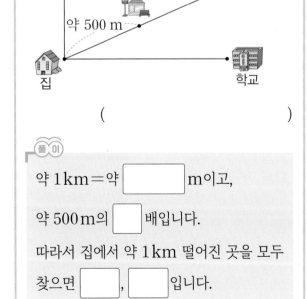

(   )

풀이

약 1 km = 약 ☐ m이고,

약 500 m의 ☐ 배입니다.

따라서 집에서 약 1 km 떨어진 곳을 모두 찾으면 ☐ , ☐ 입니다.

오늘 학습 내용을 잘 이해했나요? ☺ 😐 😣

➕ **워크북** 70쪽에서 **실력 다지기** 문제를 한 번 더 풀어볼 수 있어요.

분보다 작은 단위 알아보기 🔍

시계의 가장 가는 바늘은 초바늘입니다.
- 초바늘이 작은 눈금 한 칸을 가는 동안 걸리는 시간을 **1초**라고 합니다.
- 초바늘이 시계를 한 바퀴 도는 데 걸리는 시간은 **60초**입니다.
  60초는 1분입니다.

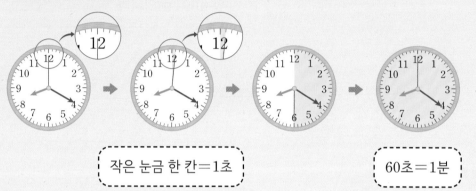

작은 눈금 한 칸=1초

60초=1분

▶ 시각 읽기

- 짧은바늘: 숫자 7과 8 사이
  ➡ 7시
- 긴바늘: 숫자 6을 조금 지 난 곳 ➡ 30분
- 초바늘: 숫자 3 ➡ 15초.

7시 30분 15초

🔦 초바늘이 작은 눈금 한 칸을 가는 동안 걸리는 시간은 [1] 초입니다.

확인 1 시각을 읽어 보세요.

- 짧은바늘: 숫자 4와 5 사이 ➡ [ ]시
- 긴바늘: 숫자 8을 조금 지난 곳 ➡ [ ]분 ➡ [ ]시 [ ]분 [ ]초
- 초바늘: 숫자 2 ➡ [ ]초

시간 나타내기 🔍

1분보다 20초 더 걸린 시간은 1분 20초입니다.
1분은 60초와 같으므로 <u>1분 20초는 80초입니다.</u>
└ 1분 20초=1분+20초
=60초+20초=80초

🔦 시간을 분과 초로 나타낼 때에는 1분= [60] 초임을 이용합니다.

확인 2 ☐ 안에 알맞은 수를 써넣으세요.

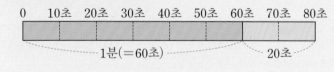

2분 40초=2분+40초= [ ] 초+40초= [ ] 초

개념 익히기

1 시계의 초바늘이 가리키는 숫자에 따라 몇 초를 나타내는지 ◯ 안에 써넣으세요.

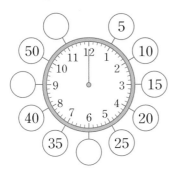

2 시각을 읽어 보세요.

(1)

◻시 ◻분 ◻초

(2)

◻시 ◻분 ◻초

(3)

◻시 ◻분 ◻초

(4)

◻시 ◻분 ◻초

3 시계에 초바늘을 그려 보세요.

(1)

1시 45분 30초

(2)

10시 28분 15초

4 1초 동안 할 수 있는 일을 찾아 ◯표 하세요.

100 m 달리기	
눈 한 번 깜빡이기	
횡단보도 건너기	

5 ◻ 안에 알맞은 수를 써넣으세요.

(1) 3분 20초＝3분＋◻초

＝◻초＋◻초

＝◻초

(2) 190초＝180초＋◻초

＝◻분＋◻초

＝◻분 ◻초

(3) 270초＝240초＋◻초

＝◻분＋◻초

＝◻분 ◻초

실력 다지기

1 시각을 읽어 보세요.

(   )

2 ☐ 안에 알맞은 수를 써넣으세요.

(1) 3분 15초 = ☐ 초

(2) 170초 = ☐ 분 ☐ 초

3 시각을 보고 시계에 초바늘을 그려 보세요.

4 관계있는 것끼리 선으로 이어 보세요.

2분 47초	•		•	217초

• 317초

5분 17초	•

• 167초

5 보기 에서 알맞은 시간의 단위를 골라 ☐ 안에 써넣으세요.

┌─── 보기 ───┐
│ 시간   분   초 │
└──────────┘

(1) 점심 식사를 하는 시간은 약 30 ☐ 입니다.

(2) 하루에 잠을 자는 시간은 약 8 ☐ 입니다.

(3) 손뼉을 한 번 치는 데 걸리는 시간은 약 1 ☐ 입니다.

6 초바늘이 시계를 5바퀴 도는 데 걸리는 시간은 몇 초인지 구해 보세요.

(   )

바른답·알찬풀이 34쪽

7 수아가 학교에서 집까지 가는 데 268초 걸렸습니다. 수아가 학교에서 집까지 가는 데 걸린 시간은 몇 분 몇 초인지 구해 보세요.

( )

8 선하가 말한 것처럼 '초'와 관련된 간단한 문장을 만들어 보세요.

엄마에게 '사랑해요'라고 말하는 데 2초가 걸렸어.

선하

_____

_____

_____

9 가 동요의 재생 시간은 3분 10초, 나 동요의 재생 시간은 186초입니다. 재생 시간이 더 긴 동요를 찾아 써 보세요.

( )

10 시간의 단위를 잘못 쓴 문장을 찾아 기호를 써 보세요.

> ㉠ 물 한 컵을 마시는 데 걸리는 시간은 10초입니다.
>
> ㉡ 손을 씻는 데 30분이 걸렸습니다.
>
> ㉢ 만화 영화를 한 편 보는 데 걸리는 시간은 2시간입니다.

( )

11 잘 틀려요

친구들이 양치질을 한 시간입니다. 가장 긴 시간 동안 양치질을 한 친구의 이름을 써 보세요.

이름	지윤	성희	인실
시간	178초	2분 45초	150초

( )

풀이

1분=☐초이므로

2분 45초=☐초입니다.

양치질을 한 시간을 비교해 보면

☐초>☐초>☐초이므로 가장 긴 시간 동안 양치질을 한 친구는

☐입니다.

오늘 학습 내용을 잘 이해했나요? ☺ ☺ ☹

 워크북 72쪽에서 실력 다지기 문제를 한 번 더 풀어볼 수 있어요.

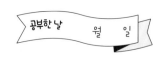

개념 5 시간의 덧셈

1시 15분 20초 + 3시간 10분 30초 계산하기 ◀ 받아올림이 없는 경우

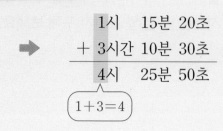

```
    1시    15분 20초              1시    15분 20초              1시    15분 20초
 +  3시간  10분 30초           +  3시간  10분 30초           +  3시간  10분 30초
 ───────────────────         ───────────────────         ───────────────────
              50초                   25분 50초              4시    25분 50초
```

$20+30=50$ $15+10=25$ $1+3=4$

참고 · (시각) + (시간) = (시각)   · (시간) + (시간) = (시간)

🔍 시간의 덧셈을 할 때에는 시는 [시] 끼리, 분은 [분] 끼리, 초는 [초] 끼리 더합니다.

확인 1 ▷ ☐ 안에 알맞은 수를 써넣으세요.

```
      2시   10 분   15 초
  +         20 분   30 초
  ──────────────────────
      2시   ☐  분   ☐  초
```

4시간 50분 35초 + 2시간 20분 45초 계산하기 ◀ 받아올림이 있는 경우

```
          1                          1   1                       1     1
    4시간 50분 35초              4시간 50분 35초              4시간 50분 35초
 +  2시간 20분 45초           +  2시간 20분 45초           +  2시간 20분 45초
 ──────────────────         ──────────────────         ──────────────────
              20초                  11분 20초            7시간 11분 20초
```

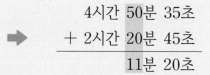
35+45=80(초)에서 60초를 1분으로 받아올림합니다.

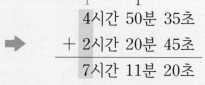
1+50+20=71(분)에서 60분을 1시간으로 받아올림합니다.

💡 같은 단위끼리의 합이 60이거나 60보다 크면 60초를 [1] 분, 60분을 [1] 시간으로 받아올림하여 계산합니다.

확인 2 ▷ ☐ 안에 알맞은 수를 써넣으세요.

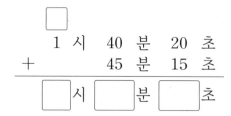

```
              ☐
      1 시   40 분   20 초
  +          45 분   15 초
  ──────────────────────
      ☐ 시   ☐ 분   ☐ 초
```

개념 익히기

1 4시 10분 30초에서 1분 20초 후의 시각을 시간 띠에 나타내 구해 보세요.

```
    4 시   10 분   30 초
+          1 분   20 초
─────────────────────────
   □ 시  □ 분  □ 초
```

2 □ 안에 알맞은 수를 써넣으세요.

(1)
```
    3 시    10 분
+   2 시간  40 분
──────────────────
   □ 시  □ 분
```

(2)
```
   □
    1 분   50 초
+   5 분   25 초
──────────────────
  □ 분  □ 초
```

(3)
```
                □
    3 시간  4 분   38 초
+   4 시간  15 분  47 초
──────────────────────────
  □ 시간 □ 분 □ 초
```

3 □ 안에 알맞은 수를 써넣으세요.

(1) 25분 19초＋15분 34초

= □ 분 □ 초

(2) 1시 53분 26초＋2시간 37분 19초

= □ 시 □ 분 □ 초

4 시계가 나타내는 시각에서 40분 5초 후의 시각을 구하려고 합니다. □ 안에 알맞은 수를 써넣으세요.

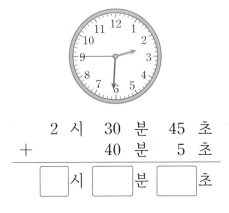

```
    2 시   30 분   45 초
+          40 분   5 초
─────────────────────────
   □ 시  □ 분  □ 초
```

5 계산 결과가 13분 20초인 것에 ◯표 하세요.

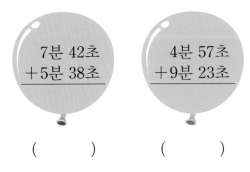

7분 42초
＋5분 38초

4분 57초
＋9분 23초

(   )   (   )

1 계산해 보세요.

(1)   4시   35분
    + 5시간 15분

(2)   3시간 48분 32초
    + 5시간 50분 43초

(3) 18분 30초＋12분 28초

(4) 8시간 13분 34초＋25분 38초

2 ☐ 안에 알맞은 수를 써넣으세요.

＋6분 42초

42분 30초   ☐ 분 ☐ 초

3 두 시간의 합을 구해 보세요.

1시간 20분 16초   3시간 50분 10초

(   )

4 시계가 나타내는 시각에서 10분 50초 후의 시각을 구해 보세요.

7:39:25

(   )

5 지호가 통화를 끝낸 시각을 다음과 같이 계산했습니다. 지호가 잘못 계산한 부분을 찾아 바르게 계산해 보세요.

5시 10분부터 3분 24초 동안 통화를 했으니까 이렇게 계산할 수 있어.
    5시 10분
  ＋ 3분 24초
    8분 34초

지호

바르게 계산하기

6 시간이 더 긴 것의 기호를 써 보세요.

> ㉠ 5시간 28분 12초＋2시간 45분 10초
> ㉡ 3시간 47분 25초＋4시간 13분 53초

( )

7 희정이는 할머니 댁에 가는 데 기차를 2시간 45분 10초 동안 탔고, 버스를 1시간 20분 30초 동안 탔습니다. 희정이가 기차와 버스를 탄 시간은 모두 몇 시간 몇 분 몇 초인지 구해 보세요.

( )

8 양떼목장 체험 활동에서 1시간 안에 두 가지 활동을 골라 참여하려고 합니다. 두 가지 활동을 선택하고, 참여하는 데 걸리는 시간을 구해 보세요.

활동	시간
양 먹이 주기	22분 20초
양젖 짜기	32분 15초
양털 공예 체험	36분 25초
산책	25분 30초

선택한 활동은
( ), ( )
이고, 참여하는 데 걸리는 시간은
( )입니다.

9 두 명이 한 모둠이 되어 달리기 경주를 하였습니다. 가 모둠과 나 모둠 중에서 어느 모둠의 기록이 더 빠른지 구해 보세요.

모둠	이름	달리기 기록
가 모둠	서영	1분 45초
	준우	80초
나 모둠	다정	1분 15초
	준상	102초

( )

10 잘 틀려요

승현이네 학교는 40분 동안 수업을 하고 10분씩 쉽니다. 1교시 수업이 9시 10분에 시작한다면 2교시 수업이 끝나는 시각은 몇 시 몇 분인지 구해 보세요.

( )

풀이

(1교시 수업이 끝나는 시각)

＝9시 10분＋ [ ] 분＝9시 [ ] 분

(2교시 수업이 시작하는 시각)

＝9시 [ ] 분＋ [ ] 분＝ [ ] 시

(2교시 수업이 끝나는 시각)

＝ [ ] 시＋ [ ] 분

＝ [ ] 시 [ ] 분

오늘 학습 내용을 잘 이해했나요? 😊 😌 😣

➕ **워크북** 74쪽에서 실력 다지기 문제를 한 번 더 풀어볼 수 있어요.

시간의 뺄셈

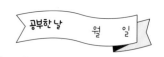

3시 46분 50초 — 1시간 15분 20초 계산하기 ◀ 받아내림이 없는 경우

```
   3시   46분 50초              3시   46분 50초              3시   46분 50초
 — 1시간 15분 20초     ➡     — 1시간 15분 20초     ➡     — 1시간 15분 20초
        ─────                    ─────                     ─────
            30초               31분 30초              2시   31분 30초
```

50 — 20 = 30   46 — 15 = 31   3 — 1 = 2

참고 · (시각) — (시간) = (시각)   · (시각) — (시각) = (시간)   · (시간) — (시간) = (시간)

시간의 뺄셈을 할 때에는 시는 | 시 | 끼리, 분은 | 분 | 끼리, 초는 | 초 | 끼리 뺍니다.

확인 1 ▶ ☐ 안에 알맞은 수를 써넣으세요.

```
    2시   35 분   45 초
  —        20 분   10 초
    ─────────────────
    2시  [   ] 분  [   ] 초
```

4시간 15분 20초 — 2시간 50분 40초 계산하기 ◀ 받아내림이 있는 경우

```
         14  60                  60                        60
   4시간 15분 20초          3   14  60               3   14  60
 — 2시간 50분 40초        4시간 15분 20초           4시간 15분 20초
        ─────           — 2시간 50분 40초         — 2시간 50분 40초
           40초              ─────                    ─────
                             24분 40초            1시간 24분 40초
```

1분을 60초로 받아내림하면
60 + 20 — 40 = 40(초)입니다.

1시간을 60분으로 받아내림하면
60 + 15 — 1 — 50 = 24(분)입니다.

같은 단위끼리 뺄 수 없으면 1분을 | 60 | 초, 1시간을 | 60 | 분으로 받아내림하여 계산합니다.

확인 2 ▶ ☐ 안에 알맞은 수를 써넣으세요.

```
         [   ]   [   ]
    5 시   10 분   50 초
  — 1 시   35 분   15 초
    ─────────────────────
  [   ]시간 [   ] 분 [   ] 초
```

개념 익히기

1 5시 22분 40초에서 1분 30초 전의 시각을 시간 띠에 나타내 구해 보세요.

5시 21분   5시 22분   5시 23분
10초 20초 30초 40초 50초   10초 20초 30초 40초 50초

	5	시	22	분	40	초
−			1	분	30	초
	☐	시	☐	분	☐	초

2 ☐ 안에 알맞은 수를 써넣으세요.

(1)

	5	시	50	분
−	3	시간	30	분
	☐	시	☐	분

(2)

	☐		☐	
	16	분	25	초
−	4	분	50	초
	☐	분	☐	초

(3)

	☐		☐			
	6	시간	40	분	10	초
−	3	시간	15	분	45	초
	☐	시간	☐	분	☐	초

3 ☐ 안에 알맞은 수를 써넣으세요.

(1) 45분 30초−32분 20초

= ☐ 분 ☐ 초

(2) 4시 24분 20초−1시간 54분 5초

= ☐ 시 ☐ 분 ☐ 초

4 시계가 나타내는 시각에서 38분 20초 전의 시각을 구하려고 합니다. ☐ 안에 알맞은 수를 써넣으세요.

	7	시	10	분	50	초
−			38	분	20	초
	☐	시	☐	분	☐	초

5 계산 결과가 21분 8초인 것에 ◯표 하세요.

41분 30초−19분 22초	( )

53분 56초−32분 48초	( )

1 계산해 보세요.

(1)   6시   48분
    − 3시간 10분

(2)   4시간 27분 14초
    − 2시간 11분 34초

(3) 43분 26초−25분 15초

(4) 4시 38분 34초−3시 23분 50초

2 ☐ 안에 알맞은 수를 써넣으세요.

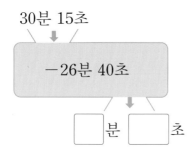

30분 15초

−26분 40초

☐ 분 ☐ 초

3 두 시간의 차를 구해 보세요.

| 2시간 34분 17초 | 6시간 25분 58초 |

(   )

4 3시 36분 30초−4분 35초를 다음과 같이 계산 하였습니다. 잘못 계산한 부분을 찾아 바르게 계산해 보세요.

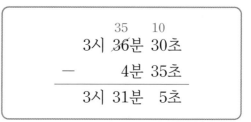

                35   10
        3시 36분 30초
    −   4분 35초
    ─────────────────
        3시 31분   5초

↓

 바르게 계산하기

        3시 36분 30초
    −   4분 35초
    ─────────────────

5 사회 시간에 약 1분 동안 발표를 하기로 하고 각자 발표한 시간입니다. 1분에 가장 가깝게 발표한 친구의 이름을 써 보세요.

| 석진 | 소영 | 해연 |
| 1분 12초 | 66초 | 52초 |

(   )

6 시간이 더 짧은 것의 기호를 써 보세요.

㉠ 2시간 15분 32초−40분 15초
㉡ 3시간 19분 26초−1시간 57분 41초

(   )

7 시계가 나타내는 시각에서 2시간 15분 23초 전의 시각을 구해 보세요.

(   )

8 현우가 1시간 10분 57초 동안 봉사 활동을 하고 시계를 보았더니 10시 27분 30초였습니다. 현우가 봉사 활동을 시작한 시각은 몇 시 몇 분 몇 초인지 구해 보세요.

(   )

9 어느 음악의 재생 시간입니다. 재생 시간이 가장 짧은 음악은 가장 긴 음악보다 몇 초 더 짧은지 구해 보세요.

음악 종류	동요	가요	국악
재생 시간	3분 10초	225초	4분 5초

(   )

10 유정이가 청소를 시작한 시각과 끝낸 시각을 나타낸 것입니다. 청소를 한 시간은 몇 시간 몇 분 몇 초인지 구해 보세요.

시작한 시각   ➡   끝낸 시각

(   )

11 잘 틀려요

연서와 경미 중 누가 본 영화의 상영 시간이 얼마나 더 긴지 구해 보세요.

	영화가 시작한 시각	영화가 끝난 시각
연서	1시 40분	3시 25분
경미	3시 12분	5시 35분

(   ), (   )

풀이

(연서가 본 영화의 상영 시간)

=3시 25분−□시 □분

=□시간 □분

(경미가 본 영화의 상영 시간)

=5시 35분−□시 □분

=□시간 □분

□시간 □분−□시간 □분

=□분이므로 □가 본 영화의

상영 시간이 □분 더 깁니다.

오늘 학습 내용을 잘 이해했나요? ☺ 😐 😣

 워크북 76쪽에서 실력 다지기 문제를 한 번 더 풀어볼 수 있어요.

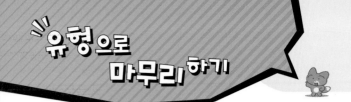

1 학교에서 가장 가까운 곳은 어디인지 써 보세요.

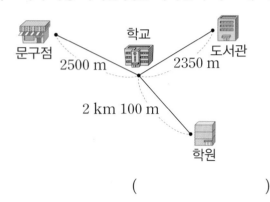

( )

4 집에서 가장 먼 곳과 가장 가까운 곳을 각각 찾아 써 보세요.

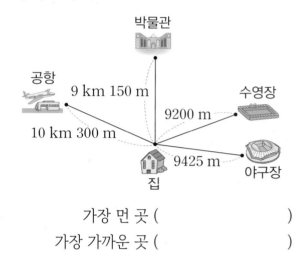

가장 먼 곳 ( )
가장 가까운 곳 ( )

2 지아네 집에서 가장 먼 곳은 누구네 집인지 써 보세요.

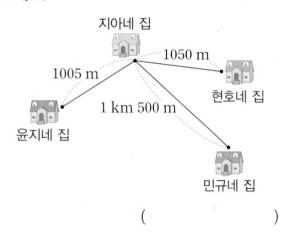

( )

5 ☐ 안에 알맞은 수를 써넣으세요.

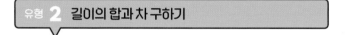

☐ cm ☐ mm 32 mm

3 지하철역에서 각 장소까지의 거리를 나타낸 것입니다. 지하철역에서 가장 먼 곳은 어디인지 써 보세요.

놀이공원	동물원	미술관
6100 m	5 km 900 m	6480 m

( )

6 ☐ 안에 알맞은 수를 써넣으세요.

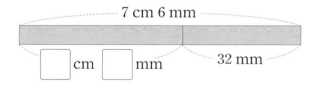

1400 m
+4 km 50 m
☐ km ☐ m

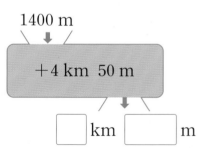

7 두 친구가 말하는 길이의 합은 몇 cm 몇 mm 인지 구해 보세요.

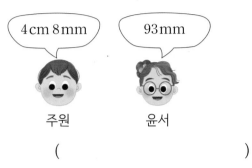

( )

8 버스 정류장에서 은행까지의 거리는 1 km 800 m이고, 버스 정류장에서 공원까지의 거리는 3 km 450 m입니다. 은행에서 공원까지의 거리는 몇 km 몇 m인지 구해 보세요.

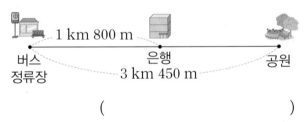

( )

9 정은이는 길이가 18 cm 6 mm인 색 테이프를 5 cm 4 mm씩 2번 잘라 사용했습니다. 남은 색 테이프의 길이는 몇 cm 몇 mm인지 구해 보세요.

( )

유형 **3** 길이 비교하기(2)

10 공원 입구에서 놀이공원까지 갈 때 ㉮ 길과 ㉯ 길 중 어느 길이 더 가까운지 구해 보세요.

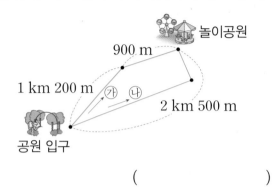

( )

11 지영이네 집에서 해수욕장까지 갈 때 ㉮ 길과 ㉯ 길 중 어느 길이 더 가까운지 구해 보세요.

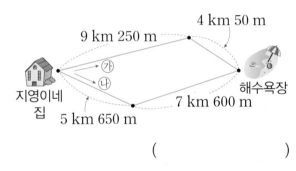

( )

12 집에서 공항까지 가는 길입니다. ㉮ 길과 ㉯ 길 중 어느 길로 가는 것이 몇 m 더 가까운지 구해 보세요.

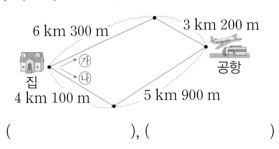

( ), ( )

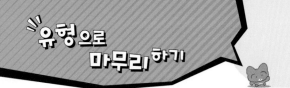

유형 **4** 반복되는 시간에서 시작하는 시각 구하기

13 어느 문화 센터에서 수영 수업을 55분 동안 하고 15분씩 쉽니다. 첫 번째 수업이 9시 30분에 시작한다면 두 번째 수업이 시작하는 시각은 몇 시 몇 분인지 구해 보세요.

( )

14 어느 영화관에서 영화를 상영하고 있습니다. 영화 상영 시간은 1시간 40분이고 한 회가 끝날 때마다 20분씩 쉽니다. 2회 시작 시각이 4시 15분이라면 1회 시작 시각은 몇 시 몇 분인지 구해 보세요.

( )

서술형

15 어느 버스터미널에서 버스가 2시간 5분마다 출발합니다. 네 번째 버스가 출발한 시각이 11시 15분일 때 첫 번째 버스가 출발한 시각은 몇 시인지 풀이 과정을 쓰고, 답을 구해 보세요.

풀이 _____

_____

_____

답 _____

유형 **5** 시계에 시각 나타내기

16 왼쪽 시계가 나타내는 시각에서 8분 10초 후의 시각을 오른쪽 시계에 숫자를 써넣어 나타내 보세요.

17 왼쪽 시계가 나타내는 시각에서 30분 15초 후의 시각을 오른쪽 시계에 나타내 보세요.

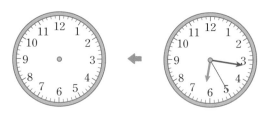

18 오른쪽 시계가 나타내는 시각에서 1시간 25분 55초 전의 시각을 왼쪽 시계에 나타내 보세요.

✅ 바른답·알찬풀이 36쪽

19 지현이는 오전 11시 30분부터 오후 2시 50분까지 박물관에 있었습니다. 지현이가 박물관에 있었던 시간은 몇 시간 몇 분인지 구해 보세요.

( )

서술형

20 진우가 오전 10시 50분부터 오후 1시 10분까지 축구를 했습니다. 진우가 축구를 한 시간은 몇 시간 몇 분인지 풀이 과정을 쓰고, 답을 구해 보세요.

풀이 _____

_____

_____

_____

답 _____

21 수호가 놀이공원에 들어간 시각과 놀이공원에서 나온 시각입니다. 수호가 놀이공원에 있었던 시간은 몇 시간 몇 분 몇 초인지 구해 보세요.

오전
10:20:52
들어간 시각

오후
5:15:37
나온 시각

( )

22 ☐ 안에 알맞은 수를 써넣으세요.

	☐ 시	25 분	☐ 초
+	3 시간	☐ 분	19 초
	6 시	7 분	49 초

23 ☐ 안에 알맞은 수를 써넣으세요.

	5 시	☐ 분	24 초
−	☐ 시간	2 분	☐ 초
	1 시	19 분	34 초

24 ◆, ●, ♥에 알맞은 수를 구해 보세요.

	8 시	12분	◆초
−	3 시	●분	5초
	♥시간	24분	32초

◆ ( )
● ( )
♥ ( )

오늘 학습 내용을 잘 이해했나요? ☺ 😐 😣

➕ **워크북** 78쪽에서 단원 마무리하기 문제를 풀어볼 수 있어요.

5
단원

6

분수와 소수

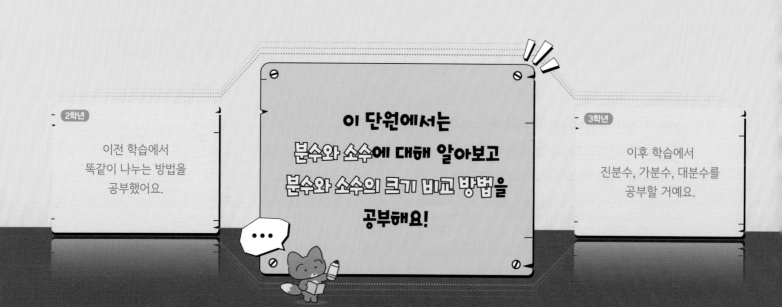

2학년

이전 학습에서
똑같이 나누는 방법을
공부했어요.

이 단원에서는
분수와 소수에 대해 알아보고
분수와 소수의 크기 비교 방법을
공부해요!

3학년

이후 학습에서
진분수, 가분수, 대분수를
공부할 거예요.

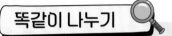

전체를 똑같이 나누기

똑같이 나누기 🔍

(1) 똑같이 넷으로 나누기

나누어진 조각들은 서로 겹쳤을 때 완전히 겹쳐져.

(2) 똑같이 나누어진 도형 찾기

가   나   다   라

똑같이 나누어지지 않은 도형	똑같이 둘로 나누어진 도형	똑같이 셋으로 나누어진 도형
가	다	나, 라

🔍 똑같이 나누면 나누어진 조각의 모양과 크기 가 같습니다.

[1~2] 도형을 보고 물음에 답해 보세요.

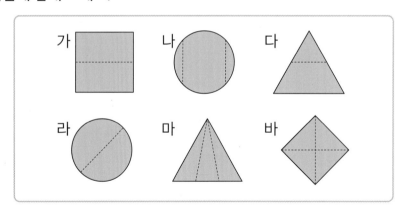

확인 1) 똑같이 나누어지지 <u>않은</u> 도형을 모두 찾아 기호를 써 보세요.

(   )

확인 2) 똑같이 나누어진 도형을 모두 찾아 기호를 써 보세요.

(   )

개념 익히기

✔ 바른답·알찬풀이 38쪽

1 똑같이 둘로 나누어진 과자를 찾아 ◯표 하세요.

(   )   (   )   (   )

2 똑같이 나누어진 도형을 찾아 기호를 써 보세요.

가   나   다

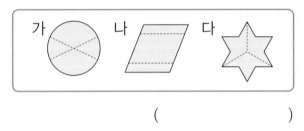

(   )

3 그림을 보고 알맞은 말에 ◯표 하세요.

(1)

똑같이 (둘 , 셋)(으)로 나누었습니다.

(2)

똑같이 (셋 , 넷)으로 나누었습니다.

4 크기가 같은 조각이 몇 개 있는지 ☐ 안에 알맞은 수를 써넣으세요.

(1) 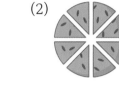   (2)

☐ 개   ☐ 개

5 도형을 똑같이 둘로 나누는 점선이 <u>아닌</u> 것을 찾아 기호를 써 보세요.

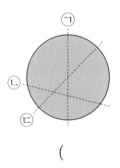

(   )

6 똑같이 넷으로 나누어진 도형을 모두 고르세요.

(   )

① 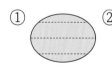   ②   ③

④   ⑤

[1~2] 도형을 보고 물음에 답해 보세요.

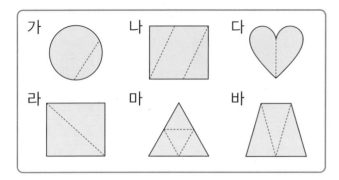

1 똑같이 둘로 나누어진 도형을 모두 찾아 기호를 써 보세요.

( )

2 똑같이 셋으로 나누어진 도형을 찾아 기호를 써 보세요.

( )

3 도형을 똑같이 몇 조각으로 나누었는지 □ 안에 알맞은 수를 써넣으세요.

(1)   (2)

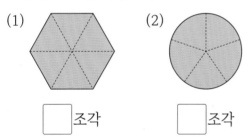

☐ 조각   ☐ 조각

4 도형을 똑같이 나누지 <u>못한</u> 친구의 이름을 써 보세요.

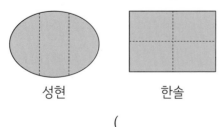

성현   한솔

( )

5 점을 이용하여 삼각형을 똑같이 셋으로 나누어 보세요.

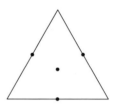

6 선하는 피자가 똑같이 몇으로 나누어져 있는지 설명하고 있습니다. □ 안에 알맞은 말을 써넣으세요.

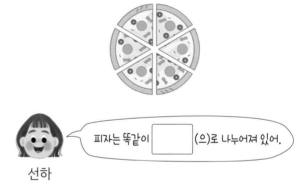

피자는 똑같이 ☐ (으)로 나누어져 있어.

선하

7 점을 이용하여 도형을 주어진 수만큼 똑같이 나누어 보세요.

2   5

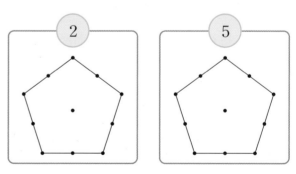

8 다양한 국기를 보고 기준에 알맞은 나라의 이름을 써 보세요.

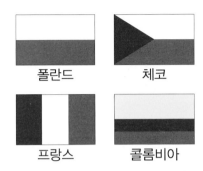

폴란드   체코

프랑스   콜롬비아

전체를 똑같이 둘로 나눈 국기	전체를 똑같이 셋으로 나눈 국기

9 직사각형을 두 가지 방법으로 똑같이 여섯으로 나누어 보세요.

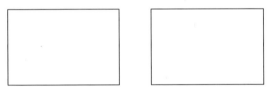

10 다음 도형은 똑같이 나누어진 도형이 아닙니다. 그 이유를 써 보세요.

이유 _____

_____

주요
11 색종이를 보고 바르게 말한 친구의 이름을 써 보세요.

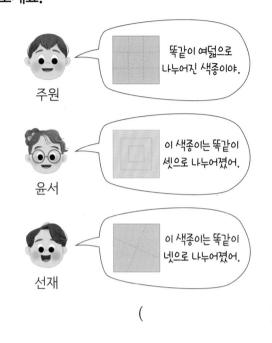

주원: 똑같이 여덟으로 나누어진 색종이야.

윤서: 이 색종이는 똑같이 셋으로 나누어졌어.

선재: 이 색종이는 똑같이 넷으로 나누어졌어.

(   )

잘 틀려요
12 두 형제가 밭을 모양과 크기가 똑같이 되도록 나누어 가지려고 합니다. 보기 와 같이 선을 그어 밭을 똑같이 둘로 나누어 보세요.

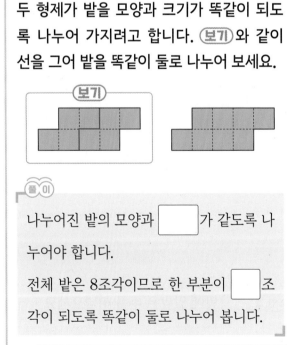

보기

풀이

나누어진 밭의 모양과 [   ]가 같도록 나누어야 합니다.

전체 밭은 8조각이므로 한 부분이 [   ]조각이 되도록 똑같이 둘로 나누어 봅니다.

오늘 학습 내용을 잘 이해했나요? ☺ 😐 😣

➕ 워크북 84쪽에서 실력 다지기 문제를 한 번 더 풀어볼 수 있어요.

분수 알아보기

에서 부분 ▮은 전체 ▯를 똑같이 2로 나눈 것 중의 1입니다.

전체를 똑같이 2로 나눈 것 중의 1을 $\frac{1}{2}$ 이라 쓰고 **2분의 1**이라고 읽습니다.

$\frac{1}{2}$ 과 같은 수를 **분수**라고 합니다.

쓰기 $\frac{1}{2}$ ← 분자(부분)   ← 분모(전체)   읽기 2분의 1

💡 전체를 똑같이 ■로 나눈 것 중의 ▲를 $\frac{▲}{■}$ 라고 합니다.

💡 $\frac{▲}{■}$ 와 같은 수를 [분수] 라 하고, ■를 [분모] , ▲를 [분자] 라고 합니다.

확인 1 ☐ 안에 알맞은 수를 써넣으세요.

에서 부분 은 전체 를 똑같이 ☐ (으)로 나눈 것 중의 ☐ 입니다.

부분은 전체의 얼마인지 분수로 나타내기

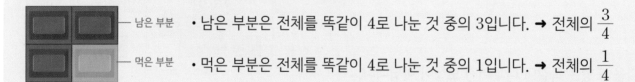

— 남은 부분   • 남은 부분은 전체를 똑같이 4로 나눈 것 중의 3입니다. ➡ 전체의 $\frac{3}{4}$

— 먹은 부분   • 먹은 부분은 전체를 똑같이 4로 나눈 것 중의 1입니다. ➡ 전체의 $\frac{1}{4}$

💡 남은 부분과 먹은 부분을 합치면 [전체] 와 같습니다.

확인 2 ☐ 안에 알맞은 수를 써넣으세요.

주스에서 남은 부분은 전체의 $\frac{☐}{5}$ 이고, 먹은 부분은 전체의 $\frac{☐}{5}$ 입니다.

1 도형을 보고 □ 안에 알맞은 수를 써넣으세요.

색칠한 부분은 전체를 똑같이 □ (으)로 나

눈 것 중의 □ 이므로 전체의 $\frac{□}{□}$ 입니다.

2 색칠한 부분은 전체의 얼마인지 분수로 쓰고 읽어 보세요.

(1)

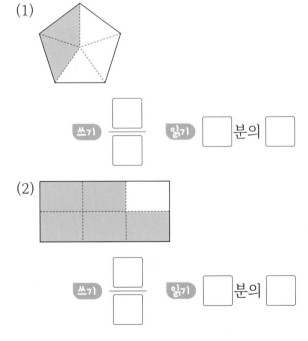

쓰기 $\frac{□}{□}$ 읽기 □ 분의 □

(2)

쓰기 $\frac{□}{□}$ 읽기 □ 분의 □

3 전체를 똑같이 9로 나눈 것 중의 4를 나타내는 분수를 쓰고 읽어 보세요.

쓰기 (   )

읽기 (   )

4 떡의 남은 부분과 먹은 부분은 전체의 얼마인지 각각 분수로 나타내 보세요.

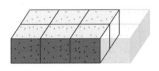

• 남은 부분은 전체의 □ 입니다.

• 먹은 부분은 전체의 □ 입니다.

5 주어진 분수만큼 색칠해 보세요.

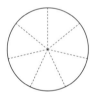

$\frac{5}{7}$

6 부분을 보고 전체를 바르게 완성한 것을 찾아 ○표 하세요.

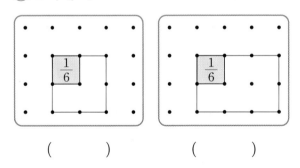

$\frac{1}{6}$ $\frac{1}{6}$

(   )   (   )

1 관계있는 것끼리 선으로 이어 보세요.

전체를 똑같이 3으로 나눈 것 중의 2   전체를 똑같이 7로 나눈 것 중의 4

$\frac{2}{3}$ $\frac{4}{7}$

7분의 4   3분의 2

2 분모가 6인 분수를 모두 찾아 ◯표 하세요.

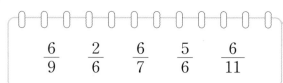

$\frac{6}{9}$ $\frac{2}{6}$ $\frac{6}{7}$ $\frac{5}{6}$ $\frac{6}{11}$

3 색칠한 부분과 색칠하지 않은 부분을 각각 분수로 나타내 보세요.

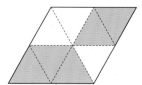

색칠한 부분: ☐

색칠하지 않은 부분: ☐

4 $\frac{3}{5}$ 만큼 색칠한 것을 찾아 기호를 써 보세요.

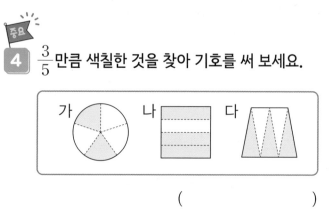

가   나   다

(   )

5 $\frac{3}{9}$ 을 잘못 설명한 것을 찾아 기호를 써 보세요.

㉠ 분모는 9입니다.

㉡ 분자는 3입니다.

㉢ 3분의 9라고 읽습니다.

(   )

6 색칠한 부분이 전체의 $\frac{8}{12}$ 이 되도록 색칠하려고 합니다. 몇 칸을 더 색칠해야 하는지 구해 보세요.

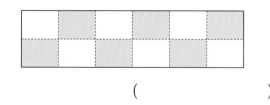

(   )

바른답·알찬풀이 40쪽

7 부분을 보고 전체를 완성해 보세요.

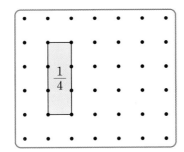

8 전체에 대하여 색칠한 부분이 나타내는 분수가 <u>다른</u> 하나를 찾아 기호를 써 보세요.

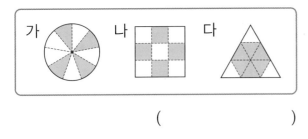

가 나 다

(   )

9 다음과 같은 도화지에 $\frac{5}{10}$ 는 빨간색, $\frac{4}{10}$ 는 파란색, $\frac{1}{10}$ 은 노란색으로 색칠해 보세요.

10 부분을 보고 전체를 찾아 선으로 이어 보세요.

부분   전체

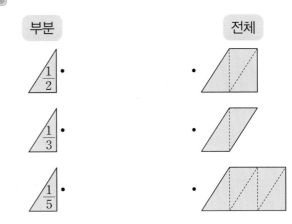

11 잘 틀려요

은지와 민수는 케이크 한 개를 똑같이 8조각으로 나누어 은지는 전체의 $\frac{1}{8}$ 만큼, 민수는 전체의 $\frac{3}{8}$ 만큼 먹었습니다. 남은 케이크는 전체의 얼마인지 분수로 쓰고 읽어 보세요.

쓰기 (   )

읽기 (   )

풀이

케이크 한 개를 똑같이 8조각으로 나눈 것 중 은지는 ☐조각, 민수는 ☐조각을 먹었으므로 남은 케이크는

8 − ☐ − ☐ = ☐ (조각)입니다.

따라서 남은 케이크는 전체를 똑같이 8조각으로 나눈 것 중의 ☐이므로 전체의 ☐

(이)라 쓰고 ☐ (이)라고 읽습니다.

오늘 학습 내용을 잘 이해했나요?   ☺ ☺ ☹

➕ **워크북** 86쪽에서 **실력 다지기** 문제를 한 번 더 풀어볼 수 있어요.

개념 3

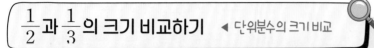
분수의 크기 비교

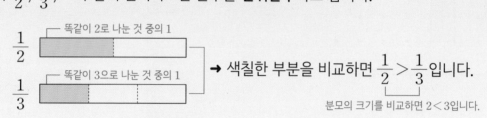

$\dfrac{1}{2}$과 $\dfrac{1}{3}$의 크기 비교하기 ◀ 단위분수의 크기 비교

분수 중에서 $\dfrac{1}{2}$, $\dfrac{1}{3}$, …과 같이 분자가 1인 분수를 **단위분수**라고 합니다.

$\dfrac{1}{2}$ ┌ 똑같이 2로 나눈 것 중의 1

$\dfrac{1}{3}$ ┌ 똑같이 3으로 나눈 것 중의 1

→ 색칠한 부분을 비교하면 $\dfrac{1}{2} > \dfrac{1}{3}$입니다.

분모의 크기를 비교하면 2 < 3입니다.

💡 단위분수는 분모 가 작을수록 더 큽니다. → ▲ < ● 이면 $\dfrac{1}{▲}$ ⟶$>$ $\dfrac{1}{●}$ 입니다.

확인 1 ◯ 안에 >, =, < 중 알맞은 것을 써넣으세요.

$\dfrac{1}{5}$

$\dfrac{1}{3}$

$\dfrac{1}{5}$ ◯ $\dfrac{1}{3}$

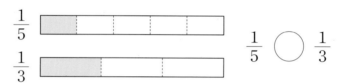

$\dfrac{3}{5}$과 $\dfrac{2}{5}$의 크기 비교하기 ◀ 분모가 같은 분수의 크기 비교

분자의 크기를 비교하면 3 > 2입니다.

$\dfrac{3}{5}$ ── $\dfrac{1}{5}$이 3개 ┐

$\dfrac{2}{5}$ ── $\dfrac{1}{5}$이 2개 ┘

→ 색칠한 칸의 수를 비교하면 3 > 2이므로 $\dfrac{3}{5} > \dfrac{2}{5}$입니다.

💡 분모가 같은 분수는 분자 가 클수록 더 큽니다. → ▲ > ● 이면 $\dfrac{▲}{■}$ ⟶$>$ $\dfrac{●}{■}$ 입니다.

확인 2 ◯ 안에 >, =, < 중 알맞은 것을 써넣으세요.

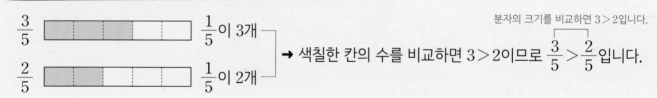

$\dfrac{2}{6}$

$\dfrac{4}{6}$

$\dfrac{2}{6}$ ◯ $\dfrac{4}{6}$

개념 익히기

개념 익히기

바른답·알찬풀이 40쪽

1 단위분수를 모두 찾아 ◯표 하세요.

$$\frac{1}{2} \quad \frac{5}{8} \quad \frac{3}{5} \quad \frac{1}{10} \quad \frac{1}{4}$$

2 주어진 분수만큼 색칠하고, ☐ 안에 알맞은 수를 써넣으세요.

(1)

→ $\frac{2}{3}$ 는 $\frac{1}{3}$ 이 ☐ 개입니다.

(2)

→ $\frac{5}{7}$ 는 $\frac{1}{7}$ 이 ☐ 개입니다.

3 $\frac{1}{9}$ 과 $\frac{1}{6}$ 만큼 각각 색칠하고, 알맞은 말에 ◯표 하세요.

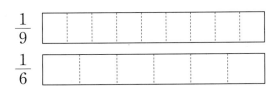

$\frac{1}{9}$ 은 $\frac{1}{6}$ 보다 더 (큽니다 , 작습니다).

4 $\frac{4}{8}$ 와 $\frac{7}{8}$ 만큼 각각 색칠하고, ◯ 안에 >, =, < 중 알맞은 것을 써넣으세요.

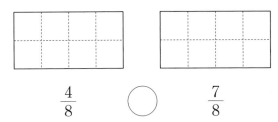

$\frac{4}{8}$ ◯ $\frac{7}{8}$

5 더 큰 것을 찾아 기호를 써 보세요.

㉠ $\frac{1}{11}$ 이 8개인 수

㉡ $\frac{1}{11}$ 이 3개인 수

(   )

6 색칠한 부분을 각각 분수로 나타내고, ◯ 안에 >, =, < 중 알맞은 것을 써넣으세요.

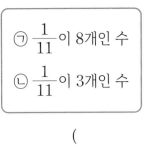 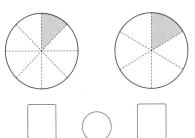

6

단원

6. 분수와 소수 **151**

1 $\frac{1}{8}$과 $\frac{1}{5}$만큼 각각 그림에 ▬▬로 나타내고, ◯ 안에 >, =, < 중 알맞은 것을 써넣으세요.

$\frac{1}{8}$ |—+—+—+—+—+—+—+—|

$\frac{1}{5}$ |——+——+——+——+——|

$\frac{1}{8}$ ◯ $\frac{1}{5}$

2 ☐ 안에 알맞은 수를 써넣으세요.

(1) $\frac{3}{4}$은 $\frac{1}{4}$이 ☐개입니다.

(2) $\frac{1}{6}$이 5개이면 ☐입니다.

(3) $\frac{7}{9}$은 ☐이/가 7개입니다.

3 두 분수의 크기를 비교하여 ◯ 안에 >, =, < 중 알맞은 것을 써넣으세요.

(1) $\frac{3}{4}$ ◯ $\frac{2}{4}$

(2) $\frac{1}{13}$ ◯ $\frac{1}{11}$

4 두 분수의 크기를 바르게 비교한 것을 찾아 ◯표 하세요.

$$\frac{5}{6} > \frac{2}{6} \qquad \frac{8}{9} < \frac{7}{9}$$

(   )   (   )

5 분자와 분모의 합이 11인 단위분수를 구해 보세요.

(   )

6 세 분수의 크기를 비교하여 큰 수부터 차례로 써 보세요.

$$\frac{7}{8} \qquad \frac{5}{8} \qquad \frac{6}{8}$$

(   )

7 $\frac{1}{6}$보다 큰 분수를 모두 찾아 색칠해 보세요.

$\frac{1}{10}$ $\frac{1}{4}$ $\frac{1}{7}$ $\frac{1}{3}$

바른답·알찬풀이 41쪽

8 재선이와 하은이가 모양과 크기가 같은 컵에 각각 물을 따라 마셨습니다. 재선이는 $\frac{3}{7}$컵만큼, 하은이는 $\frac{6}{7}$컵만큼 마셨습니다. 물을 더 많이 마신 친구의 이름을 써 보세요.

( )

9 조건 에 맞는 분수를 모두 구해 보세요.

조건
• 분모가 8인 분수입니다.
• $\frac{3}{8}$보다 크고 $\frac{6}{8}$보다 작습니다.

( )

10 2부터 9까지의 수 중에서 □ 안에 들어갈 수 있는 수를 모두 구해 보세요.

$$\frac{1}{\square} < \frac{1}{6}$$

( )

11 분수로 나타냈을 때 크기가 큰 것부터 차례로 기호를 써 보세요.

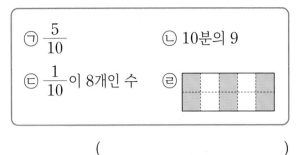

( )

12 잘 틀려요

색종이 한 장의 $\frac{7}{12}$만큼을 사용하여 나비를 꾸미고, 남은 부분을 모두 사용하여 국화를 꾸몄습니다. 나비와 국화 중에서 꾸미는 데 색종이를 더 많이 사용한 것은 무엇인지 써 보세요.

( )

풀이

$\frac{7}{12}$은 전체를 똑같이 12로 나눈 것 중의 □ 이므로 나비를 꾸미고 남은 부분은

$12 - \boxed{} = \boxed{}$ 입니다.

따라서 국화를 꾸미는 데 사용한 색종이는

$\boxed{}$ 입니다.

→ $\boxed{} > \boxed{}$ 이므로 꾸미는 데 색종이를 더 많이 사용한 것은 $\boxed{}$ 입니다.

오늘 학습 내용을 잘 이해했나요?

➡ **워크북** 88쪽에서 실력 다지기 문제를 한 번 더 풀어볼 수 있어요.

소수

1보다 작은 소수 알아보기

전체를 똑같이 10으로 나눈 것 중의 1을 분수로 나타내면 $\frac{1}{10}$ 입니다. 분수 $\frac{1}{10}$ 을 **0.1**이라 쓰고 **영 점 일**이라고 읽습니다.

쓰기 **0.1**   읽기 **영 점 일** $\frac{1}{10}=0.1$

- 0.1이 2개이면 **0.2**, 0.1이 3개이면 **0.3**, …, 0.1이 9개이면 **0.9**입니다.
- 0.2, 0.3, …, 0.9는 **영 점 이, 영 점 삼, …, 영 점 구**라고 읽습니다.
- 0.1, 0.2, 0.3, …과 같은 수를 **소수**라 하고 ' . '을 **소수점**이라고 합니다.

▲가 1부터 9까지의 한 자리 수일 때 $\frac{▲}{10} = \boxed{0.▲}$ 입니다.

확인 1 ☐ 안에 알맞은 분수 또는 소수를 써넣으세요.

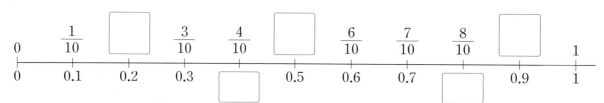

1보다 큰 소수 알아보기

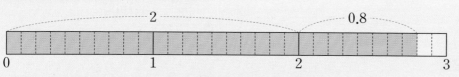

2와 0.8만큼을 **2.8**이라 쓰고 **이 점 팔**이라고 읽습니다.

쓰기 **2.8**   읽기 **이 점 팔**

■와 0.▲만큼을 ■.▲라 쓰고 $\boxed{■ 점 ▲}$ 라고 읽습니다.

▶ 3 cm 4 mm는 몇 cm
인지 소수로 나타내기
1 mm는 0.1 cm이므로
4 mm는 0.4 cm입니다.
3 cm 4 mm
→ 3 cm와 0.4 cm
→ 3.4 cm

확인 2 다음이 나타내는 수를 소수로 쓰고 읽어 보세요.

4와 0.7만큼   쓰기 (   )   읽기 (   )

바른답·알찬풀이 42쪽

개념 익히기

1 그림을 보고 □ 안에 알맞은 수를 써넣으세요.

(1) 색칠한 부분을 분수로 나타내면 □ 입니다.

(2) $\frac{6}{10}$은 $\frac{1}{10}$이 6개이므로 0.1이 □ 개입니다.

(3) 색칠한 부분을 소수로 나타내면 □ 입니다.

2 그림을 보고 □ 안에 알맞은 수를 써넣으세요.

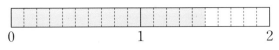

(1) 색칠한 부분은 0.1이 □ 개입니다.

(2) 색칠한 부분을 소수로 나타내면 □ 입니다.

3 색칠한 부분을 소수로 나타내고 읽어 보세요.

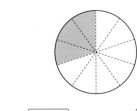

 □   읽기 □

4 관계있는 것끼리 선으로 이어 보세요.

1과 0.9만큼	•	• 1.9 •	• 삼 점 이
3과 0.2만큼	•	• 2.3 •	• 일 점 구
2와 0.3만큼	•	• 3.2 •	• 이 점 삼

5 □ 안에 알맞은 수를 써넣으세요.

(1) 0.1이 3개이면 □ 입니다.

(2) 0.1이 14개이면 □ 입니다.

(3) 0.8은 0.1이 □ 개입니다.

(4) 2.1은 0.1이 □ 개입니다.

6 □ 안에 알맞은 수를 써넣으세요.

(1) 7 mm = □ cm

(2) 5 cm 8 mm = □ cm

1 분수는 소수로, 소수는 분수로 나타내 보세요.

(1)
$$\frac{2}{10}$$
(   )

(2)
0.6
(   )

2 다음이 나타내는 수만큼 색칠해 보세요.

0.1이 7개인 수

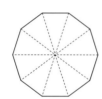

3 다음이 나타내는 수를 소수로 쓰고 읽어 보세요.

$$5와 \frac{3}{10}만큼인 수$$

쓰기 (   )

읽기 (   )

4 ☐ 안에 알맞은 수가 더 큰 것을 찾아 기호를 써 보세요.

> ㉠ 0.4는 0.1이 ☐개입니다.
> ㉡ 0.1이 ☐개이면 0.9입니다.

(   )

5 ☐ 안에 알맞은 소수를 써넣으세요.

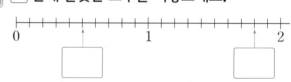

6 그림을 보고 포도주스는 모두 몇 컵인지 소수로 나타내 보세요.

(   )

바른답·알찬풀이 42쪽

7 색 테이프의 길이는 몇 cm인지 소수로 나타내 보세요.

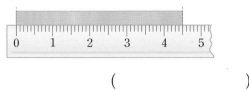

( )

8 준호는 텃밭을 똑같이 10칸으로 나누어 6칸은 고구마를, 나머지 칸은 모두 감자를 심었습니다. 감자를 심은 칸은 전체의 얼마인지 소수로 나타내 보세요.

( )

9 나타내는 수가 <u>다른</u> 하나를 찾아 기호를 써 보세요.

> ㉠ 3과 0.8만큼인 수
> ㉡ $\frac{1}{10}$이 38개인 수
> ㉢ 0.1이 83개인 수

( )

10 현욱이가 키우고 있는 콩나물의 길이가 어제는 5 cm였고, 오늘은 어제보다 4 mm 더 자랐습니다. 오늘 콩나물의 길이는 몇 cm인지 소수로 나타내 보세요.

( )

11 ㉠과 ㉡에 알맞은 수의 합을 구해 보세요.

> $\frac{6}{10}$은 0.1이 ㉠개인 수와 같고 0.9는 $\frac{1}{10}$ 이 ㉡개인 수와 같습니다.

( )

12 잘 틀려요

> 끈 1 m 중에서 재희는 0.3 m, 석주는 0.5 m를 사용했습니다. 두 사람이 사용하고 남은 끈의 길이는 몇 m인지 소수로 나타내 보세요.
>
>
>
> ( )
>
> 풀이
>
> 끈 1 m를 똑같이 10칸으로 나눈 것 중의
>
> 1칸은 $\frac{\boxed{}}{\boxed{}}$ m = $\boxed{}$ m입니다.
>
> 재희는 $\boxed{}$ 칸, 석주는 $\boxed{}$ 칸을 사용했
>
> 으므로 남은 끈은 $\boxed{}$ 칸입니다.
>
> 따라서 남은 끈의 길이는 $\boxed{}$ m입니다.

오늘 학습 내용을 잘 이해했나요?

➕ **워크북** 90쪽에서 실력 다지기 문제를 한 번 더 풀어볼 수 있어요.

개념 5

소수의 크기 비교

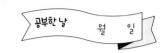

0.9와 1.7의 크기 비교하기 ◀ 소수점 왼쪽의 수가 다른 소수의 크기 비교

0.9 ┠┼┼┼┼┼┼┼┼┼┼┼┼┼┼┼┼┼┨   0.1이 9개
    0   1   2
                                        → 9 < 17이므로 0.9 < 1.7입니다.
1.7 ┠┼┼┼┼┼┼┼┼┼┼┼┼┼┼┼┼┼┨   0.1이 17개
    0   1   2

💡 소수의 크기를 비교할 때 소수점 왼쪽에 있는 수가 클수록 더 **큽니다** .

확인 1 ▸ ☐ 안에 알맞은 수를 써넣고 ◯ 안에 >, =, < 중 알맞은 것을 써넣으세요.

2.3 ┠┼┼┼┼┼┼┼┼┼┼┼┼┼┼┼┼┼┼┼┼┼┨
    0   1   2

1.4 ┠┼┼┼┼┼┼┼┼┼┼┼┼┼┼┼┼┼┼┼┼┼┨
    0   1   2

2.3은 0.1이 ☐ 개이고, 1.4는 0.1이 ☐ 개입니다. → 2.3 ◯ 1.4

1.5와 1.8의 크기 비교하기 ◀ 소수점 왼쪽의 수가 같은 소수의 크기 비교

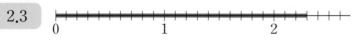

1.5 [   ]   0.1이 15개
    0   1   2
                                → 15 < 18이므로 1.5 < 1.8입니다.
1.8 [   ]   0.1이 18개
    0   1   2

💡 소수의 크기를 비교할 때 소수점 왼쪽에 있는 수가 같으면 소수점 오른쪽에 있는 수가 클수록 더 **큽니다** .

확인 2 ▸ ☐ 안에 알맞은 수를 써넣고 ◯ 안에 >, =, < 중 알맞은 것을 써넣으세요.

0.7 [   ]
    0   1

0.4 [   ]
    0   1

0.7은 0.1이 ☐ 개이고, 0.4는 0.1이 ☐ 개입니다. → 0.7 ◯ 0.4

개념 익히기

1 수직선을 보고 ○ 안에 >, =, < 중 알맞은 것을 써넣으세요.

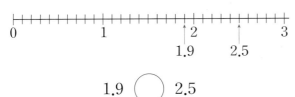

1.9 ◯ 2.5

2 1.2와 1.6만큼 각각 색칠하고, 알맞은 말에 ◯표 하세요.

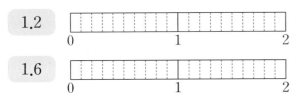

1.2는 1.6보다 더 (큽니다 , 작습니다).

3 □ 안에 알맞은 수를 써넣으세요.

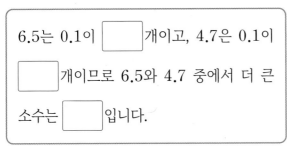

4 보기의 소수를 □ 안에 알맞게 써넣으세요.

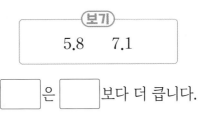

□ 은 □ 보다 더 큽니다.

5 두 소수 중 더 작은 수를 찾아 색칠해 보세요.

6 두 소수의 크기를 비교하여 ○ 안에 >, =, < 중 알맞은 것을 써넣으세요.

(1) 0.2 ◯ 0.4

(2) 3.7 ◯ 2.8

(3) 6.3 ◯ 6.6

실력 다지기

1 1.3과 1.9를 각각 수직선에 ●으로 표시하고, ○ 안에 >, =, < 중 알맞은 것을 써넣으세요.

1.3 ├─┼─┼─┼─┼─┼─┼─┼─┼─┼─┼─┤
    0   1   2

1.9 ├─┼─┼─┼─┼─┼─┼─┼─┼─┼─┼─┤
    0   1   2

1.3 ◯ 1.9

2 두 소수의 크기를 비교하여 ○ 안에 >, =, < 중 알맞은 것을 써넣으세요.

(1) 0.8 ◯ 1.2

(2) 7.6 ◯ 7.4

3 소수의 크기 비교가 잘못된 것은 어느 것인가요?

(   )

① 0.5 < 0.6   ② 1.1 > 0.4

③ 7.3 < 7.7   ④ 4.8 > 4.9

⑤ 8.5 > 3.8

4 가장 큰 수를 찾아 ○표, 가장 작은 수를 찾아 △표 하세요.

0.7   0.5   0.9

(   )   (   )   (   )

5 5.2보다 작은 소수를 모두 찾아 ○표 하세요.

1.8   4.6   5.5   9.6   5.1

6 문제 맞히기 대회에서 세아는 0.7초, 미주는 0.6초 만에 정답 버튼을 눌렀습니다. 정답 버튼을 더 빨리 누른 친구의 이름을 써 보세요.

(   )

바른답·알찬풀이 43쪽

7 집에서 도서관, 공원, 놀이터까지의 거리를 나타낸 표입니다. 집에서 거리가 가까운 곳부터 차례로 써 보세요.

도서관	공원	놀이터
1.6km	2.1km	0.8km

(   )

8 나타내는 수가 작은 것부터 순서대로 ☐ 안에 1, 2, 3을 써넣으세요.

5.7 ☐

오 점 구 ☐

1이 5개, 0.1이 3개인 수 ☐

9 1부터 9까지의 수 중에서 ☐ 안에 들어갈 수 있는 수를 모두 구해 보세요.

6.5 > 6.☐

(   )

10 조건에 알맞은 수를 모두 찾아 ◯표 하세요.

조건
- 0.1이 76개인 수보다 큽니다.
- 8.4보다 작습니다.

(8.6 , 7.2 , 8.1 , 7.9 , 9.5)

11 잘 틀려요

세 친구가 한 뼘의 길이를 말하고 있습니다. 한 뼘의 길이가 짧은 친구부터 차례로 이름을 써 보세요.

18cm 8mm — 하준
173mm — 새연
18.9cm — 지호

(   )

풀이

한 뼘의 길이를 소수로 나타내면

하준: 18cm 8mm = ☐ cm .

새연: 173mm = ☐ cm

지호: 18.9cm

→ ☐ < ☐ < ☐ 이므로

한 뼘의 길이가 짧은 친구부터 차례로 이름을 쓰면 ☐ , ☐ , ☐ 입니다.

오늘 학습 내용을 잘 이해했나요? ☺ 😐 😫

➕ 워크북 92쪽에서 실력 다지기 문제를 한 번 더 풀어볼 수 있어요.

유형 1 전체가 될 수 있는 도형 찾기

1 부분을 보고 전체를 찾아 선으로 이어 보세요.

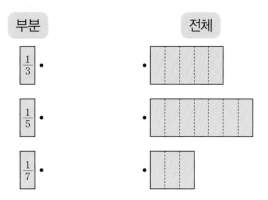

부분 / 전체

$\frac{1}{3}$ ·

$\frac{1}{5}$ ·

$\frac{1}{7}$ ·

2 부분을 보고 전체를 바르게 그린 친구의 이름을 써 보세요.

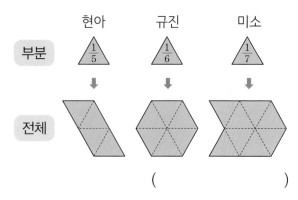

현아 $\frac{1}{5}$ 규진 $\frac{1}{6}$ 미소 $\frac{1}{7}$

부분

전체

(   )

3 부분을 보고 전체가 될 수 있는 도형을 모두 찾아 기호를 써 보세요.

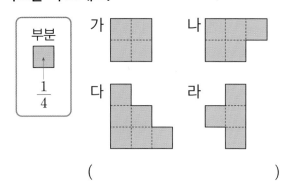

부분 $\frac{1}{4}$ 가   나   다   라

(   )

4 부분을 보고 전체가 될 수 있는 도형을 모두 찾아 기호를 써 보세요.

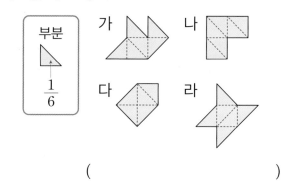

부분 $\frac{1}{6}$ 가   나   다   라

(   )

유형 2 조건에 맞는 분수 구하기

5 조건에 맞는 분수는 모두 몇 개인지 구해 보세요.

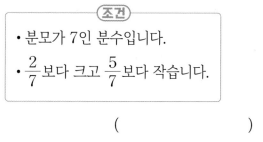

조건
• 분모가 7인 분수입니다.
• $\frac{2}{7}$ 보다 크고 $\frac{5}{7}$ 보다 작습니다.

(   )

6 조건에 맞는 분수는 모두 몇 개인지 구해 보세요.

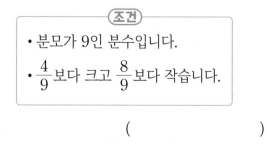

조건
• 분모가 9인 분수입니다.
• $\frac{4}{9}$ 보다 크고 $\frac{8}{9}$ 보다 작습니다.

(   )

7 조건에 맞는 분수를 구하려고 합니다. 풀이 과정을 쓰고, 답을 구해 보세요.

> 조건
> • 분모가 10입니다.
> • 분자는 홀수입니다.
> • $\dfrac{3}{10}$보다 크고 $\dfrac{7}{10}$보다 작습니다.

풀이 _____

_____

_____

답 _____

8 조건에 맞는 분수를 모두 구해 보세요.

> 조건
> • 단위분수입니다.
> • $\dfrac{1}{5}$보다 큰 분수입니다.
> • 분모는 2보다 큽니다.

( )

유형 **3** 남은 부분은 전체의 얼마인지 구하기

9 피자 한 판 중에서 전체의 $\dfrac{2}{10}$를 수연이가 먹었습니다. 수연이가 먹고 남은 피자는 전체의 얼마인지 분수로 나타내 보세요.

( )

10 화단 전체의 $\dfrac{4}{10}$에는 장미를, 전체의 0.3에는 튤립을 심었습니다. 장미와 튤립을 심고 남은 화단은 전체의 얼마인지 소수로 나타내 보세요.

( )

11 색종이 한 장 중에서 호영이는 전체의 $\dfrac{2}{10}$, 희주는 전체의 0.3, 선미는 전체의 0.4를 사용했습니다. 사용하고 남은 색종이는 전체의 얼마인지 소수로 나타내 보세요.

( )

12 나무 막대 한 개를 똑같이 10도막으로 나누어 연호는 2도막, 진주는 3도막, 정희는 2도막을 사용했습니다. 사용하고 남은 나무 막대는 전체의 얼마인지 분수와 소수로 각각 나타내려고 합니다. 풀이 과정을 쓰고, 답을 구해 보세요.

풀이 _____

_____

_____

답 분수: _____ , 소수: _____

6

단원

유형 **4** 수 카드로 가장 큰(작은) 수 만들기

13 4장의 수 카드 중에서 2장을 골라 한 번씩만 이용하여 ■.▲ 형태의 소수를 만들려고 합니다. 만들 수 있는 가장 작은 소수를 구해 보세요.

| 6 | 7 | 5 | 8 |

( )

14 4장의 수 카드 중에서 2장을 골라 한 번씩만 이용하여 만들 수 있는 가장 작은 단위분수를 구해 보세요.

| 9 | 6 | 8 | 1 |

( )

15 5장의 수 카드 중에서 2장을 골라 한 번씩만 이용하여 만들 수 있는 가장 작은 단위분수와 가장 큰 단위분수를 각각 구해 보세요.

| 8 | 5 | 7 | 4 | 1 |

가장 작은 단위분수 ( )

가장 큰 단위분수 ( )

16 5장의 수 카드 중에서 2장을 골라 한 번씩만 이용하여 ■.▲ 형태의 소수를 만들려고 합니다. 만들 수 있는 가장 큰 소수는 0.1이 몇 개인 수인지 구해 보세요.

| 7 | 2 | 4 | 3 | 9 |

( )

유형 **5** 길이를 소수로 나타내어 비교하기

17 길이가 긴 것부터 차례로 기호를 써 보세요.

> ㉠ 20.1 cm
> ㉡ 194 mm
> ㉢ 19 cm 2 mm

( )

18 길이가 짧은 것부터 차례로 기호를 써 보세요.

> ㉠ 14 cm 5 mm
> ㉡ 15.6 cm
> ㉢ 103 mm

( )

19 형광펜의 길이가 가장 짧고, 색연필의 길이는 연필의 길이보다 더 깁니다. 형광펜, 색연필, 연필 중 알맞은 것을 □ 안에 각각 써넣으세요.

12.7 cm

11 cm 9 mm

106 mm

20 ㉠의 길이가 가장 길고, ㉢의 길이는 ㉡의 길이보다 더 짧습니다. ㉠, ㉡, ㉢ 중 알맞은 것을 □ 안에 각각 써넣으세요.

174 mm

16.3 cm

17 cm 9 mm

유형 **6** 걸리는 시간 구하기

21 벽면의 $\frac{1}{3}$ 만큼을 페인트로 칠하는 데 5분이 걸립니다. 같은 빠르기로 이 벽면의 $\frac{2}{3}$ 만큼을 페인트로 칠하려면 몇 분이 걸리는지 구해 보세요.

(   )

서술형

22 종이 한 장의 $\frac{1}{7}$ 만큼을 칠하는 데 10분이 걸립니다. 같은 빠르기로 이 종이의 전체를 칠하려면 몇 분이 걸리는지 풀이 과정을 쓰고, 답을 구해 보세요.

풀이 _____

_____

_____

_____

답 _____

23 물이 일정하게 나오는 수도꼭지로 수조의 $\frac{1}{8}$ 만큼을 채우는 데 9분이 걸립니다. 이 수도꼭지로 수조의 $\frac{7}{8}$ 만큼을 채우려면 몇 시간 몇 분이 걸리는지 구해 보세요.

(   )

24 전체 거리의 $\frac{1}{11}$ 만큼을 가는 데 7분이 걸립니다. 전체 거리의 $\frac{5}{11}$ 만큼을 갔다면 같은 빠르기로 남은 거리를 가려면 몇 분이 걸리는지 구해 보세요.

(   )

오늘 학습 내용을 잘 이해했나요?

➕ **워크북** 94쪽에서 단원 마무리하기 문제를 풀어볼 수 있어요.

메모

하루 한장 쏙셈

하루에 한 장씩
풀다 보면
수학 실력이 쑥쑥!

하루 한장 쏙셈으로 연산 원리를 익히고,
하루 한장 쏙셈+로 연산 응용력을 키우세요.
초등 수학의 자신감, 하루 한장 쏙셈으로 키우세요!

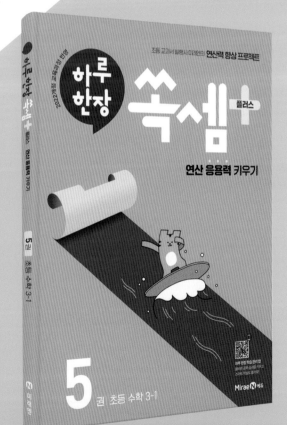

교과 연산력을 키우는
쏙셈

- 초등 수학의 기초 실력 다지기
- 교과 단원별 연산 문제를 집중 연습하고
  싶을 때

1~6학년 학기별(12책)

연산 응용력을 강화하는
쏙셈+플러스

- 초등 수학의 문제 해결력 키우기
- 문장제 반복 학습으로 연상 응용력을
  키우고 싶을 때

1~6학년 학기별(12책)

미래엔 초등 도서 목록

초코

교과서 달달 쓰기 · 교과서 달달 풀기
1~2학년 국어 · 수학 교과 학습력을 향상시키고
초등 코어를 탄탄하게 세우는 기본 학습서
[4책] 국어 1~2학년 학기별
[4책] 수학 1~2학년 학기별

초등 필수 기본서, 초코
초등의 교과 학습력이 중·고등까지 이어진다!
교과 학습력을 탄탄하게 세우는 초등 필수 기본서
[8책] 국어 3~6학년 학기별
[8책] 사회 3~6학년 학기별, [8책] 과학 3~6학년 학기별

전과목 단원평가
빠르게 단원 핵심을 정리하고, 수준별 문제로 실전력을 키우는
교과 평가 대비 학습서
[8책] 3~6학년 학기별

 개념편

초등학교 수학의 기본 실력을 높이는 수학 개념서
[8책] 3~6학년 학기별
*5~6학년 1, 2학기는 2025년 하반기부터 순차 출시 예정

문제 해결의 길잡이

원리 8가지 문제 해결 전략으로 문장제와 서술형 문제 정복
[12책] 1~6학년 학기별

심화 문장제 유형 정복으로 초등 수학 최고 수준에 도전
[6책] 1~6학년 학년별

하루한장 예비 초등

한글완성
초등학교 입학 전 한글 읽기·쓰기 동시에 끝내기
[3책] 기본 자모음, 받침, 복잡한 자모음

예비초등
기본 학습 능력을 향상하며 초등학교 입학을 준비하기
[2책] 국어, 수학

하루한장 독해

독해 시작편
초등학교 입학 전 기본 문해력 익히기 30일 완성
[2책] 문장으로 시작하기, 짧은 글 독해하기

어휘
문해력의 기초를 다지는 초등 필수 어휘 학습서
[6책] 1~6학년 단계별

독해
국어 교과서와 연계하여 문해력의 기초를 다지는 독해 기본서
[6책] 1~6학년 단계별

독해+플러스
본격적인 독해 훈련으로 문해력을 향상시키는 독해 실전서
[6책] 1~6학년 단계별

비문학 독해 (사회편·과학편)
사회·과학 영역 글 읽기를 통해 배경지식을 확장하고
문해력을 완성시키는 독해 심화서
[사회편 6책, 과학편 6책] 1~6학년 단계별

초등 필수 어휘를 퍼즐로 재미있게 익히는 학습서
[3책] 사자성어, 속담, 맞춤법

워크북

초등 **3·1**

Mirae **N** 에듀

이렇게 활용해요!

- ☑ 개념북 진도에 맞춘 워크북의 쌍둥이 문제로
  반복 학습하며 실력을 쌓아요.

- ☑ 시험을 앞두고 있다면 수준별 단원평가로
  완벽하게 실전에 대비해요.

워크북

개념 1

받아올림이 없는
(세 자리 수) + (세 자리 수)

📖 개념북 8쪽

1 계산해 보세요.

(1) 128+251

(2) 363+534

2 296+402의 어림셈을 하기 위한 식을 찾아 색칠해 보세요.

200+400 ─ 300+400 ─ 300+500

3 ☐ 안에 알맞은 수를 써넣으세요.

507 ➡ +342 ➡ ☐

4 두 색 테이프의 길이의 합은 몇 cm인지 구해 보세요.

242 cm

435 cm

( )

5 수 모형이 나타내는 수보다 518만큼 더 큰 수를 구해 보세요.

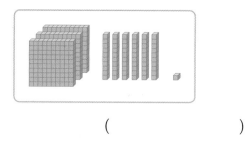

( )

6 계산 결과가 657인 것을 찾아 ◯표 하세요.

423+235　　316+441　　145+512

( )　　( )　　( )

7 가장 큰 수와 가장 작은 수의 합을 구해 보세요.

> 420   217   541

( )

8 계산 결과가 가장 작은 것을 찾아 기호를 써 보세요.

> ㉠ 583＋314
> ㉡ 642＋226
> ㉢ 470＋402

( )

9 승훈이네 학교의 남학생은 246명이고, 여학생은 231명입니다. 승훈이네 학교의 학생은 모두 몇 명인지 구해 보세요.

( )

10 ☐ 안에 알맞은 수를 써넣으세요.

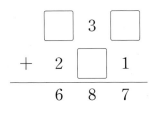

$$
\begin{array}{r}
\boxed{}\ 3\ \boxed{} \\
+\ 2\ \boxed{}\ 1 \\
\hline
6\ 8\ 7
\end{array}
$$

11 나타내는 두 수의 합을 구해 보세요.

> • 100이 6개, 10이 1개, 1이 5개인 수
> • 100이 3개, 10이 8개, 1이 2개인 수

( )

12 두 수를 골라 합이 874인 덧셈식을 만들어 보세요.

> 343   524   531

$$\boxed{}+\boxed{}=874$$

개념2

받아올림이 한 번 있는
(세 자리 수) + (세 자리 수)

📖 개념북 12쪽

1 계산해 보세요.

(1) 237+156

(2) 342+485

2 빈칸에 알맞은 수를 써넣으세요.

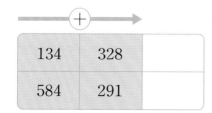

	+	→
134	328	
584	291	

3 그림을 보고 집에서 마트를 지나 극장까지의 거리는 몇 m인지 구해 보세요.

집   마트   극장

384 m   573 m

(   )

4 나타내는 수보다 326만큼 더 큰 수를 구해 보세요.

> 100이 2개, 10이 5개, 1이 8개인 수

(   )

5 잘못 계산한 곳을 찾아 ◯표 하고, 바르게 계산해 보세요.

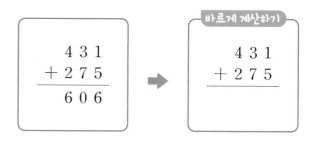

```
  4 3 1
+ 2 7 5
-------
  6 0 6
```

바르게 계산하기

```
  4 3 1
+ 2 7 5
-------
```

6 계산 결과를 비교하여 ◯ 안에 >, =, < 중 알맞은 것을 써넣으세요.

(1) 154+473 ◯ 239+354

(2) 327+436 ◯ 572+196

7 수호네 과수원에서 사과를 어제는 743개 땄고, 오늘은 어제보다 162개 더 많이 땄습니다. 수호네 과수원에서 오늘 딴 사과는 몇 개인지 구해 보세요.

( )

8 사각형에 적힌 수의 합을 구해 보세요.

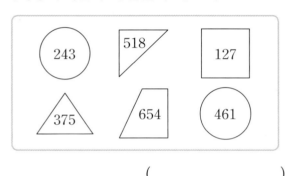

( )

9 계산 결과가 작은 것부터 차례로 기호를 써 보세요.

ㄱ 426＋254
ㄴ 375＋263
ㄷ 138＋547

( )

10 구슬에 적힌 수 중에서 가장 큰 수와 가장 작은 수의 합을 구해 보세요.

 391 483   254 175

( )

11 0부터 9까지의 수 중에서 ☐ 안에 들어갈 수 있는 수를 모두 구해 보세요.

$$148+523<6\boxed{}1$$

( )

12 어떤 수에 192를 더해야 할 것을 잘못하여 뺐더니 243이 되었습니다. 바르게 계산하면 얼마인지 구해 보세요.

( )

개념 3

받아올림이 여러 번 있는 (세 자리 수) + (세 자리 수)

📖 개념북 16쪽

1 계산해 보세요.

(1) 184＋137

(2) 754＋463

2 385＋249를 두 가지 방법으로 계산하려고 합니다. ☐ 안에 알맞은 수를 써넣으세요.

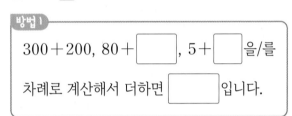

방법 1

300＋200, 80＋☐ , 5＋☐ 을/를 차례로 계산해서 더하면 ☐ 입니다.

방법 2

85＋49, 300＋☐ 을/를 차례로 계산해서 더하면 ☐ 입니다.

3 빈칸에 알맞은 수를 써넣으세요.

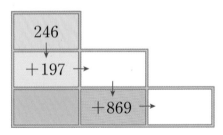

246
＋197 →
＋869 →

4 다음 덧셈식에서 ㉠에 알맞은 수와 ㉠이 실제로 나타내는 값을 각각 써 보세요.

$$
\begin{array}{r}
1\ ㉠ \\
8\ 4\ 6 \\
+\ 6\ 7\ 9 \\
\hline
1\ 5\ 2\ 5
\end{array}
$$

㉠에 알맞은 수 (   )

㉠이 실제로 나타내는 값 (   )

5 받아올림이 세 번 있는 덧셈식을 찾아 기호를 써 보세요.

㉠ 472＋840

㉡ 685＋739

㉢ 368＋571

(   )

6 문구점에 색종이는 674장, 도화지는 389장 있습니다. 색종이와 도화지는 모두 몇 장인지 구해 보세요.

(   )

7 계산 결과가 작은 것부터 차례로 ☐ 안에 1, 2, 3을 써넣으세요.

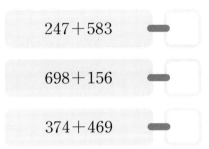

$247+583$ ━ ☐

$698+156$ ━ ☐

$374+469$ ━ ☐

8 승희와 민재가 지난주와 이번 주에 푼 수학 문제 수입니다. 2주 동안 수학 문제를 더 많이 푼 친구의 이름을 써 보세요.

이름	지난주	이번 주
승희	346문제	198문제
민재	254문제	267문제

(   )

9 다음 수 중에서 홀수의 합을 구해 보세요.

563	368	754	487

(   )

10 삼각형의 세 변의 길이의 합은 몇 cm인지 구해 보세요.

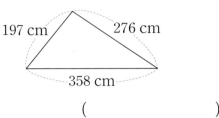

197 cm   276 cm

358 cm

(   )

11 4장의 수 카드 중에서 3장을 골라 한 번씩만 이용하여 세 자리 수를 만들려고 합니다. 만들 수 있는 수 중에서 가장 큰 수와 가장 작은 수의 합을 구해 보세요.

2   6   5   9

(   )

개념 4

받아내림이 없는 (세 자리 수) − (세 자리 수)

📖 개념북 20쪽

1 계산해 보세요.

(1) 378 − 154

(2) 495 − 362

2 489 − 207의 어림셈을 하기 위한 식을 찾아 색칠해 보세요.

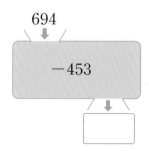

| 500 − 300 | 500 − 200 | 400 − 200 |

3 ☐ 안에 알맞은 수를 써넣으세요.

694

−453

4 계산 결과가 서로 같은 것을 찾아 ○표 하세요.

| 784 − 263 | 865 − 324 | 679 − 158 |

(   ) (   ) (   )

5 수 모형이 나타내는 수보다 213만큼 더 작은 수를 구해 보세요.

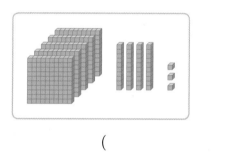

(   )

6 계산 결과가 가장 큰 것을 찾아 기호를 써 보세요.

㉠ 769 − 342

㉡ 928 − 514

㉢ 875 − 423

(   )

바른답·알찬풀이 47쪽

7 도서관에 동화책이 538권 있습니다. 이 중에서 217권을 빌려 갔다면 남은 동화책은 몇 권인지 구해 보세요.

(   )

8 지호가 생각한 수를 구해 보세요.

내가 생각한 수에 425를 더했더니 937이 되었어.

지호

(   )

9 지후네 모둠 친구들이 줄넘기를 했습니다. 가장 많이 한 줄넘기 횟수와 가장 적게 한 줄넘기 횟수의 차를 구해 보세요.

이름	지후	서연	연호	지은
줄넘기 횟수(번)	365	142	387	254

(   )

10 나타내는 두 수의 차를 구해 보세요.

> • 100이 7개, 10이 4개, 1이 9개인 수
> • 100이 4개, 10이 2개, 1이 5개인 수

(   )

11 3장의 수 카드를 한 번씩만 이용하여 가장 큰 세 자리 수를 만들었습니다. 만든 세 자리 수보다 543만큼 더 작은 수를 구해 보세요.

7	4	8

(   )

12 ☐ 안에 들어갈 수 있는 세 자리 수 중에서 가장 큰 수를 구해 보세요.

$$\square < 685 - 134$$

(   )

개념 5

받아내림이 한 번 있는 (세 자리 수) - (세 자리 수)

📖 개념북 24쪽

1 계산해 보세요.

(1) 364 - 237

(2) 435 - 183

2 빈칸에 알맞은 수를 써넣으세요.

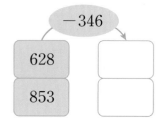

3 액자의 긴 쪽의 길이와 짧은 쪽의 길이의 차는 몇 cm인지 구해 보세요.

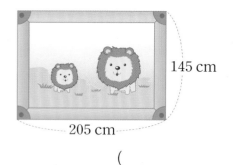

( )

4 새연이가 설명하는 수보다 453만큼 더 작은 수를 구해 보세요.

100이 9개,
10이 2개,
1이 6개인 수

새연

( )

5 잘못 계산한 곳을 찾아 ◯표 하고, 바르게 계산해 보세요.

```
  7 4 8
- 2 5 3
-------
  5 9 5
```

바르게 계산하기

```
  7 4 8
- 2 5 3
-------
```

6 과일 가게에 귤이 652개 있었습니다. 그중 318개를 팔았다면 과일 가게에 남아 있는 귤은 몇 개인지 구해 보세요.

( )

7 ⬭에 적힌 수의 차를 구해 보세요.

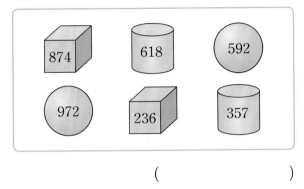

( )

8 ☐ 안에 알맞은 수를 구해 보세요.

581 － ☐ ＝ 329

( )

9 계산 결과가 500보다 작은 것을 찾아 기호를 써 보세요.

㉠ 764－249
㉡ 663－128
㉢ 948－475

( )

10 4장의 수 카드에 적힌 수 중에서 가장 큰 수와 가장 작은 수의 차를 구해 보세요.

248 895 357 516

( )

11 같은 기호는 같은 수를 나타냅니다. ◆에 알맞은 수를 구해 보세요.

・748－253＝▲
・159＋◆＝▲

( )

12 ㉠, ㉡, ㉢에 알맞은 수의 합을 구해 보세요.

$$\begin{array}{r} 4\ \boxed{㉠}\ 3 \\ -\ 2\ \ 6\ \boxed{㉡} \\ \hline \boxed{㉢}\ 1\ \ 5 \end{array}$$

( )

개념 6

받아내림이 두 번 있는 (세 자리 수) − (세 자리 수)

📖 개념북 28쪽

1 계산해 보세요.

(1) 414 − 265

(2) 553 − 197

2 651 − 387을 두 가지 방법으로 계산하려고 합니다. ☐ 안에 알맞은 수를 써넣으세요.

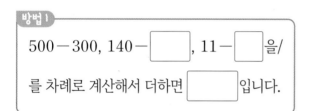

방법 1

500 − 300, 140 − ☐, 11 − ☐ 을/를 차례로 계산해서 더하면 ☐ 입니다.

방법 2

151 − ☐, 500 − ☐ 을/를 차례로 계산해서 더하면 ☐ 입니다.

3 빈칸에 알맞은 수를 써넣으세요.

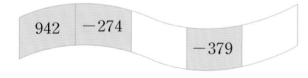

942 −274 −379

4 다음 뺄셈식에서 ㉠에 알맞은 수와 ㉠이 실제로 나타내는 값을 차례로 쓴 것은 어느 것인가요? ( )

$$
\begin{array}{r}
㉠\ 14\ 10 \\
8\ \not5\ 2 \\
-\ 3\ 6\ 7 \\
\hline
4\ 8\ 5
\end{array}
$$

① 7, 7   ② 7, 70   ③ 7, 700

④ 17, 17   ⑤ 17, 170

5 계산 결과가 가장 작은 것을 찾아 기호를 써 보세요.

㉠ 432 − 176
㉡ 806 − 547
㉢ 517 − 289

( )

6 도서관에서 정우네 집까지의 거리와 도서관에서 소정이네 집까지의 거리는 다음과 같습니다. 누구네 집이 도서관에서 몇 m 더 가까운지 구해 보세요.

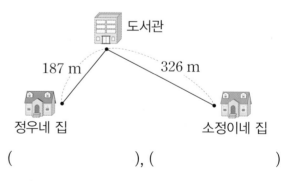

도서관

187 m   326 m

정우네 집   소정이네 집

( ), ( )

7 길이가 6 m인 색 테이프 중에서 472 cm를 사용하였습니다. 남은 색 테이프는 몇 cm인지 구해 보세요.

(   )

8 ☐ 안에 알맞은 수를 찾아 선으로 이어 보세요.

$563 - ☐ = 285$ •

       •   266

       •   278

$742 - ☐ = 476$ •

       •   286

9 3장의 수 카드를 한 번씩만 이용하여 세 자리 수를 만들려고 합니다. 만들 수 있는 수 중에서 가장 큰 수와 가장 작은 수의 차를 구해 보세요.

(   )

10 선재와 소율이가 고른 수를 보기에서 각각 찾아 두 수의 차를 구해 보세요.

보기

| 464 | 247 | 604 | 389 | 427 |

선재: 내가 고른 수는 300보다 크고 400보다 작아.

소율: 내가 고른 수는 숫자 4가 두 번 들어가.

(   )

11 두 수를 골라 차가 가장 큰 뺄셈식을 만들어 보세요.

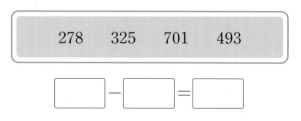

| 278 | 325 | 701 | 493 |

☐ $-$ ☐ $=$ ☐

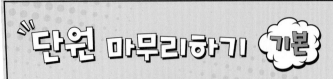
1 수 모형을 보고 계산해 보세요.

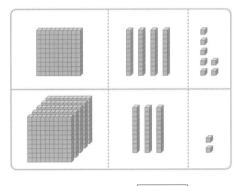

147＋532＝ ☐

2 계산해 보세요.

(1)   1 4 8
   ＋ 3 2 5

(2)   6 5 9
   － 2 3 7

3 빈칸에 알맞은 수를 써넣으세요.

564	－297	

4 다음 덧셈식에서 ☐ 안의 수 1이 실제로 나타내는 값은 얼마인지 써 보세요.

```
      1
    4 6 9
  ＋ 3 1 3
  ─────────
    7 8 2
```

(   )

5 계산 결과를 찾아 선으로 이어 보세요.

147＋422	•		•	569
863－258	•		•	533
284＋249	•		•	605

6 잘못 계산한 친구의 이름을 써 보세요.

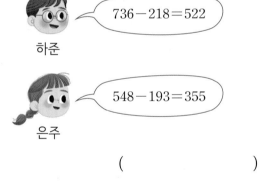

하준: 736－218＝522

은주: 548－193＝355

(   )

7 ☐ 안에 알맞은 수를 써넣으세요.

257 cm   594 cm

☐ cm

8 삼각형에 적힌 수의 차를 구해 보세요.

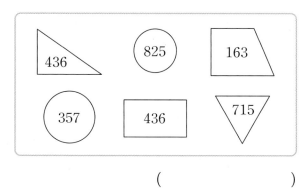

( )

9 가장 큰 수와 가장 작은 수의 합을 구해 보세요.

384   465   279

( )

10 계산 결과가 더 큰 것을 찾아 ◯표 하세요.

246+465   823-174

( )   ( )

11 칠판의 긴 쪽의 길이와 짧은 쪽의 길이의 차는 몇 cm인지 구해 보세요.

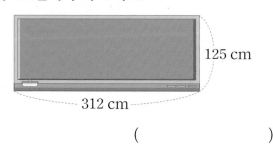

125 cm

312 cm

( )

12 계산 결과가 큰 것부터 차례로 기호를 써 보세요.

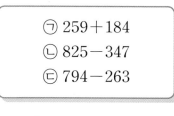

㉠ 259+184
㉡ 825-347
㉢ 794-263

( )

13 상자 안에 흰색 바둑돌이 275개, 검은색 바둑 돌이 284개 있습니다. 상자 안에 있는 바둑돌 은 모두 몇 개인지 구해 보세요.

( )

14 ▢ 안에 알맞은 수를 써넣으세요.

$276+\boxed{}=465$

15 ▢ 안에 알맞은 수를 써넣으세요.

$$\begin{array}{cccc} & \boxed{} & 1 & \boxed{} \\ - & 1 & \boxed{} & 5 \\ \hline & 4 & 2 & 9 \end{array}$$

16 기호 ★에 대하여 ㉠★㉡=㉠−㉡이라고 약속할 때 다음을 계산해 보세요.

$$600 ★ 239$$

(   )

17 두 수를 골라 합이 가장 큰 덧셈식을 만들어 보세요.

376	654	265	578

☐ + ☐ = ☐

18 ☐ 안에 들어갈 수 있는 세 자리 수 중에서 가장 작은 수를 구해 보세요.

$$724 - 358 < □$$

(   )

19 과일 가게에 있던 복숭아 725개 중에서 오전에 187개를 판 후, 오후에 364개를 팔았습니다. 과일 가게에 남은 복숭아는 몇 개인지 풀이 과정을 쓰고, 답을 구해 보세요.

풀이 _____

_____

_____

답 _____

20 어떤 수에 176을 더해야 할 것을 잘못하여 176을 뺐더니 598이 되었습니다. 바르게 계산한 값은 얼마인지 풀이 과정을 쓰고, 답을 구해 보세요.

풀이 _____

_____

_____

답 _____

1 계산 결과가 734인 것을 찾아 ◯표 하세요.

231+513   375+359

(   )   (   )

2 빈칸에 알맞은 수를 써넣으세요.

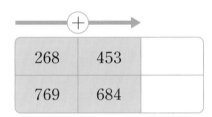

268	453	
769	684	

3 계산 결과를 어림하고, 실제로 계산한 결과를 구해 보세요.

	어림한 결과	실제 결과
728−391		

4 수 카드가 나타내는 수보다 143만큼 더 작은 수를 구해 보세요.

100	100	100	100
10	10	10	10	10	10
1	1	1	1	1	1	1

(   )

5 계산 결과를 비교하여 ◯ 안에 >, =, < 중 알맞은 것을 써넣으세요.

567−354 ◯ 641−485

6 박물관의 누리집 방문자가 어제는 764명, 오늘은 575명입니다. 어제와 오늘 누리집 방문자는 모두 몇 명인지 구해 보세요.

(   )

7 가장 큰 수와 가장 작은 수의 차를 구해 보세요.

367   784   429   958

(   )

8 나타내는 수보다 374만큼 더 큰 수를 구해 보세요.

100이 6개, 10이 3개, 1이 8개인 수

(   )

9 <u>잘못</u> 계산한 곳을 찾아 이유를 쓰고, 바르게 계산해 보세요.

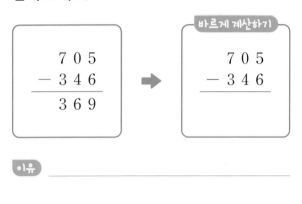

바르게 계산하기

$$705 - 346 = $$

이유 _____

_____

_____

10 표를 보고 사용한 돈은 얼마인지 구해 보세요.

처음에 가지고 있던 돈(원)	사용한 돈(원)	남은 돈(원)
920		280

(   )

11 주말농장에서 지은이는 딸기를 165개 땄고, 어머니는 지은이보다 128개 더 많이 땄습니다. 지은이와 어머니가 딴 딸기는 모두 몇 개인지 구해 보세요.

(   )

12 ㉠과 ㉡에 알맞은 수의 합을 구해 보세요.

$$\begin{array}{r} ㉠\,7\,8 \\ +\ 3\,4\,5 \\ \hline 7\,㉡\,3 \end{array}$$

(   )

13 선아와 유준이가 각자에게 주어진 3장의 수 카드를 한 번씩만 이용하여 세 자리 수를 만들었습니다. 두 친구가 만든 수의 합이 가장 작을 때의 덧셈식을 써 보세요.

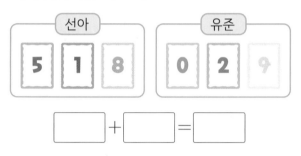

$$\boxed{} + \boxed{} = \boxed{}$$

14 두 수를 골라 차가 436인 뺄셈식을 만들려고 합니다. ☐ 안에 알맞은 수를 써넣으세요.

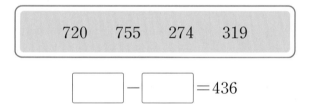

$$\boxed{} - \boxed{} = 436$$

15 ●와 ◆에 알맞은 수의 합을 구해 보세요.

• $634 - ● = 376$
• $◆ + 578 = 783$

(   )

16 종이 2장에 세 자리 수를 한 개씩 써 놓았는데 그중 한 장이 찢어져서 백의 자리 숫자만 보입니다. 두 수의 합이 832일 때 찢어진 종이에 적힌 세 자리 수를 구해 보세요.

(   )

17 다음을 읽고 은우가 계산한 값을 구해 보세요.

선하
어떤 수에서 358을 뺐더니 124가 되었어.

은우
그럼 나는 어떤 수에 258을 더해 볼래.

(   )

18 세 수를 골라 계산 결과가 가장 크게 나오도록 식을 만들어 보세요.

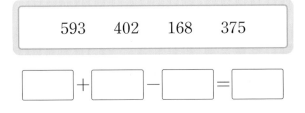

| | + | | − | | = | |

19 그림을 보고 집에서 도서관까지의 거리는 몇 m 인지 풀이 과정을 쓰고, 답을 구해 보세요.

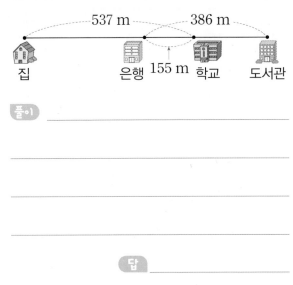

풀이 _____

_____

_____

답 _____

20 1부터 9까지의 수 중에서 ☐ 안에 들어갈 수 있는 수는 모두 몇 개인지 풀이 과정을 쓰고, 답을 구해 보세요.

$$726 - \boxed{}62 > 264$$

풀이 _____

_____

_____

_____

답 _____

개념 1 선분, 반직선, 직선

개념북 38쪽

1 곧은 선과 굽은 선으로 분류하여 기호를 써 보세요.

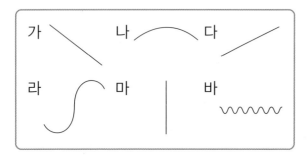

곧은 선	굽은 선

2 점 ㄱ과 점 ㄴ을 이은 선분을 찾아 기호를 써 보세요.

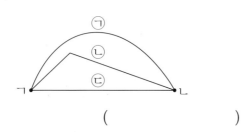

( )

3 직선 ㄷㄹ은 어느 것인가요? ( )

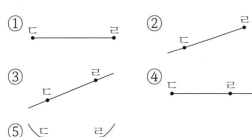

4 선분, 반직선, 직선을 각각 모두 찾아 이름을 써 보세요.

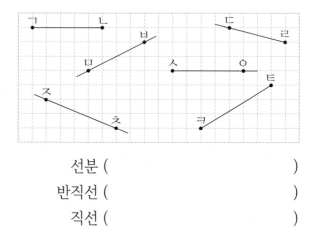

선분 ( )

반직선 ( )

직선 ( )

5 반직선은 직선보다 몇 개 더 많은지 구해 보세요.

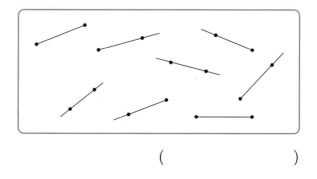

( )

6 선분 ㅁㅂ, 반직선 ㅈㅊ, 직선 ㅅㅇ을 각각 그어 보세요.

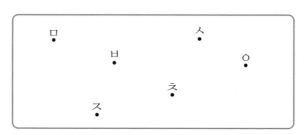

7 도형에서 찾을 수 있는 선분은 모두 몇 개인지 구해 보세요.

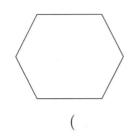

(   )

8 선분 ㄱㄴ 위에 점 ㄷ이 있습니다. 점 ㄷ에서 시작하여 점 ㄱ을 지나는 곧은 선을 그어 보고, 그은 선의 이름을 써 보세요.

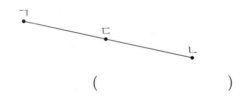

(   )

9 선분, 반직선, 직선에 대해 바르게 설명한 것을 찾아 기호를 써 보세요.

> ㉠ 선분은 직선을 끝없이 늘인 곧은 선입니다.
> ㉡ 반직선 ㄹㅁ과 반직선 ㅁㄹ은 다릅니다.
> ㉢ 두 점을 이은 선분은 2개입니다.

(   )

10 알맞은 말에 ◯표 하고, 이유를 써 보세요.

선분 ㅂㅅ이 (맞습니다 , 아닙니다).

이유 _____

_____

_____

11 4개의 점 중에서 2개의 점을 이용하여 그을 수 있는 직선은 모두 몇 개인지 구해 보세요.

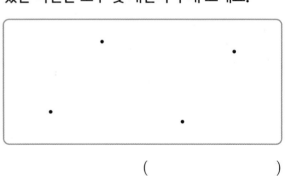

(   )

개념 **2**

각

📖 개념북 42쪽

1 그림에서 표시한 부분과 같이 한 점에서 그은 두 반직선으로 이루어진 도형을 무엇이라고 하는지 써 보세요.

(   )

2 각 ㄴㄱㄷ을 찾아 ◯표 하세요.

(   )   (   )   (   )

3 삼각자를 이용하여 그린 각입니다. 각의 이름과 변을 써 보세요.

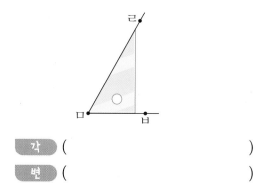

각 (   )

변 (   )

4 각이 <u>없는</u> 도형을 모두 고르세요. (   )

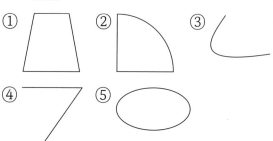

5 다음 각에 대해 바르게 설명한 것을 모두 찾아 기호를 써 보세요.

ㄱ 각의 꼭짓점은 점 ㅇ입니다.
ㄴ 각 ㅅㅇㅈ이라고 읽습니다.
ㄷ 각의 변은 변 ㅇㅅ으로 1개입니다.

(   )

6 각 ㅌㅋㅍ을 그리고, 각의 꼭짓점과 각의 변을 써 보세요.

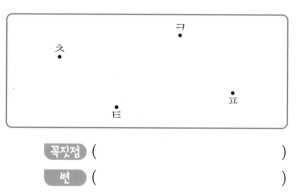

꼭짓점 (   )

변 (   )

7 도형에서 점 ㄷ을 꼭짓점으로 하는 각은 모두 몇 개인지 구해 보세요.

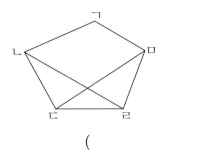

( )

8 각의 수가 적은 도형부터 차례로 기호를 써 보세요.

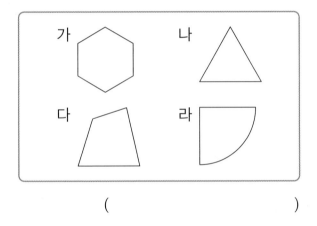

( )

9 하준이가 다음과 같이 각을 잘못 그렸습니다. 잘못된 이유를 써 보세요.

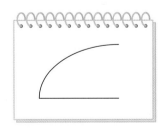

이유 _____

_____

_____

10 5개의 점 중에서 3개의 점을 이용하여 각을 그릴 때 점 ㄱ을 꼭짓점으로 하는 각은 모두 몇 개인지 구해 보세요.

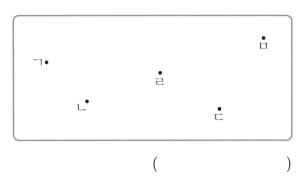

( )

11 그림에서 찾을 수 있는 크고 작은 각은 모두 몇 개인지 구해 보세요.

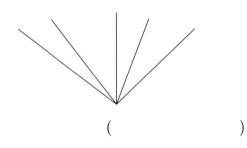

( )

개념 **3**

직각

📖 개념북 46쪽

1 직각을 모두 고르세요. (   )

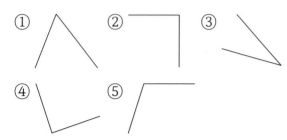

2 삼각자를 사용하여 직각을 바르게 그린 것에 ○표 하세요.

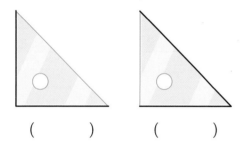

(   )   (   )

3 직각을 찾아 써 보세요.

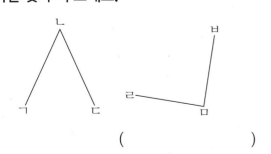

(   )

4 도형에서 직각을 모두 찾아 ⌐ 표시를 하고, 직각은 모두 몇 개인지 구해 보세요.

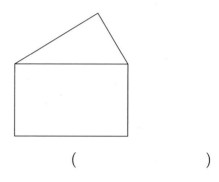

(   )

5 직각을 모두 찾아 써 보세요.

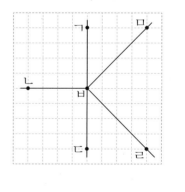

(   )

6 점 ㅅ을 꼭짓점으로 하는 직각을 그려 보세요.

7 보기 와 같이 직각이 3개 있는 모양을 그려 보세요.

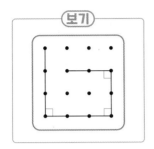

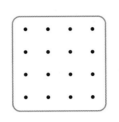

8 직각은 모두 몇 개인지 구해 보세요.

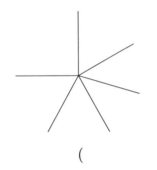

( )

9 직각의 수가 가장 많은 도형을 찾아 기호를 써 보세요.

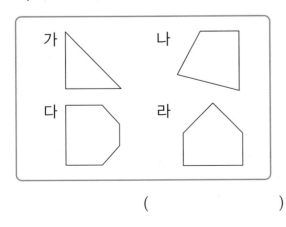

( )

10 시계의 긴바늘과 짧은바늘이 이루는 작은 쪽의 각이 직각인 시각을 찾아 기호를 써 보세요.

ㄱ 2시   ㄴ 5시
ㄷ 9시   ㄹ 11시

( )

11 글자에서 찾을 수 있는 직각은 모두 몇 개인지 구해 보세요.

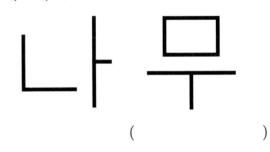

( )

직각삼각형

📖 개념북 50쪽

1 직각삼각형은 모두 몇 개인지 구해 보세요.

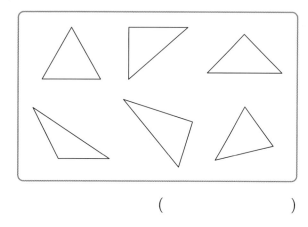

( )

2 삼각형 ㄱㄴㄷ의 꼭짓점 ㄱ을 옮겨 직각삼각형을 만들려고 합니다. 꼭짓점 ㄱ을 옮겨야 할 점을 모두 고르세요. ( )

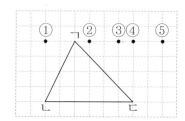

3 종이를 점선을 따라 잘랐을 때 만들어지는 도형 중에서 직각삼각형을 모두 찾아 기호를 써 보세요.

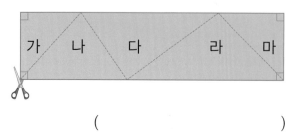

( )

4 직각삼각형에 대해 잘못 설명한 것을 찾아 기호를 써 보세요.

> ㉠ 변이 3개입니다.
> ㉡ 한 각이 직각입니다.
> ㉢ 꼭짓점이 1개입니다.

( )

5 칠교판 조각으로 모양을 만들었습니다. 만든 모양에서 찾을 수 있는 직각삼각형은 모두 몇 개인지 구해 보세요.

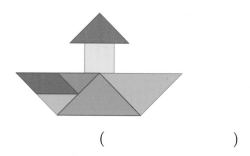

( )

6 주어진 선분을 한 변으로 하는 직각삼각형을 그려 보세요.

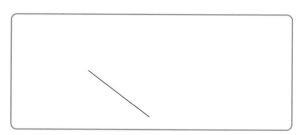

7 다음 도형이 직각삼각형인 이유를 바르게 설명한 친구의 이름을 써 보세요.

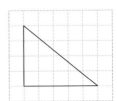

> 준우: 한 각이 직각이기 때문이야.
> 채원: 각이 3개이기 때문이야.

(   )

8 두 직각삼각형의 같은 점과 다른 점을 써 보세요.

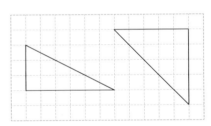

같은 점 _____

_____

다른 점 _____

_____

9 사각형에 선분을 1개 그어서 직각삼각형 2개가 만들어지도록 나누어 보세요.

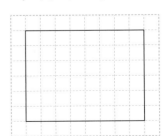

10 보기의 직각삼각형 모양 조각을 겹치지 않게 사용하여 새 모양을 만들었습니다. 직각삼각형 모양 조각을 몇 개 사용했는지 구해 보세요.

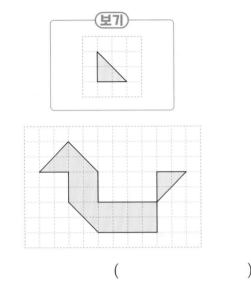

(   )

11 그림에서 찾을 수 있는 크고 작은 직각삼각형은 모두 몇 개인지 구해 보세요.

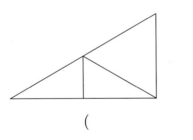

(   )

개념 **5**

직사각형

📖 개념북 54쪽

1 직사각형을 모두 찾아 ◯표 하세요.

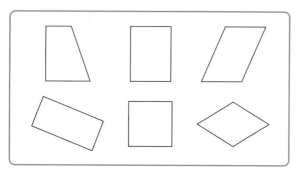

2 모눈종이에 그린 사각형의 꼭짓점을 한 개만 옮겨서 직사각형을 만들어 보세요.

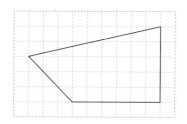

3 다음 도형의 각과 직각의 수의 합은 몇 개인지 구해 보세요.

직사각형

(   )

4 직사각형 모양의 종이를 점선을 따라 잘랐을 때 만들어지는 도형 중에서 직사각형을 모두 찾아 기호를 써 보세요.

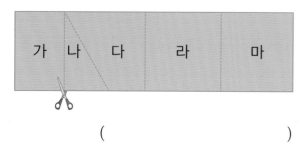

(   )

5 직사각형에 대해 바르게 설명한 것을 찾아 기호를 써 보세요.

> ㉠ 변이 2개입니다.
> ㉡ 꼭짓점이 2개입니다.
> ㉢ 마주 보는 두 변의 길이가 같습니다.

(   )

6 주어진 선분을 한 변으로 하는 직사각형을 그려 보세요.

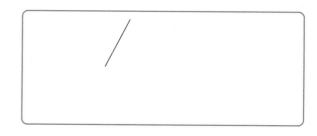

7 다음 직사각형의 네 변의 길이의 합은 몇 cm 인지 구해 보세요.

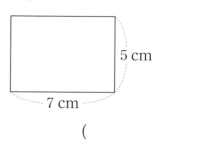

(   )

✓ 바른답·알찬풀이 55쪽

8 윤서의 말을 바르게 고쳐 보세요.

마주 보는 두 변의 길이가 같으니까 직사각형이야.

윤서

바르게 고치기 _____

_____

_____

9 직사각형을 모두 따라 그리고, 몇 개인지 구해 보세요.

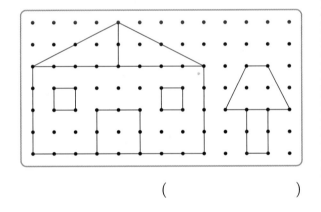

( )

10 쌀이 한 가마니씩 들어가도록 땅을 네 부분으로 나누려고 합니다. 모양과 크기가 같은 직사각형 모양으로 나누어지도록 점선을 따라 땅을 나누는 선을 그어 보세요.

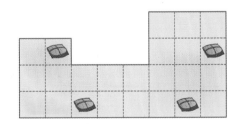

11 그림에서 찾을 수 있는 크고 작은 직사각형은 모두 몇 개인지 구해 보세요.

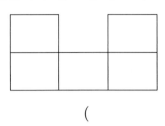

( )

12 직사각형의 네 변의 길이의 합이 30 cm일 때, ☐ 안에 알맞은 수를 구해 보세요.

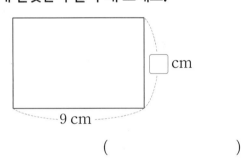

☐ cm

9 cm

( )

정사각형

📖 개념북 58쪽

1 정사각형을 모두 찾아 기호를 써 보세요.

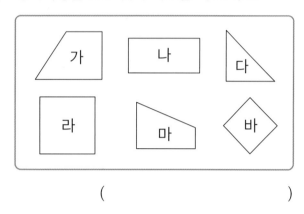

(   )

2 다음과 같이 직사각형 모양의 종이를 접고 자른 후 다시 펼쳤습니다. 만들어진 도형이 <u>아닌</u> 것에 ◯표 하세요.

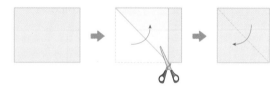

(직각삼각형 , 직사각형 , 정사각형)

3 정사각형을 그리려고 합니다. 두 선분을 어느 점과 이어야 하는지 기호를 써 보세요.

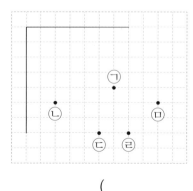

(   )

4 정사각형에 대해 <u>잘못</u> 설명한 것을 모두 고르세요. (   )

① 네 각이 모두 직각입니다.
② 네 변의 길이가 모두 같습니다.
③ 꼭짓점이 3개 있습니다.
④ 모든 정사각형의 크기는 같습니다.
⑤ 직사각형이라고 할 수 있습니다.

5 한 변의 길이가 2 cm인 정사각형을 그려 보세요.

6 한 변의 길이가 6 cm인 정사각형의 네 변의 길이의 합은 몇 cm인지 구해 보세요.

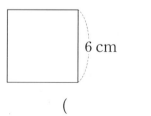

6 cm

(   )

7 오른쪽 도형의 이름이 될 수 있는 것을 모두 고르세요.

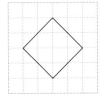

(   )

① 삼각형   ② 직각삼각형   ③ 사각형
④ 직사각형   ⑤ 정사각형

8 다음 도형이 정사각형이 아닌 이유를 바르게 설명한 친구의 이름을 써 보세요.

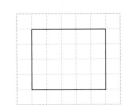

네 각이 모두 직각이 아니기 때문이야.

주원

네 변의 길이가 모두 같지 않기 때문이야.

소율

(   )

9 직사각형 모양의 종이를 잘라서 가장 큰 정사각형을 만들려고 합니다. 정사각형의 한 변의 길이는 몇 cm로 해야 하는지 구해 보세요.

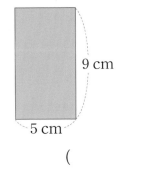

9 cm

5 cm

(   )

10 정사각형과 직사각형의 같은 점이 아닌 것을 찾아 기호를 써 보세요.

ㄱ 각이 4개입니다.
ㄴ 네 각이 모두 직각입니다.
ㄷ 네 변의 길이가 모두 같습니다.
ㄹ 마주 보는 두 변의 길이가 같습니다.

(   )

11 한 변의 길이가 7 cm인 정사각형 2개를 그림과 같이 겹치지 않게 이어 붙여 직사각형을 만들었습니다. 만든 직사각형의 네 변의 길이의 합은 몇 cm인지 구해 보세요.

7 cm

(   )

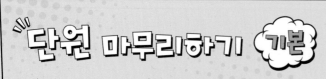

1 선분은 어느 것인가요? (   )

2 각 ㄱㄷㄴ을 그려 보세요.

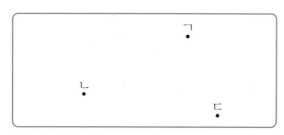

3 도형에서 각은 모두 몇 개인지 구해 보세요.

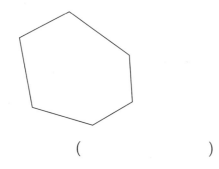

(   )

4 도형에서 직각을 모두 찾아 ⌐ 표시를 해 보세요.

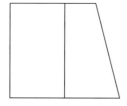

5 ㄱ+ㄴ의 값은 얼마인지 구해 보세요.

> 직각삼각형은 각이 ㄱ개이고,
> 직각이 ㄴ개입니다.

(   )

[6~7] 도형을 보고 물음에 답해 보세요.

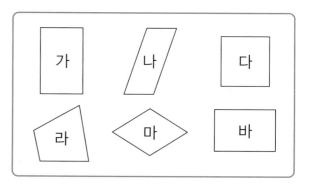

6 직사각형을 모두 찾아 기호를 써 보세요.

(   )

7 정사각형을 찾아 기호를 써 보세요.

(   )

8 칠교판 조각에서 직각삼각형은 모두 몇 개인지 구해 보세요.

(   )

9 잘못 말한 친구의 이름을 써 보세요.

하준: 직선은 선분을 양쪽으로 늘인 곧은 선이야.

은주: 반직선 ㄱㄴ과 반직선 ㄴㄱ은 서로 같아.

(   )

10 오른쪽 도형에 대해 <u>잘못</u> 설명한 것을 찾아 기호를 써 보세요.

㉠ 각의 꼭짓점은 점 ㄹ입니다.
㉡ 각 ㄹㄷㅁ이라고 읽습니다.
㉢ 두 반직선이 점 ㄹ에서 만납니다.
㉣ 각의 변은 변 ㄹㄷ과 변 ㄹㅁ입니다.

(   )

11 모눈종이에 그린 삼각형의 꼭짓점을 한 개만 옮겨서 직각삼각형을 만들어 보세요.

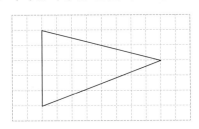

12 직각의 수가 가장 많은 도형을 찾아 기호를 써 보세요.

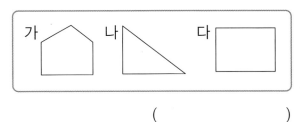

가   나   다

(   )

13 어떤 도형에 대한 설명인지 써 보세요.

- 변이 4개입니다.
- 직각이 4개입니다.
- 변의 길이가 모두 같습니다.

(   )

14 직각을 모두 찾아 써 보세요.

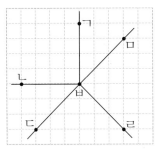

(   )

15 도형 안에 선분을 1개 그어서 가장 큰 직사각형이 만들어지도록 나누어 보세요.

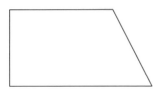

16 3개의 점 중에서 2개의 점을 이용하여 그을 수 있는 반직선은 모두 몇 개인지 구해 보세요.

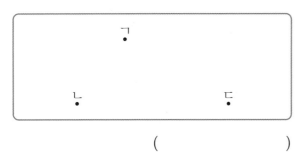

( )

17 그림에서 찾을 수 있는 크고 작은 직각삼각형은 모두 몇 개인지 구해 보세요.

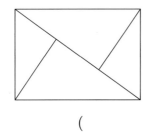

( )

18 정사각형의 네 변의 길이의 합이 24 cm입니다. ☐ 안에 알맞은 수를 써넣으세요.

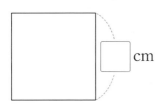

cm

19 다음 도형을 각이라고 할 수 없는 이유를 써 보세요.

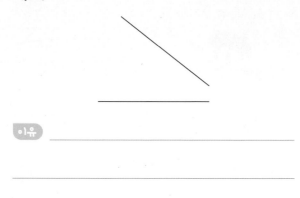

이유 _____

_____

_____

20 한 변의 길이가 6 cm인 정사각형 3개를 겹치지 않게 이어 붙여 만든 직사각형입니다. 만든 직사각형의 네 변의 길이의 합은 몇 cm인지 풀이 과정을 쓰고, 답을 구해 보세요.

6 cm

풀이 _____

_____

_____

_____

답 _____

1 점을 이용하여 다음을 각각 그어 보세요.

선분 ㄱㄴ   직선 ㄷㄹ   반직선 ㅁㅂ

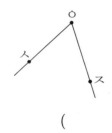

2 각의 이름을 써 보세요.

(   )

3 각의 수가 많은 도형부터 차례로 기호를 써 보세요.

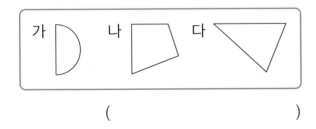

(   )

4 직각을 그리려면 점 ㄱ을 어느 점과 이어야 할까요? (   )

①   ②   ③   ④   ⑤

5 직각삼각형을 모두 찾아 색칠해 보세요.

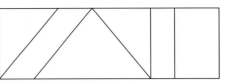

6 다음은 직사각형입니다. ☐ 안에 알맞은 수를 써넣으세요.

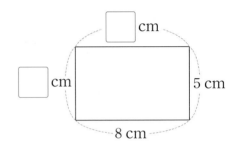

7 빨간색 점을 옮겨 정사각형이 되도록 하려고 합니다. 어느 점으로 옮겨야 할까요?

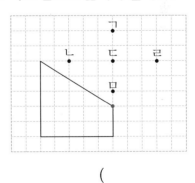

(   )

8 반직선은 선분보다 몇 개 더 많은지 구해 보세요.

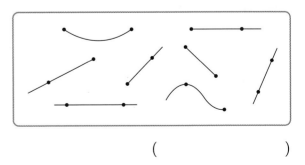

(   )

9 직각삼각형에 대해 바르게 설명한 것을 모두 고르세요. ( )

① 한 각이 직각입니다.

② 변이 4개 있습니다.

③ 세 각이 모두 직각입니다.

④ 세 변의 길이가 모두 같습니다.

⑤ 꼭짓점이 3개 있습니다.

10 직각은 모두 몇 개인지 구해 보세요.

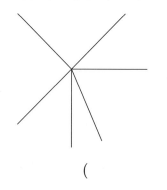

( )

11 도형에서 각 ㄷㄱㄹ을 포함하는 크고 작은 각은 모두 몇 개인지 구해 보세요.

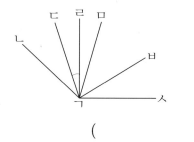

( )

12 직사각형 모양의 종이를 그림과 같이 접고 자른 후 다시 펼쳤습니다. 펼친 도형의 한 변의 길이는 몇 cm인지 구해 보세요.

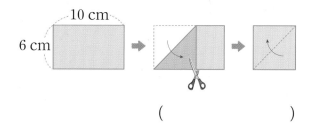

( )

13 4개의 점 중에서 3개의 점을 이용하여 그릴 수 있는 각은 모두 몇 개인지 구해 보세요.

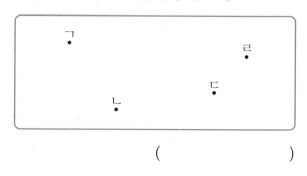

( )

14 대화를 읽고 두 사람이 만나기로 한 시각은 오후 몇 시인지 구해 보세요.

수현: 우리 토요일 낮에 만나기로 한 거 잊지 않았지?

예은: 응. 시계의 긴바늘이 12를 가리키고, 긴바늘과 짧은바늘이 이루는 작은 쪽의 각이 직각일 때 만나기로 했잖아.

( )

15 그림에서 찾을 수 있는 크고 작은 직사각형은 모두 몇 개인지 구해 보세요.

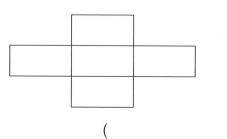

( )

16 크기가 같은 직사각형 4개를 겹치지 않게 이어 붙여 만든 정사각형입니다. 만든 정사각형의 네 변의 길이의 합은 몇 cm인지 구해 보세요.

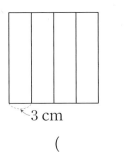

3 cm

(   )

17 직사각형 모양의 색종이를 잘라 정사각형 2개와 직사각형 1개를 만들려고 합니다. 어떻게 잘라야 하는지 선을 그어 보세요.

18 다음은 모양과 크기가 같은 직사각형 2개를 겹치지 않게 이어 붙여 만든 도형입니다. 빨간색 선의 길이는 몇 cm인지 구해 보세요.

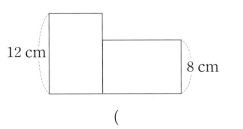

12 cm   8 cm

(   )

서술형

19 두 도형에서 찾을 수 있는 직각의 수의 차는 몇 개인지 풀이 과정을 쓰고, 답을 구해 보세요.

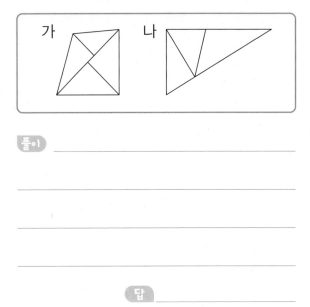

가   나

풀이 _____

_____

_____

답 _____

2

단원

20 직사각형과 정사각형의 같은 점과 다른 점을 각각 한 가지씩 써 보세요.

같은 점 _____

_____

_____

다른 점 _____

_____

_____

개념 1 몇 묶음으로 똑같이 나누기

📖 개념북 68쪽

1 얼음 조각 15개를 컵 3개에 똑같이 나누어 담으려고 합니다. 컵 한 개에 몇 개씩 담을 수 있는지 구해 보세요.

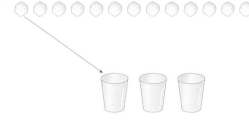

컵 한 개에 얼음 조각을 ☐ 개씩 담을 수 있습니다.

2 옥수수 12개를 4개의 바구니에 똑같이 나누어 담았습니다. 바구니 한 개에 옥수수를 몇 개씩 담았는지 나눗셈식으로 나타내 보세요.

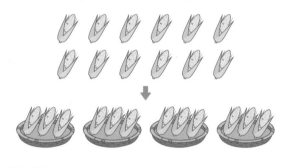

나눗셈식 _____

3 빈칸에 알맞은 나눗셈식이나 말을 써넣으세요.

나눗셈식	읽기
$32 \div 8 = 4$	
	27 나누기 3은 9와 같습니다.

4 다음을 읽고 <u>잘못</u> 나타낸 친구의 이름을 써 보세요.

45를 9로 나누면 5가 됩니다.

은주: 나눗셈식 $45 \div 5 = 9$로 나타내.

주원: 5는 45를 9로 나눈 몫이야.

(   )

5 몫이 6인 나눗셈식을 모두 찾아 기호를 써 보세요.

㉠ $24 \div 6 = 4$ ㉡ $48 \div 8 = 6$
㉢ $36 \div 6 = 6$ ㉣ $54 \div 6 = 9$

(   )

6 주어진 문장을 나눗셈식으로 바르게 나타낸 것을 찾아 ◯표 하세요.

금붕어 20마리를 어항 4개에 똑같이 나누어 넣으면 어항 한 개에 금붕어를 5마리씩 넣을 수 있습니다.

$20 \div 4 = 5$ $20 \div 5 = 4$

(   )   (   )

바른답·알찬풀이 59쪽

7 감 30개를 봉지 5개에 똑같이 나누어 담으려고 합니다. 봉지 한 개에 감을 몇 개씩 담아야 하는지 구해 보세요.

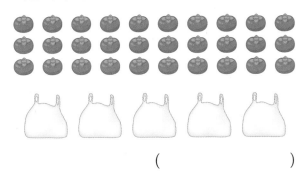

(   )

[8~9] 컵케이크 18개를 접시에 똑같이 나누어 담으려고 합니다. 물음에 답해 보세요.

8 접시 수에 따라 담을 수 있는 컵케이크 수를 구해 보세요.

- 접시 3개에 담을 때: 한 접시에 ☐개

- 접시 9개에 담을 때: 한 접시에 ☐개

9 옳은 말에 ○표 하세요.

> 나누어 담으려고 하는 접시 수가 적어지면 접시 한 개에 담을 수 있는 컵케이크 수는 (많아집니다 , 적어집니다).

10 남김없이 똑같이 나누어 가질 수 <u>없는</u> 경우를 말한 친구의 이름을 써 보세요.

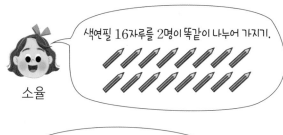
색연필 16자루를 2명이 똑같이 나누어 가지기.
소율

팽이 25개를 4명이 똑같이 나누어 가지기.
선재

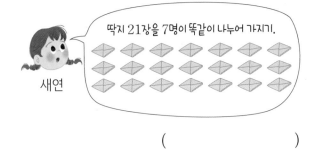
딱지 21장을 7명이 똑같이 나누어 가지기.
새연

(   )

3

단원

몇 개씩 똑같이 나누기

📖 개념북 72쪽

1 당근 20개를 한 봉지에 4개씩 나누어 담으려고 합니다. 당근을 4개씩 묶어 보고, 봉지는 몇 개 필요한지 구해 보세요.

봉지는 ☐ 개 필요합니다.

2 $36-9-9-9-9=0$을 나눗셈식으로 바르게 나타낸 것을 찾아 ○표 하세요.

$$36 \div 4 = 9 \qquad 36 \div 9 = 4$$

(   )   (   )

3 종이학 18개를 상자 한 개에 6개씩 나누어 담으려고 합니다. 상자는 몇 개 필요한지 두 가지 방법으로 구해 보세요.

빼셈식 _____

나눗셈식 _____

답 _____

4 수직선을 보고 뺄셈식과 나눗셈식으로 나타내 보세요.

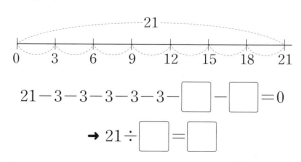

$$21-3-3-3-3-3-\boxed{}-\boxed{}=0$$

$$\rightarrow 21 \div \boxed{} = \boxed{}$$

5 가방 고리 14개를 친구들에게 똑같이 나누어 주었습니다. 친구 한 명이 가방 고리를 2개씩 가졌다면 몇 명에게 나누어 준 것인지 구해 보세요. (단, 남는 가방 고리는 없습니다.)

(   )

6 나눗셈식으로 나타내었을 때 몫이 더 작은 것의 기호를 써 보세요.

> ㉠ 30에서 6씩 5번 빼면 0이 됩니다.
> ㉡ 18에서 2씩 9번 빼면 0이 됩니다.

(   )

[7~8] 색종이 40장을 똑같이 나누어 가지려고 합니다. 물음에 답해 보세요.

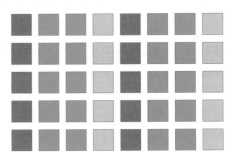

7 □ 안에 알맞은 수를 써넣으세요.

> 색종이 40장을 한 명이 8장씩 가지면
>
> □ 명이 가질 수 있고, 한 명이 5장씩
>
> 가지면 □ 명이 가질 수 있습니다.

8 옳은 말에 ○표 하세요.

> 한 명이 가지는 색종이 수가 적어지면
> 나누어 가질 수 있는 사람 수는
> (많아집니다 , 적어집니다).

9 풀 27개를 상자 한 개에 9개씩 담으면 상자 몇 개에 담을 수 있는지 구하려고 합니다. 잘못 말한 친구의 이름을 써 보세요.

지호: $27-9-9-9=0$이니까 상자 3개에 담을 수 있어.

선하: 나눗셈식으로 나타내면 $27÷3=9$이고, 상자 3개에 담을 수 있어.

(   )

10 나눗셈식을 보고 문장을 완성해 보세요.

$$56÷8=7$$

사탕 56개를 _____

_____

_____

11 축구공과 농구공을 각각 바구니에 똑같이 나누어 담으려고 합니다. 어느 공을 담는 바구니가 더 많이 필요한지 구해 보세요.

	축구공	농구공
공 수(개)	24	32
한 바구니에 담는 공 수(개)	4	8

(   )

개념 3

곱셈과 나눗셈의 관계

📖 개념북 76쪽

[1~2] 곱셈식을 나눗셈식으로 나타내려고 합니다. 물음에 답해 보세요.

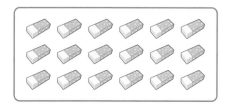

$6 \times 3 = 18$

1 지우개 18개를 3명에게 똑같이 나누어 주면 한 명에게 몇 개씩 줄 수 있는지 구해 보세요.

$$\boxed{} \div \boxed{} = \boxed{}$$

→ 한 명에게 $\boxed{}$ 개씩 줄 수 있습니다.

2 지우개 18개를 한 명에게 6개씩 나누어 주면 몇 명에게 줄 수 있는지 구해 보세요.

$$\boxed{} \div \boxed{} = \boxed{}$$

→ $\boxed{}$ 명에게 줄 수 있습니다.

3 나눗셈식 $16 \div 2 = 8$을 이용하여 나타낼 수 있는 곱셈식을 모두 찾아 기호를 써 보세요.

┌─────────────────────────────┐
│ ㉠ $4 \times 4 = 16$ ㉡ $2 \times 8 = 16$ │
│ ㉢ $8 \times 2 = 16$ ㉣ $4 \times 8 = 32$ │
└─────────────────────────────┘

(   )

4 곱셈식을 보고 나눗셈식 2개로 나타내 보세요.

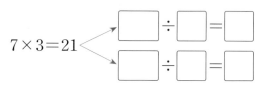

$$7 \times 3 = 21$$

5 나눗셈식을 보고 곱셈식 2개로 나타내 보세요.

$$45 \div 9 = 5$$

6 그림을 보고 ☐ 안에 알맞은 수를 써넣으세요.

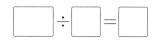

(1) 완두콩 36개를 화분 9개에 똑같이 나누어 심으면 화분 한 개에 $\boxed{}$ 개씩 심을 수 있습니다.

$$36 \div 9 = \boxed{}$$

(2) 완두콩 36개를 화분 한 개에 $\boxed{}$ 개씩 심으면 9개의 화분에 심을 수 있습니다.

$$36 \div \boxed{} = 9$$

7 수직선을 보고 곱셈식과 나눗셈식 2개로 각각 나타내 보세요.

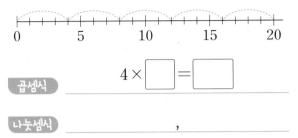

곱셈식 $4 \times \square = \square$
곱셈식 _____
나눗셈식 _____ , _____

8 은주의 질문을 해결하도록 곱셈식을 나눗셈식으로 나타내 보세요.

동화책 12권을 한 줄에 3권씩 정리하면 몇 줄로 놓을 수 있을까?

은주

곱셈식 $3 \times 4 = 12$
나눗셈식 _____

9 그림을 보고 곱셈식 2개와 나눗셈식 2개로 각각 나타내 보세요.

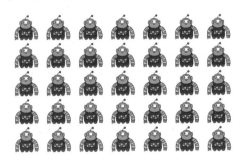

곱셈식 _____ , _____
나눗셈식 _____ , _____

10 문장에 알맞은 곱셈식을 만들고, 만든 곱셈식을 나눗셈식 2개로 나타내 보세요.

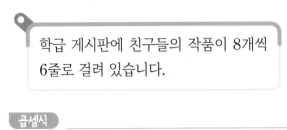

학급 게시판에 친구들의 작품이 8개씩 6줄로 걸려 있습니다.

곱셈식 _____
나눗셈식 _____ , _____

11 수 카드 4장을 모두 이용하여 곱셈식과 나눗셈식을 각각 만들어 보세요.

3 6 7 9

곱셈식 _____
나눗셈식 _____

나눗셈의 몫 구하기

📖 개념북 80쪽

1 관계있는 것끼리 선으로 이어 보세요.

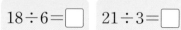

$18 \div 6 = \square$ $21 \div 3 = \square$ $42 \div 7 = \square$

$7 \times \square = 42$ $6 \times \square = 18$ $3 \times \square = 21$

$\square = 3$ $\square = 6$ $\square = 7$

2 나눗셈의 몫을 곱셈구구를 이용하여 구할 때 곱셈구구의 단이 <u>다른</u> 하나를 찾아 기호를 써 보세요.

> ㉠ $16 \div 8$ ㉡ $36 \div 9$ ㉢ $48 \div 8$

(   )

3 나눗셈의 몫을 구해 보세요.

(1) $12 \div 3$

(2) $40 \div 8$

4 빈칸에 알맞은 수를 써넣으세요.

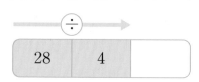

5 곱셈식을 이용하여 $35 \div 5$의 몫을 구하려고 합니다. ☐ 안에 공통으로 들어갈 수 있는 수를 구해 보세요.

> $35 \div 5 = \square$ ➡ $5 \times \square = 35$

(   )

6 가장 큰 수를 가장 작은 수로 나눈 몫을 구해 보세요.

9   54

49   6

(   )

7 두 나눗셈의 몫의 합을 구해 보세요.

| $14 \div 2$ | $54 \div 6$ |

(   )

8 몫이 작은 것부터 차례로 ◯ 안에 1, 2, 3을 써 넣으세요.

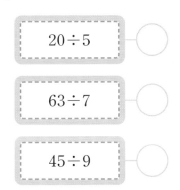

$20 \div 5$ ◯

$63 \div 7$ ◯

$45 \div 9$ ◯

9 학생들 24명이 긴 의자 3개에 똑같이 나누어 앉으려고 합니다. 긴 의자 한 개에 몇 명씩 앉을 수 있는지 곱셈식을 이용하여 구해 보세요.

나눗셈식 _____

곱셈식 _____

답 _____

10 공책 56권을 한 명에게 8권씩 나누어 주려고 합니다. 몇 명에게 나누어 줄 수 있는지 구해 보세요.

(   )

11 1부터 9까지의 수 중에서 ☐ 안에 들어갈 수 있는 수를 모두 구해 보세요.

$32 \div 8 > \square$

(   )

12 어떤 수를 4로 나눈 몫은 9입니다. 어떤 수를 6으로 나눈 몫은 얼마인지 구해 보세요.

(   )

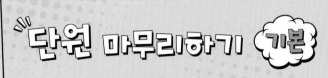

1 사탕 10개를 접시 2개에 똑같이 나누어 놓으려고 합니다. 접시 한 개에 사탕을 몇 개씩 놓을 수 있는지 ◯를 그리고, ☐ 안에 알맞은 수를 써넣으세요.

접시 한 개에 사탕을 ☐ 개씩 놓을 수 있습니다.

2 그림을 보고 ☐ 안에 알맞은 수를 써넣으세요.

$18 - \boxed{} - \boxed{} - \boxed{} = \boxed{}$

$18 \div 6 = \boxed{}$

3 나눗셈식을 읽어 보세요.

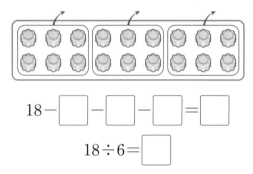

$12 \div 3 = 4$

읽기 _____

4 $35-5-5-5-5-5-5-5=0$을 나눗셈식으로 바르게 나타낸 것에 ◯표 하세요.

$35 \div 5 = 7$ $35 \div 7 = 5$

(   )   (   )

5 곱셈식을 보고 나눗셈식 2개로 나타내 보세요.

$3 \times 9 = 27$
$27 \div \boxed{} = \boxed{}$
$27 \div \boxed{} = \boxed{}$

6 $48 \div 8$의 몫을 구하려고 합니다. 필요한 곱셈식에 ◯표 하고, ☐ 안에 알맞은 수를 써넣으세요.

$8 \times 4 = 32$ $8 \times 5 = 40$
$8 \times 6 = 48$ $8 \times 7 = 56$

$48 \div 8 = \boxed{}$

7 나눗셈의 몫을 곱셈식으로 구해 보세요.

(1) $30 \div 6 = \boxed{}$ ⟷ $6 \times \boxed{} = 30$

(2) $72 \div 9 = \boxed{}$ ⟷ $9 \times \boxed{} = 72$

✓ 바른답·알찬풀이 62쪽

8 나눗셈식에 알맞은 문장을 완성해 보세요.

$$32 \div 4 = 8$$

장미 ☐ 송이를 꽃병 4개에 똑같이 나누어 꽂으면 꽃병 한 개에 ☐ 송이씩 꽂을 수 있습니다.

9 $7 \times 6 = 42$를 이용하여 나타낼 수 있는 나눗셈식을 모두 찾아 기호를 써 보세요.

㉠ $36 \div 6 = 6$ ㉡ $42 \div 7 = 6$
㉢ $42 \div 6 = 7$ ㉣ $35 \div 7 = 5$

( )

10 나눗셈의 몫을 구할 때 필요한 곱셈구구를 쓰고, 몫을 구해 보세요.

$$63 \div 9$$

☐ 단 곱셈구구

( )

11 선하의 질문을 해결하도록 곱셈식을 나눗셈식으로 나타내 보세요.

선하 머리핀 21개를 한 상자에 3개씩 담으려면 상자가 몇 개 필요할까?

곱셈식 $3 \times 7 = 21$

나눗셈식 _____

12 빈칸에 알맞은 수를 써넣으세요.

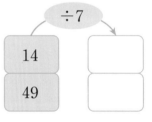

$\div 7$

14
49

13 몫의 크기를 비교하여 ◯ 안에 >, =, < 중 알맞은 것을 써넣으세요.

$$25 \div 5 \bigcirc 36 \div 4$$

14 몫이 다른 것을 찾아 기호를 써 보세요.

㉠ $40 \div 8$ ㉡ $20 \div 4$
㉢ $35 \div 7$ ㉣ $45 \div 5$

( )

바른답·알찬풀이 62쪽

[15~16] 만두 56개를 친구들에게 똑같이 나누어 주려고 합니다. 물음에 답해 보세요.

15 친구 7명에게 똑같이 나누어 주려면 한 명에게 만두를 몇 개씩 주어야 하는지 구해 보세요.

( )

16 한 명이 더 와서 8명에게 똑같이 나누어 주려면 한 명에게 만두를 몇 개씩 주어야 하는지 구해 보세요.

( )

17 네 변의 길이의 합이 28 cm인 정사각형이 있습니다. 이 정사각형의 한 변의 길이는 몇 cm인지 구해 보세요.

( )

18 수 카드를 한 번씩만 이용하여 만들 수 있는 가장 작은 두 자리 수를 남은 수 카드의 수로 나눈 몫을 구해 보세요.

( )

서술형

19 풍선 15개를 한 명에게 3개씩 나누어 주려고 합니다. 몇 명에게 나누어 줄 수 있는지 두 가지 방법으로 해결해 보세요.

뺄셈식 _____

나눗셈식 _____

답 _____

20 ㉠과 ㉡에 알맞은 수의 차는 얼마인지 풀이 과정을 쓰고, 답을 구해 보세요.

$$\cdot\ 45 \div ㉠ = 9 \qquad \cdot\ ㉡ \div 4 = 7$$

풀이 _____

_____

_____

_____

답 _____

1 나눗셈식을 보고 빈칸에 알맞은 수를 써넣으세요.

$$15 \div 5 = 3$$

나누어지는 수	나누는 수	몫

2 붙임 딱지 24장을 한 명에게 3장씩 나누어 주려고 합니다. 몇 명에게 나누어 줄 수 있는지 구해 보세요.

☺ ☺ ☺ ☺ ☺ ☺ ☺ ☺
☺ ☺ ☺ ☺ ☺ ☺ ☺ ☺
☺ ☺ ☺ ☺ ☺ ☺ ☺ ☺

□ 명에게 나누어 줄 수 있습니다.

3 $30 \div 6 = 5$를 뺄셈식으로 바르게 나타낸 것을 찾아 기호를 써 보세요.

㉠ $30 - 6 - 6 - 6 - 6 - 6 = 0$
㉡ $30 - 5 - 5 - 5 - 5 - 5 - 5 = 0$

(   )

4 곱셈식을 보고 나눗셈식 2개로 나타내 보세요.

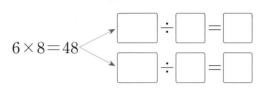

$6 \times 8 = 48$
□ ÷ □ = □
□ ÷ □ = □

5 $16 \div 8$의 몫을 구하는 데 필요한 곱셈식은 어느 것인가요? (   )

① $4 \times 4 = 16$ ② $2 \times 9 = 18$
③ $8 \times 3 = 24$ ④ $2 \times 6 = 12$
⑤ $8 \times 2 = 16$

6 관계있는 것끼리 선으로 이어 보세요.

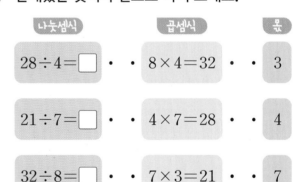

나눗셈식	곱셈식	몫
$28 \div 4 = \square$ •	• $8 \times 4 = 32$ •	• 3
$21 \div 7 = \square$ •	• $4 \times 7 = 28$ •	• 4
$32 \div 8 = \square$ •	• $7 \times 3 = 21$ •	• 7

7 나눗셈의 몫을 구해 보세요.

(1) $20 \div 5$

(2) $45 \div 9$

8 귤 18개를 바구니에 똑같이 나누어 담으려고 합니다. 바구니의 수에 따라 담을 수 있는 귤의 수를 구해 보세요.

- 바구니 2개에 담을 때: 한 바구니에 ▢ 개

- 바구니 3개에 담을 때: 한 바구니에 ▢ 개

9 그림을 보고 곱셈식과 나눗셈식 2개로 각각 나타내 보세요.

곱셈식 _____ , _____

나눗셈식 _____ , _____

10 빈칸에 알맞은 수를 써넣으세요.

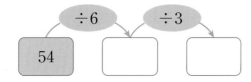

11 색종이 42장을 7명에게 똑같이 나누어 주려고 합니다. 한 명에게 몇 장씩 줄 수 있는지 구해 보세요.

(   )

12 몫이 더 작은 것을 찾아 기호를 써 보세요.

㉠ $63 \div 9$ ㉡ $45 : 5$

(   )

13 1부터 9까지의 수 중에서 ▢ 안에 들어갈 수 있는 가장 큰 수를 구해 보세요.

$$▢ < 72 \div 8$$

(   )

14 단팥빵 18개와 크림빵 10개를 각각 한 봉지에 2개씩 담아 포장하였습니다. 빵을 포장한 봉지는 모두 몇 개인지 구해 보세요.

(   )

15 ▢ 안에 알맞은 수가 큰 것부터 차례로 기호를 써 보세요.

㉠ $35 \div 7 = ▢$ ㉡ $2 \times ▢ = 18$
㉢ $6 \times ▢ = 36$ ㉣ $56 \div ▢ = 7$

(   )

바른답·알찬풀이 63쪽

16 4장의 수 카드 중에서 3장을 골라 한 번씩만 이용하여 몫이 가장 작은 (두 자리 수)÷(한 자리 수)의 나눗셈식을 만들었을 때, 몫을 구해 보세요.

2 6 1 4

(   )

17 어떤 수를 4로 나누어야 할 것을 잘못하여 4를 곱하였더니 32가 되었습니다. 바르게 계산한 값을 구해 보세요.

(   )

18 조건 을 만족하는 두 수를 구해 보세요.

조건
• 두 수의 합은 20입니다.
• 큰 수를 작은 수로 나눈 몫은 3입니다.

(   )

서술형

19 5장의 수 카드 중에서 3장을 골라 한 번씩만 이용하여 곱셈식 2개와 나눗셈식 2개를 만들려고 합니다. 풀이 과정을 쓰고, 만든 곱셈식과 나눗셈식을 써 보세요.

5 8 30 6 42

풀이 _____

_____

_____

_____

곱셈식 _____ , _____

나눗셈식 _____ , _____

20 길이가 81 m인 길의 양쪽에 처음부터 끝까지 9 m 간격으로 나무를 심으려고 합니다. 필요한 나무는 모두 몇 그루인지 풀이 과정을 쓰고, 답을 구해 보세요. (단, 나무의 두께는 생각하지 않습니다.)

9 m ... 81 m

풀이 _____

_____

_____

답 _____

개념 1 올림이 없는 (두 자리 수) × (한 자리 수)

📖 개념북 90쪽

1 계산해 보세요.

(1) 30 × 3

(2) 42 × 2

2 10개씩 들어 있는 달걀이 5판 있습니다. ☐ 안에 알맞은 수를 써넣으세요.

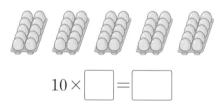

10 × ☐ = ☐

3 빈칸에 알맞은 수를 써넣으세요.

×	11	32
3		

4 가장 큰 수와 가장 작은 수의 곱을 구해 보세요.

21	4	3	33

( )

5 두 곱의 차를 구해 보세요.

24 × 2   11 × 7

( )

6 곱이 가장 작은 것을 찾아 기호를 써 보세요.

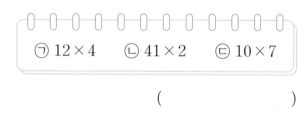

㉠ 12 × 4   ㉡ 41 × 2   ㉢ 10 × 7

( )

7 길이가 21 cm인 색 테이프 4장을 겹치지 않게 이어 붙였습니다. 이어 붙인 색 테이프의 전체 길이는 몇 cm인지 구해 보세요.

21 cm	21 cm	21 cm	21 cm

( )

8 과녁 맞히기 놀이에서 세준이가 맞힌 과녁입니다. 화살이 꽂힌 곳에 적힌 수만큼 점수를 얻는다면 세준이가 얻은 점수는 몇 점인지 구해 보세요.

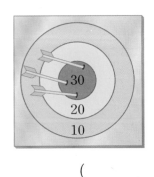

( )

9 민주는 한 봉지에 13개씩 들어 있는 자두를 2봉지 샀습니다. 민주가 산 자두는 모두 몇 개인지 구해 보세요.

( )

10 어떤 두 자리 수에 4를 곱하면 80입니다. 이 두 자리 수를 구해 보세요.

( )

11 지훈이네 학교 학생들이 듣는 방과 후 수업을 나타낸 것입니다. 바둑 수업을 듣는 학생 수의 3배가 되는 수업은 무엇인지 써 보세요.

방과 후 수업	바둑	노래	댄스	요리
학생 수(명)	23	46	69	84

( )

12 1부터 9까지의 수 중에서 □ 안에 들어갈 수 있는 수를 모두 구해 보세요.

$$10 \times \square > 32 \times 2$$

( )

개념2

십의 자리에서 올림이 있는 (두 자리 수) × (한 자리 수)

📖 개념북 94쪽

1 계산해 보세요.

(1)
```
    5 1
  ×   3
```

(2)
```
    8 3
  ×   2
```

2 빈칸에 두 수의 곱을 써넣으세요.

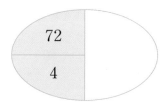

3 계산을 바르게 한 친구의 이름을 써 보세요.

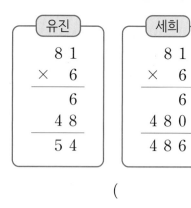

( )

4 계산 결과가 <u>다른</u> 것을 찾아 기호를 써 보세요.

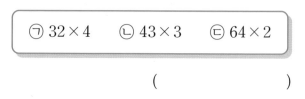
㉠ 32×4   ㉡ 43×3   ㉢ 64×2

( )

5 삼각형에 적힌 수의 곱을 구해 보세요.

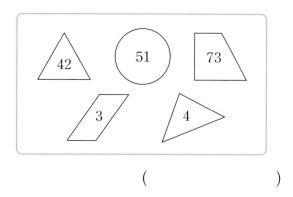

( )

6 다음 수 중에서 짝수의 곱을 구해 보세요.

> 2   73   54   5   71

( )

7 계산 결과가 작은 것부터 차례로 ◯ 안에 1, 2, 3을 써넣으세요.

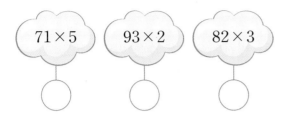

71×5   93×2   82×3

8 방울토마토가 한 상자에 73개씩 들어 있습니다. 3상자에 들어 있는 방울토마토는 모두 몇 개인지 구해 보세요.

(   )

9 나타내는 수의 2배인 수를 구해 보세요.

10이 6개, 1이 3개인 수

(   )

10 사탕은 초콜릿보다 몇 개 더 많은지 구해 보세요.

사탕	초콜릿
31개씩 8봉지	53개씩 3봉지

(   )

11 ㉮와 ㉯의 합을 구해 보세요.

㉮ 92의 4배
㉯ 83+83+83

(   )

12 수 카드 4 , 1 , 8 을 한 번씩만 이용하여 곱이 가장 큰 (두 자리 수) × (한 자리 수)의 곱셈식을 만들 때, 그 곱을 구해 보세요.

(   )

개념 3

일의 자리에서 올림이 있는
(두 자리 수) × (한 자리 수)

📖 개념북 98쪽

1 야구공이 한 상자에 16개씩 5상자 있습니다. ☐ 안에 알맞은 수를 써넣으세요.

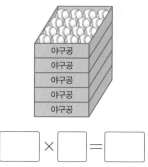

☐ × ☐ = ☐

2 보기와 같이 계산해 보세요.

```
보기
      2 8
  ×   3
  ─────
      2 4
      6 0
  ─────
      8 4
```

```
      3 6
  ×   2
  ─────
```

3 다음을 곱셈식으로 나타내 계산해 보세요.

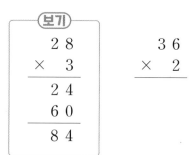

24 + 24 + 24 + 24

곱셈식 _____

4 빈칸에 알맞은 수를 써넣으세요.

15 →(×3)→ ☐ →(×2)→ ☐

5 다음 계산에서 ☐ 안의 수 3이 실제로 나타내는 값은 얼마인지 써 보세요.

```
    ③
    1 7
  ×   5
  ─────
    8 5
```

( )

6 곱이 가장 큰 것을 찾아 ◯표 하세요.

13 × 7   25 × 3   49 × 2

( )   ( )   ( )

7 세발자전거가 18대 있습니다. 세발자전거의 바퀴는 모두 몇 개인지 구해 보세요.

(   )

8 수 카드가 나타내는 수와 4의 곱을 구해 보세요.

| 10 | 10 | 1 | 1 | 1 |

(   )

9 잘못 계산한 곳을 찾아 이유를 쓰고, 바르게 계산해 보세요.

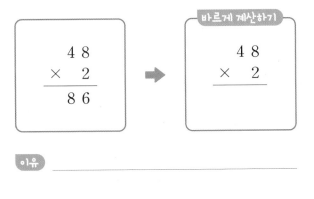

바르게 계산하기

$$\begin{array}{r} 4\,8 \\ \times\quad 2 \\ \hline \end{array}$$

이유 _____

_____

10 선재와 은주는 딸기 따기 체험을 했습니다. 딸기를 더 많이 딴 친구의 이름을 써 보세요.

선재: 나는 한 바구니에 16개씩 6바구니 땄어.

은주: 나는 한 바구니에 38개씩 2바구니 땄어.

(   )

11 ☐ 안에 들어갈 수 있는 두 자리 수 중에서 가장 큰 수를 구해 보세요.

$$19 \times 4 > \square$$

(   )

12 어떤 수에 3을 곱해야 할 것을 잘못하여 더했더니 30이 되었습니다. 바르게 계산한 값을 구해 보세요.

(   )

십의 자리와 일의 자리에서 올림이 있는 (두 자리 수) × (한 자리 수)

📖 개념북 102쪽

1 빈칸에 알맞은 수를 써넣으세요.

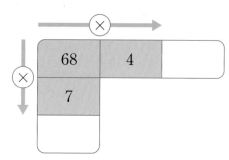

2 82 × 6의 어림셈을 하기 위한 식을 찾아 색칠해 보세요.

70 × 6 ◀ 80 × 6 ▶ 90 × 6

3 눈금 한 칸의 길이는 모두 같을 때 ☐ 안에 알맞은 수를 써넣으세요.

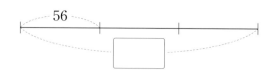

4 잘못 계산한 곳을 찾아 바르게 계산해 보세요.

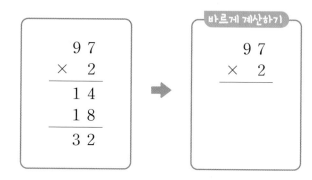

5 가장 작은 수의 9배는 얼마인지 구해 보세요.

| 47 | 64 | 29 | 36 |

( )

6 두 곱의 합을 구해 보세요.

38 × 7   65 × 5

( )

7 계산 결과가 400보다 작은 것을 찾아 ◯표 하세요.

| 53×8 | 93×4 | 86×5 |

(   ) (   ) (   )

8 철사를 겹치지 않게 사용하여 세 변의 길이가 모두 47 cm인 삼각형을 만들었습니다. 이 삼각형을 만드는 데 사용한 철사의 길이는 몇 cm인지 구해 보세요.

(   )

9 같은 기호는 같은 수를 나타낼 때 ■에 알맞은 수를 구해 보세요.

$$18 \times 4 = \blacktriangle$$
$$\blacktriangle \times 6 = \blacksquare$$

(   )

10 두 사람의 대화를 읽고 색종이가 모두 몇 장 필요한지 구해 보세요.

세현: 상자 1개를 꾸미는 데 한 묶음에 15장씩 들어 있는 색종이 3묶음을 사용했어.

도연: 상자 4개를 꾸미려면 색종이가 모두 몇 장 필요할까?

(   )

11 윤아와 재호가 각각 하루 동안 푼 수학 문제의 수입니다. 두 사람이 5일 동안 푼 수학 문제는 모두 몇 개인지 구해 보세요. (단, 두 사람이 매일 푸는 수학 문제 수는 각각 같습니다.)

윤아	재호
25개	33개

(   )

12 ☐ 안에 알맞은 수를 써넣으세요.

$$\begin{array}{r} \boxed{}\ 7 \\ \times 6 \\ \hline 5\ 2\ 2 \end{array}$$

1 수 모형을 보고 ☐ 안에 알맞은 수를 써넣으세요.

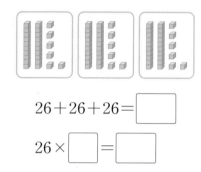

$26+26+26=$ ☐

$26\times$ ☐ $=$ ☐

2 계산해 보세요.

(1)
```
    1 3
 ×  3
```

(2)
```
    6 2
 ×  4
```

3 귤이 한 상자에 35개씩 5상자 있습니다. ☐ 안에 알맞은 수를 써넣으세요.

$35\times$ ☐ $=$ ☐

4 ☐ 안에 알맞은 수를 써넣으세요.

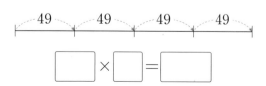

☐ $\times$ ☐ $=$ ☐

5 계산 결과가 86인 것을 찾아 ◯표 하세요.

38×2	43×2
( )	( )

6 다음이 나타내는 수를 구해 보세요.

19의 5배

( )

7 잘못 계산한 친구의 이름을 써 보세요.

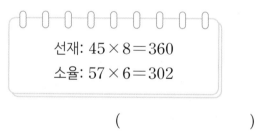

선재: $45\times8=360$

소율: $57\times6=302$

( )

8 빈칸에 알맞은 수를 써넣으세요.

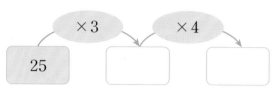

바른답·알찬풀이 66쪽

9 두 곱의 합을 구해 보세요.

$$61 \times 5 \qquad 72 \times 4$$

(   )

10 다음 계산에서 □ 안의 수 4가 실제로 나타내는 값은 얼마인지 써 보세요.

```
      4
    2 7
  ×   6
  1 6 2
```

(   )

11 41×3의 계산 방법을 바르게 말한 친구의 이름을 써 보세요.

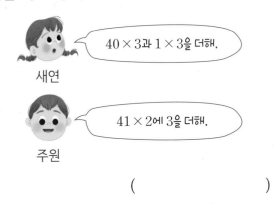

새연: 40×3과 1×3을 더해.

주원: 41×2에 3을 더해.

(   )

12 계산 결과가 더 작은 것을 찾아 기호를 써 보세요.

ㄱ 52×4 ㄴ 67×3

(   )

13 재은이네 학교 3학년은 한 반에 24명씩 7개 반이 있습니다. 재은이네 학교 3학년 학생은 모두 몇 명인지 구해 보세요.

(   )

14 한 변의 길이가 36 cm인 정사각형 모양 액자의 네 변의 길이의 합은 몇 cm인지 구해 보세요.

36 cm

(   )

15 계산 결과가 가장 큰 것을 찾아 기호를 써 보세요.

ㄱ $53 + 53 + 53$
ㄴ 84×2
ㄷ 27의 7배

(   )

4
단원

16 ☐ 안에 알맞은 수를 써넣으세요.

$$
\begin{array}{r}
\boxed{}\ 8 \\
\times \quad\ \ 3 \\
\hline
1\ 7\ 4
\end{array}
$$

17 은우는 구슬을 몇 개 가지고 있는지 구해 보세요.

선하: 나는 구슬을 42개 가지고 있어.

은우: 나는 선하가 가지고 있는 구슬의 2배만큼 가지고 있어.

(   )

18 어떤 수에 7을 곱해야 할 것을 잘못하여 뺐더니 45가 되었습니다. 바르게 계산한 값을 구해 보세요.

(   )

서술형

19 사탕을 연아는 68개씩 4봉지, 준하는 43개씩 6봉지 샀습니다. 누가 사탕을 몇 개 더 많이 샀는지 풀이 과정을 쓰고, 답을 구해 보세요.

풀이 _____

_____

_____

답 _____ ,

20 ☐ 안에 들어갈 수 있는 수는 모두 몇 개인지 풀이 과정을 쓰고, 답을 구해 보세요.

$$39 \times 2 < \boxed{} < 23 \times 4$$

풀이 _____

_____

_____

답 _____

단원 마무리하기 심화

1 빈칸에 두 수의 곱을 써넣으세요.

42	8

2 계산 결과가 같은 것끼리 선으로 이어 보세요.

11×4 •   • 11×9

24×2 •   • 12×4

33×3 •   • 22×2

3 곱이 <u>다른</u> 것을 찾아 ○표 하세요.

18×6   32×4   36×3

4 계산 결과를 비교하여 ○ 안에 >, =, < 중 알맞은 것을 써넣으세요.

54×4 ○ 78×2

5 92×7을 어림셈으로 구하려고 합니다. □ 안에 알맞은 수를 써넣고, 알맞은 말에 ○표 하세요.

92를 어림하면 약 90이므로 92×7을 어림셈으로 구하면 약 □×7=□입니다.

→ 92×7의 계산 결과는 어림셈으로 구하는 값보다 (클 , 작을) 것입니다.

6 빨간색 숫자 6이 나타내는 뜻이 <u>틀린</u> 것을 찾아 기호를 써 보세요.

$$\begin{array}{r} 2\ 2 \\ \times\quad 3 \\ \hline 6\ 6 \end{array}$$

㉠ 빨간색 숫자 6은 일 모형 2개의 3배인 6을 나타냅니다.

㉡ 빨간색 숫자 6은 2+2+2=6을 나타냅니다.

㉢ 빨간색 숫자 6은 20×3=60을 나타냅니다.

(   )

7 두 곱의 차를 구해 보세요.

64×5   72×3

(   )

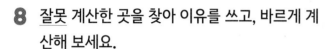

8 잘못 계산한 곳을 찾아 이유를 쓰고, 바르게 계산해 보세요.

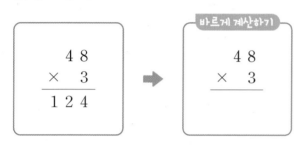

바르게 계산하기

```
  4 8        4 8
×   3      ×   3
-----      -----
1 2 4
```

이유

_____

_____

9 가장 큰 수와 가장 작은 수의 곱을 구해 보세요.

| 36 | 9 | 58 | 7 |

(   )

10 영지는 수학 문제를 하루에 10문제씩 일주일 동안 풀었습니다. 영지는 수학 문제를 모두 몇 문제 풀었는지 구해 보세요.

(   )

11 계산 결과가 큰 것부터 차례로 기호를 써 보세요.

| ㉠ 31×8 | ㉡ 53×4 |
| ㉢ 46×6 | ㉣ 67×3 |

(   )

12 자전거 보관소에 두발자전거가 46대, 세발자전거가 23대 있습니다. 자전거의 바퀴는 모두 몇 개인지 구해 보세요.

(   )

13 윤서와 주원이가 주운 밤을 봉지에 담았습니다. 밤을 더 많이 주운 친구의 이름을 써 보세요.

윤서 — 한 봉지에 밤을 29개씩 담았더니 3봉지가 되었어.

주원 — 한 봉지에 밤을 42개씩 담았더니 2봉지가 되었어.

(   )

14 곱이 100에 가장 가까운 수가 되도록 ☐ 안에 알맞은 수를 써넣으세요.

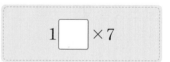

$1\ \boxed{} \times 7$

15 ☐ 안에 알맞은 수를 써넣으세요.

```
      □  7
×        □
---------
  2  2  8
```

● 바른답·알찬풀이 67쪽

16 수 카드  을 한 번씩만 이용하여 곱이 가장 작은 (두 자리 수) × (한 자리 수)의 곱셈식을 만들고, 계산해 보세요.

$$\boxed{}\boxed{} \times \boxed{} = \boxed{}$$

17 1부터 9까지의 수 중에서 ☐ 안에 들어갈 수 있는 수는 모두 몇 개인지 구해 보세요.

$$120 < 34 \times \boxed{} < 250$$

(   )

18 조건 에 맞는 두 자리 수를 모두 구해 보세요.

조건
· 십의 자리 수와 일의 자리 수의 합은 8입니다.
· 십의 자리 수가 일의 자리 수보다 더 큽니다.
· 이 수의 5배는 300보다 큽니다.

(   )

서술형

19 어떤 수에 6을 곱해야 할 것을 잘못하여 더했더니 49가 되었습니다. 바르게 계산한 값은 얼마인지 풀이 과정을 쓰고, 답을 구해 보세요.

풀이 _____

_____

_____

_____

답 _____

20 길이가 38 cm인 색 테이프 4장을 5 cm씩 겹치게 이어 붙였습니다. 이어 붙인 색 테이프의 전체 길이는 몇 cm인지 풀이 과정을 쓰고, 답을 구해 보세요.

38 cm · · · 38 cm · · · · · ·
5 cm   5 cm

풀이 _____

_____

_____

_____

답 _____

4
단원

mm 단위

📖 개념북 112쪽

1 자석의 길이를 써 보세요.

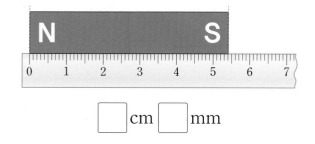

☐ cm ☐ mm

2 ☐ 안에 알맞은 수를 써넣으세요.

(1) 2 cm 7 mm = ☐ mm

(2) 136 mm = ☐ cm ☐ mm

3 연필의 지우개 부분의 길이는 몇 mm인지 자로 재어 보세요.

지우개

( )

4 가위의 길이는 18 cm보다 3 mm 더 깁니다. 가위의 길이를 두 가지 방법으로 나타내 보세요.

cm와 mm로 나타내기	mm로 나타내기

5 길이가 같은 것끼리 선으로 이어 보세요.

49 cm	•		•	940 mm
4 cm 9 mm	•		•	490 mm
94 cm	•		•	49 mm

6 길이가 더 짧은 것을 찾아 기호를 써 보세요.

㉠ 8 cm 2 mm　　㉡ 76 mm

( )

7 민재가 가지고 있는 색 테이프의 길이를 재었더니 15 cm 7 mm였습니다. 이 색 테이프의 길이는 몇 mm인지 구해 보세요.

( )

바른답·알찬풀이 68쪽

8 사탕의 길이를 써 보세요.

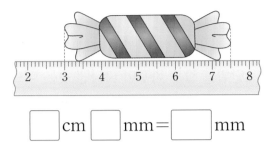

☐ cm ☐ mm = ☐ mm

9 자를 사용하여 길이가 같은 끈을 모두 찾아 기호를 써 보세요.

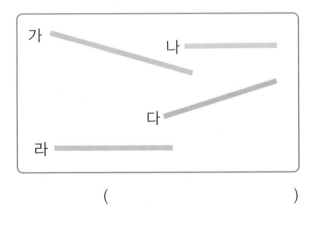

( )

10 길이가 짧은 것부터 차례로 ☐ 안에 1, 2, 3을 써넣으세요.

170 mm ━ ☐

1 cm 7 mm ━ ☐

7 cm ━ ☐

11 바르게 말한 친구의 이름을 써 보세요.

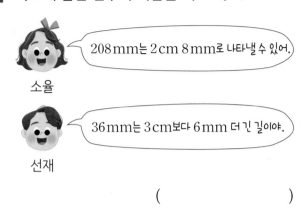

소율 — 208 mm는 2 cm 8 mm로 나타낼 수 있어.

선재 — 36 mm는 3 cm보다 6 mm 더 긴 길이야.

( )

12 두 털실의 길이의 합과 차는 각각 몇 cm 몇 mm인지 구해 보세요.

━━━━━━━━ 84 mm

━━━━━ 6 cm 5 mm

합 ( )

차 ( )

개념 **2**

km 단위

📖 개념북 116쪽

1 ☐ 안에 알맞은 수를 써넣으세요.

(1) 3 km 600 m = ☐ m

(2) 4080 m = ☐ km ☐ m

2 집에서 놀이터를 지나 문구점까지의 거리는 몇 km인지 구해 보세요.

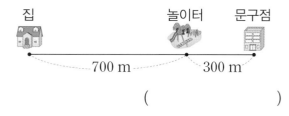

집   놀이터   문구점

700 m   300 m

(   )

3 새연이네 집에서 이모 댁까지의 거리는 몇 km 몇 m인지 쓰고 읽어 보세요.

이모 댁은 우리 집에서 2 km보다 650 m 더 먼 곳에 있어.

새연

쓰기 (   )

읽기 (   )

4 단위를 잘못 바꾸어 나타낸 것은 어느 것인가요? (   )

① 1 km 520 m = 1520 m

② 6 km 380 m = 6380 m

③ 4700 m = 4 km 700 m

④ 8160 m = 8 km 16 m

⑤ 9 km 40 m = 9040 m

5 길이를 비교하여 ◯ 안에 >, =, < 중 알맞은 것을 써넣으세요.

5 km 900 m ◯ 5090 m

6 한양도성 순성길의 구간별 길이를 두 가지 방법으로 나타낸 것입니다. 빈칸에 알맞게 써넣으세요.

구간	km와 m로 나타내기	m로 나타내기
남산	4 km 200 m	
숭례문		1800 m

7 수직선을 보고 ☐ 안에 알맞은 수를 써넣으세요.

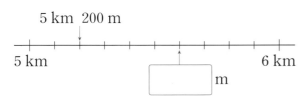

5 km 200 m

5 km   6 km

☐ m

8 주호네 집에서 동물원까지의 거리는 7 km보다 560 m 더 멉니다. 주호네 집에서 동물원까지의 거리는 몇 m인지 구해 보세요.

(   )

9 길이가 긴 것부터 차례로 써 보세요.

| 1cm | 1m | 1km | 1mm |

(   )

10 <u>잘못</u> 말한 친구의 이름을 써 보세요.

민준: 3km보다 800 m 더 먼 거리는 3800 m야.

시우: 5060 m는 5 km보다 60 m 더 먼 거리야.

다은: 6 km보다 40 m 더 먼 거리는 6400 m야.

(   )

11 집에서 학교, 도서관, 은행까지의 거리를 나타낸 것입니다. 집에서 가장 먼 곳은 어디인지 써 보세요.

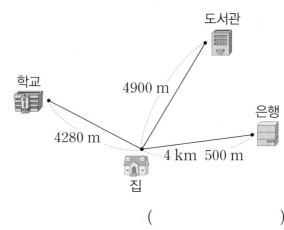

도서관

학교

4900 m

은행

4280 m

4 km 500 m

집

(   )

개념 3 길이와 거리를 어림하고 재어 보기

📖 개념북 120쪽

1 색 테이프의 길이는 2 cm입니다. 물감의 길이를 어림하여 ☐ 안에 알맞은 수를 써넣으세요.

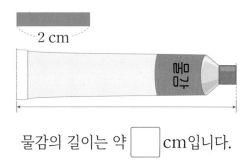

2 cm

물감의 길이는 약 ☐ cm입니다.

2 옷핀의 길이를 어림하고 자로 재어 몇 cm 몇 mm인지 써 보세요.

어림한 길이	자로 잰 길이

3 주어진 길이만큼 어림하여 선분을 그어 보세요.

(1)
┌─────────────┐
│ 2 cm 7 mm │
└─────────────┘

├------------------------------

(2)
┌─────────────┐
│   45 mm   │
└─────────────┘

├------------------------------

4 길이가 1 km보다 짧은 것을 모두 고르세요.

(   )

① 한강의 길이
② 칠판의 긴 쪽의 길이
③ 북한산 둘레길의 길이
④ 학교 앞 횡단보도의 길이
⑤ 대전에서 대구까지의 거리

5 보기 에서 알맞은 길이의 단위를 골라 ☐ 안에 써넣으세요.

┌──────────── 보기 ────────────┐
│   mm   cm   m   km   │
└──────────────────────────────┘

(1) 발의 길이는 약 225 ☐ 입니다.

(2) 리코더의 길이는 약 30 ☐ 입니다.

(3) 한라산의 높이는 약 2 ☐ 입니다.

(4) 축구장의 긴 쪽의 길이는 약 120 ☐ 입니다.

6 길이가 가장 짧은 것을 찾아 ◯표 하세요.

┌─────────────────────┐
│ 100원짜리 동전의 두께 │   (   )
└─────────────────────┘

┌─────────────────────┐
│   공깃돌의 길이   │   (   )
└─────────────────────┘

┌─────────────────────┐
│ 내 새끼 손톱의 너비   │   (   )
└─────────────────────┘

7 mm, m, km 중 ☐ 안에 알맞은 단위가 mm 인 것을 찾아 기호를 써 보세요.

> ㉠ 수학책 한 권의 두께 ➡ 약 9 ☐
> ㉡ 등산로의 길이 ➡ 약 3 ☐
> ㉢ 전봇대의 높이 ➡ 약 5 ☐

(   )

8 주어진 길이를 골라 문장을 완성해 보세요.

> 420 km   2 m 50 cm   180 cm

(1) 선생님의 키는 약 ☐ 입니다.

(2) 교문의 높이는 약 ☐ 입니다.

(3) 서울과 부산을 잇는 고속도로의 길이는
약 ☐ 입니다.

9 가와 나 중에서 어느 쪽이 더 짧은지 어림해 보세요.

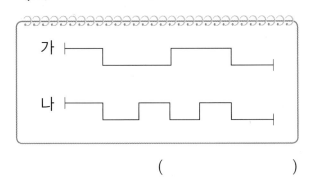

(   )

10 길이의 단위를 잘못 쓴 문장을 찾아 기호를 쓰고, 바르게 고쳐 보세요.

> ㉠ 색연필의 길이는 약 200 mm입니다.
> ㉡ 농구 골대의 높이는 약 3 m입니다.
> ㉢ 학교에서 문구점까지의 거리는
>　　약 150 cm입니다.

기호 _____

바르게 고치기 _____

_____

_____

11 지도를 보고 집에서 약 1 km 떨어진 곳에 있는 장소를 모두 찾아 써 보세요.

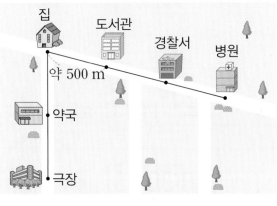

(   )

5
단원

개념4 초 단위

📖 개념북 124쪽

1 시각을 읽어 보세요.

(   )

2 ☐ 안에 알맞은 수를 써넣으세요.

(1) 4분 25초＝☐초

(2) 100초＝☐분☐초

3 시각을 보고 시계에 초바늘을 그려 보세요.

4 관계있는 것끼리 선으로 이어 보세요.

3분 32초	•	•	372초
6분 12초	•	•	352초
		•	212초

5 보기 에서 알맞은 시간의 단위를 골라 ☐ 안에 써넣으세요.

보기
시간   분   초

(1) 애국가를 1절부터 4절까지 부르는 데 걸리는 시간은 약 2☐입니다.

(2) 하루에 학교에서 보내는 시간은 약 6☐입니다.

(3) 우산을 펴는 데 걸리는 시간은 약 5☐입니다.

6 초바늘이 시계를 7바퀴 도는 데 걸리는 시간은 몇 초인지 구해 보세요.

(   )

7 민재가 피아노 연주를 하는 데 325초 걸렸습니다. 민재가 피아노 연주를 하는 데 걸린 시간은 몇 분 몇 초인지 구해 보세요.

( )

8 주원이가 말한 것처럼 '초'와 관련된 간단한 문장을 만들어 보세요.

눈을 한 번 깜빡이는 데 1초가 걸렸어.

주원

_____

_____

_____

9 회전목마의 탑승 시간은 7분 30초, 범퍼카의 탑승 시간은 445초입니다. 탑승 시간이 더 긴 놀이 기구를 찾아 써 보세요.

( )

10 시간의 단위를 잘못 쓴 문장을 찾아 기호를 써 보세요.

> ㉠ 세수를 하는 데 걸리는 시간은 30초입니다.
> ㉡ 밥을 먹는 데 걸리는 시간은 20분입니다.
> ㉢ 동요 한 곡을 부르는 데 걸리는 시간은 1시간입니다.

( )

11 친구들의 오래매달리기 기록입니다. 오래매달리기 기록이 가장 좋은 친구의 이름을 써 보세요.

이름	미나	성훈	주영
시간	215초	3분 25초	200초

( )

5

단원

시간의 덧셈

📖 개념북 128쪽

1 계산해 보세요.

(1)   2시   26분
   + 3시간 14분

(2)   4시간 36분 18초
   + 2시간 29분 45초

(3) 23분 35초＋17분 14초

(4) 7시간 35분 15초＋49분 20초

2 ☐ 안에 알맞은 수를 써넣으세요.

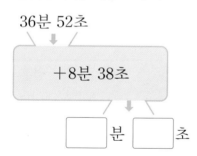

36분 52초

＋8분 38초

☐ 분 ☐ 초

3 두 시간의 합을 구해 보세요.

2시간 18분 54초   1시간 26분 35초

(   )

4 시계가 나타내는 시각에서 48분 35초 후의 시각을 구해 보세요.

4:29:14

(   )

5 소율이가 책 읽기를 끝낸 시각을 다음과 같이 계산했습니다. 소율이가 잘못 계산한 부분을 찾아 바르게 계산해 보세요.

3시 54분부터 47분 12초 동안 책을 읽었으니까 이렇게 계산할 수 있어.

    3시 54분
＋   47분 12초
   4시   1분 12초

소율

바르게 계산하기

    3시 54분
＋   47분 12초

6 시간이 더 짧은 것의 기호를 써 보세요.

> ㉠ 1시간 46분 8초＋3시간 57분 34초
> ㉡ 2시간 17분 38초＋3시간 12분 58초

(   )

7 은석이는 1시간 15분 40초 동안 밑그림을 그리고, 1시간 49분 30초 동안 색칠을 하여 그림을 완성하였습니다. 은석이가 그림을 완성하는 데 걸린 시간은 모두 몇 시간 몇 분 몇 초인지 구해 보세요.

(   )

8 딸기농장 체험 활동에서 1시간 안에 두 가지 활동을 골라 참여하려고 합니다. 두 가지 활동을 선택하고, 참여하는 데 걸리는 시간을 구해 보세요.

활동	시간
딸기 따기	34분 20초
딸기 포장하기	22분 25초
딸기주스 만들기	25분 35초
딸기잼 만들기	35분 40초

선택한 활동은

(   ), (   )

이고, 참여하는 데 걸리는 시간은

(   )입니다.

9 두 명이 한 모둠이 되어 수영 경기를 하였습니다. 가 모둠과 나 모둠 중에서 어느 모둠의 기록이 더 빠른지 구해 보세요.

모둠	이름	수영 기록
가 모둠	은수	2분 19초
	영준	92초
나 모둠	지아	1분 55초
	현호	114초

(   )

10 극장에서 어린이 만화를 상영하고 있습니다. 만화 상영 시간은 50분이고 한 회가 끝날 때마다 15분을 쉽니다. 1회 시작 시각이 10시라면 2회가 끝나는 시각은 몇 시 몇 분인지 구해 보세요.

(   )

5

단원

시간의 뺄셈

📖 개념북 132쪽

1 계산해 보세요.

(1)
    5시   52분
− 2시간 30분

(2)
    6시간 36분 25초
− 4시간 22분 40초

(3) 45분 37초−27분 24초

(4) 9시 40분 26초−6시 18분 45초

2 ☐ 안에 알맞은 수를 써넣으세요.

−25분 36초

42분 24초 → ☐ 분 ☐ 초

3 두 시간의 차를 구해 보세요.

3시간 40분 35초   7시간 16분 46초

(   )

4 4시간 47분−2분 35초를 다음과 같이 계산하였습니다. 잘못 계산한 부분을 찾아 바르게 계산해 보세요.

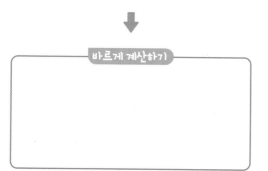

    4시간 47분
−   2분   35초
    2시간 12분

↓

바르게 계산하기

5 준하네 모둠 학생들이 각각 어림하여 1분 동안 말하기를 했습니다. 1분에 가장 가깝게 말한 친구의 이름을 써 보세요.

준하   현우   은미
1분 8초   50초   72초

(   )

6 시간이 더 긴 것의 기호를 써 보세요.

㉠ 3시간 20분 36초−45분 12초
㉡ 3시간 51분 25초−1시간 38분 43초

(   )

7 시계가 나타내는 시각에서 3시간 23분 36초 전의 시각을 구해 보세요.

(   )

8 도현이가 1시간 45분 40초 동안 운동을 하고 시계를 보았더니 5시 15분 24초였습니다. 도현이가 운동을 시작한 시각은 몇 시 몇 분 몇 초인지 구해 보세요.

(   )

9 모둠별 이어달리기 경기 기록입니다. 가장 빠른 모둠은 가장 느린 모둠보다 결승점에 몇 초 더 빨리 도착했는지 구해 보세요.

모둠	1모둠	2모둠	3모둠
기록	2분 4초	129초	1분 53초

(   )

10 아린이가 숙제를 시작한 시각과 끝낸 시각을 나타낸 것입니다. 숙제를 한 시간은 몇 시간 몇 분 몇 초인지 구해 보세요.

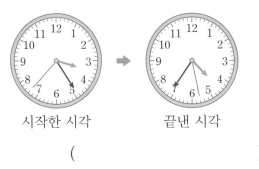

시작한 시각   끝낸 시각

(   )

11 은호와 민아가 각각 통화를 시작한 시각과 끝낸 시각입니다. 두 사람 중에서 누가 통화를 몇 분 몇 초 더 오래 했는지 구해 보세요.

	시작한 시각	끝낸 시각
은호	5시 29분 46초	5시 35분 30초
민아	7시 24분 50초	7시 32분 15초

(   ), (   )

1 소시지의 길이를 자로 재어 ☐ 안에 알맞은 수를 써넣으세요.

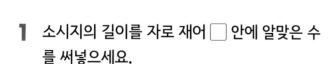

☐ cm ☐ mm = ☐ mm

2 수직선을 보고 ☐ 안에 알맞은 수를 써넣으세요.

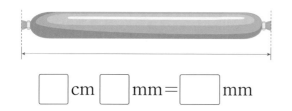

2 km 200 m

2 km   3 km

☐ km ☐ m

3 1초 동안 할 수 있는 일을 찾아 ◯표 하세요.

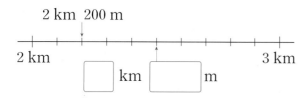

요구르트 한 병 마시기   (   )

박수 한 번 치기   (   )

4 시각을 읽어 보세요.

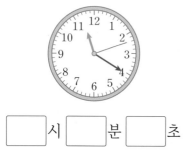

☐ 시 ☐ 분 ☐ 초

5 ☐ 안에 알맞은 수를 써넣으세요.

(1) 5분 30초 = ☐ 초

(2) 200초 = ☐ 분 ☐ 초

6 계산해 보세요.

(1) 2시간 21분 55초 + 3시간 30분 14초

(2) 8시간 9분 17초 − 7시간 14분 28초

7 길이가 다른 것을 찾아 기호를 써 보세요.

ㄱ 8640 m
ㄴ 8 킬로미터 640 미터
ㄷ 8 km보다 64 m 더 긴 길이

(   )

8 보기 에서 알맞은 길이의 단위를 골라 ☐ 안에 써넣으세요.

보기
mm   cm   m   km

(1) 쌀 한 톨의 길이는 약 4 ☐ 입니다.

(2) 서울에서 제주특별자치도까지의 거리는
약 465 ☐ 입니다.

9 □ 안에 알맞은 수를 써넣으세요.

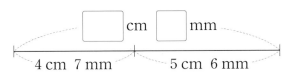

10 길이를 비교하여 ○ 안에 >, =, < 중 알맞은 것을 써넣으세요.

$$3\,km\ 9\,m\ \bigcirc\ 3200\,m$$

11 길이가 1 km보다 긴 것을 찾아 기호를 써 보세요.

> ㉠ 학교 복도의 길이
> ㉡ 칫솔의 길이
> ㉢ 공원 둘레길의 길이

( )

12 기차역에서 동물원까지의 거리는 약 몇 km인지 구해 보세요.

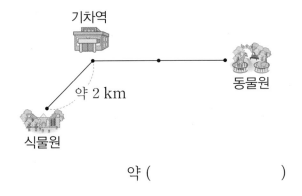

약 ( )

13 철봉에 지현이는 2분 47초 매달렸고, 희영이는 160초 매달렸습니다. 철봉에 더 오래 매달린 친구의 이름을 써 보세요.

( )

14 시계가 나타내는 시각에서 1시간 46분 전의 시각을 구해 보세요.

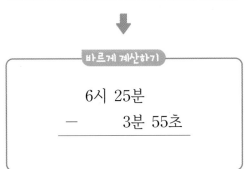

( )

5

단원

15 잘못 계산한 곳을 찾아 바르게 계산해 보세요.

> 6시 25분
> − 　　　3분 55초
> 6시 21분 45초

↓

> 바르게 계산하기
>
> 6시 25분
> − 　　　3분 55초

16 현수는 6시 28분 55초부터 1시간 39분 27초 동안 숙제를 했습니다. 현수가 숙제를 끝낸 시각은 몇 시 몇 분 몇 초인지 구해 보세요.

(   )

17 체험을 할 수 있는 시간이 1시간 10분 남았습니다. 남아 있는 시간 안에 3가지 체험을 하려면 어떤 활동을 해야 할지 기호를 써 보세요.

활동	시간
㉠ 종이꽃 만들기	32분
㉡ 연극 관람	50분
㉢ 떡 만들기	20분
㉣ 윷놀이	15분

(   )

18 재민이는 전시회에 가서 2시간 44분 29초 동안 관람을 했습니다. 관람을 마친 시각이 5시 12분 20초일 때 관람을 시작한 시각은 몇 시 몇 분 몇 초인지 구해 보세요.

(   )

서술형

19 발 길이가 긴 친구부터 차례로 이름을 쓰려고 합니다. 풀이 과정을 쓰고, 답을 구해 보세요.

은주: 내 발 길이는 22 cm야.
하준: 내 발 길이는 은주보다 6 mm 더 길어.
윤서: 내 발 길이는 213 mm야.

풀이 _____

_____

_____

답 _____

20 한 모둠에 2명씩 짝을 지어 이어달리기 경기를 한 기록입니다. 가 모둠과 나 모둠 중 경기에서 이긴 모둠은 어느 모둠인지 풀이 과정을 쓰고, 답을 구해 보세요.

모둠	이름	이어달리기 기록
가 모둠	민철	2분 54초
	연아	3분 9초
나 모둠	재희	3분 22초
	상민	2분 47초

풀이 _____

_____

_____

답 _____

단원 마무리하기 심화

1 클립의 길이는 몇 cm 몇 mm인지 구해 보세요.

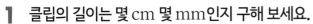

(   )

2 놀이터에서 학교를 지나 공원까지 가는 거리를 나타내 보세요.

□ km □ m = □ m

3 길이가 같은 것끼리 선으로 이어 보세요.

5 cm 6 mm   ·   ·   560 mm

50 cm 6 mm   ·   ·   506 mm

56 cm   ·   ·   56 mm

4 시계에 초바늘을 그려 보세요.

10시 11분 38초

5 보기에서 알맞은 시간 단위를 골라 □ 안에 써넣으세요.

보기

시간   분   초

(1) 의자에 앉는 데 걸리는 시간은 약 1 □ 입니다.

(2) 저녁 식사를 하는 데 걸리는 시간은 약 20 □ 입니다.

6 바르게 계산한 것에 ◯표 하세요.

10분 55초 + 29분 50초 40분 5초	42분 10초 − 15분 46초 26분 24초

7 보기에서 알맞은 길이를 골라 □ 안에 써넣으세요.

보기

5 mm   2 km   1 m 60 cm

(1) 책상의 긴 쪽의 길이는 약 □ 입니다.

(2) 연필심의 길이는 약 □ 입니다.

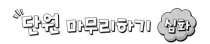

8 선호네 집에서 각 장소까지의 거리를 나타낸 것입니다. 선호네 집에서 가장 가까운 곳은 어디인지 써 보세요.

시청	은행	우체국
2150 m	2 km 50 m	2510 m

( )

9 준미네 집에서 약 1 km 떨어져 있는 장소를 모두 찾아 써 보세요.

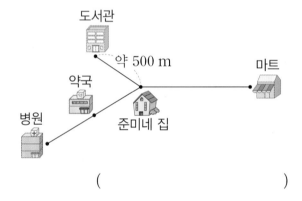

( )

10 시간이 긴 것부터 차례로 기호를 써 보세요.

┌─────────────────────────────────┐
│ ㉠ 450초   ㉡ 8분 30초   ㉢ 500초 │
└─────────────────────────────────┘

( )

11 ☐ 안에 알맞은 수를 써넣으세요.

```
      7 시  ☐  분  30 초
 −   ☐ 시간  18 분  ☐  초
 ────────────────────────
      3 시     22 분  50 초
```

12 왼쪽 시계가 나타내는 시각에서 4분 30초 후의 시각을 오른쪽 시계에 나타내 보세요.

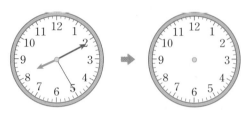

13 지안이는 1시간 18분 동안 리코더를 연습하고, 65분 동안 피아노를 연습했습니다. 지안이가 리코더와 피아노를 연습한 시간은 모두 몇 시간 몇 분인지 구해 보세요.

( )

14 하은이가 수영을 시작한 시각과 끝낸 시각입니다. 하은이가 수영을 한 시간은 몇 분 몇 초인지 구해 보세요.

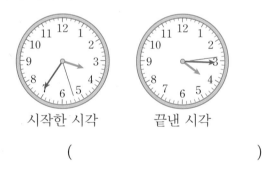

시작한 시각   끝낸 시각

( )

15 길이가 4 cm 5 mm인 색 테이프 2장을 18 mm만큼 겹치게 이어 붙였습니다. 이어 붙인 색 테이프의 전체 길이는 몇 cm 몇 mm인지 구해 보세요.

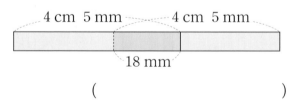

( )

16 집에서 학교까지 가는 데 경찰서와 소방서 중 어느 곳을 지나서 가는 것이 몇 m 더 가까운지 구해 보세요.

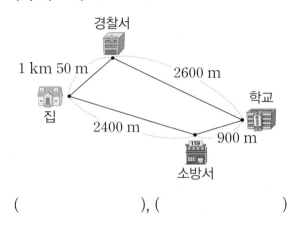

(   ), (   )

17 소율이네 집에서 버스 정류장까지의 거리는 약 몇 km인지 구해 보세요.

약 (   )

18 어느 날 해가 뜬 시각은 오전 5시 25분 56초이고 해가 진 시각은 오후 6시 10분 24초입니다. 이날 밤의 길이는 몇 시간 몇 분 몇 초인지 구해 보세요.

(   )

서술형

19 단위를 잘못 쓴 문장을 찾아 기호를 쓰고, 바르게 고쳐 보세요.

> ㉠ 내 신발의 길이는 약 230 mm입니다.
> ㉡ 설악산의 높이는 약 1700 km입니다.
> ㉢ 숟가락의 길이는 약 20 cm입니다.

기호 _____

바르게 고치기 _____

_____

20 은영이네 학교에서는 40분 동안 수업을 하고 10분씩 쉽니다. 3교시 수업을 10시 50분에 시작했다면 1교시 수업을 시작한 시각은 몇 시 몇 분인지 풀이 과정을 쓰고, 답을 구해 보세요.

풀이 _____

_____

_____

답 _____

개념 1

전체를 똑같이 나누기

📖 개념북 142쪽

[1~2] 도형을 보고 물음에 답해 보세요.

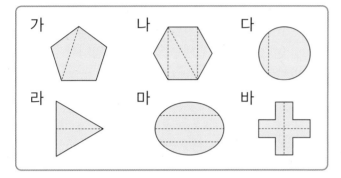

가　나　다
라　마　바

1 똑같이 둘로 나누어진 도형을 찾아 기호를 써 보세요.

(　　　　　)

2 똑같이 넷으로 나누어진 도형을 찾아 기호를 써 보세요.

(　　　　　)

3 도형을 똑같이 몇 조각으로 나누었는지 ☐ 안에 알맞은 수를 써넣으세요.

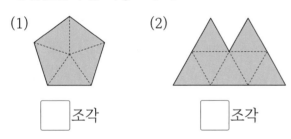

(1)　　　　　(2)

☐조각　　　☐조각

4 도형을 똑같이 나눈 친구의 이름을 써 보세요.

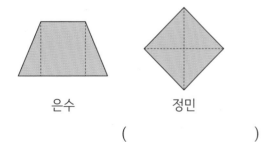

은수　　　정민

(　　　　　)

5 점을 이용하여 원을 똑같이 다섯으로 나누어 보세요.

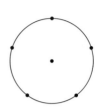

6 은우는 샌드위치가 똑같이 몇으로 나누어져 있는지 설명하고 있습니다. ☐ 안에 알맞은 말을 써넣으세요.

은우

샌드위치는 똑같이 ☐(으)로 나누어져 있어.

7 점을 이용하여 도형을 주어진 수만큼 똑같이 나누어 보세요.

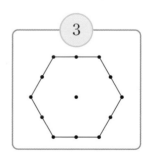
3

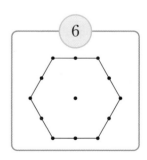
6

8 다양한 국기를 보고 기준에 알맞은 나라의 이름을 써 보세요.

독일   아랍에미리트

모리셔스   태국

전체를 똑같이 셋으로 나눈 국기	전체를 똑같이 넷으로 나눈 국기

9 사각형을 두 가지 방법으로 똑같이 넷으로 나누어 보세요.

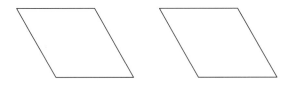

10 다음 도형은 똑같이 나누어진 도형이 아닙니다. 그 이유를 써 보세요.

이유 _____

_____

_____

11 도형을 보고 바르게 말한 친구의 이름을 써 보세요.

지호 — 이 삼각형은 똑같이 셋으로 나누어졌어.

소율 — 이 삼각형은 똑같이 넷으로 나누어졌어.

선재 — 이 삼각형은 똑같이 아홉으로 나누어졌어.

(   )

12 여섯 사람이 떡을 모양과 크기가 똑같이 되도록 나누어 먹으려고 합니다. 보기 와 같이 선을 그어 떡을 똑같이 여섯으로 나누어 보세요.

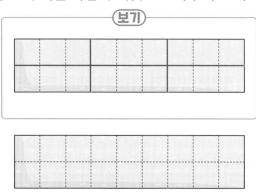

보기

개념 **2**

분수

📖 개념북 146쪽

1 관계있는 것끼리 선으로 이어 보세요.

전체를 똑같이 4로 나눈 것 중의 3	전체를 똑같이 6으로 나눈 것 중의 5
•	•

$\frac{5}{6}$	$\frac{3}{4}$
•	•

| 6분의 5 | 4분의 3 |

2 분자가 7인 분수를 모두 찾아 ◯표 하세요.

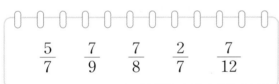

$$\frac{5}{7} \qquad \frac{7}{9} \qquad \frac{7}{8} \qquad \frac{2}{7} \qquad \frac{7}{12}$$

3 색칠한 부분과 색칠하지 <u>않은</u> 부분을 각각 분수로 나타내 보세요.

색칠한 부분: ☐

색칠하지 않은 부분: ☐

4 $\frac{4}{6}$ 만큼 색칠한 것을 찾아 기호를 써 보세요.

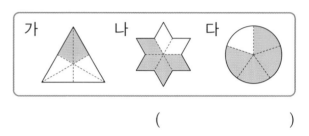

가   나   다

(   )

5 $\frac{2}{8}$ 를 바르게 설명한 것을 찾아 기호를 써 보세요.

㉠ 분자는 8입니다.
㉡ 분모는 2입니다.
㉢ 8분의 2라고 읽습니다.

(   )

6 색칠한 부분이 전체의 $\frac{9}{15}$ 가 되도록 색칠하려고 합니다. 몇 칸을 더 색칠해야 하는지 구해 보세요.

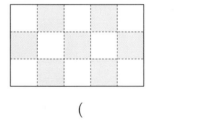

(   )

7 부분을 보고 전체를 완성해 보세요.

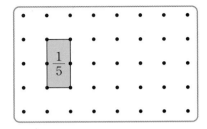

8 전체에 대하여 색칠한 부분이 나타내는 분수가 <u>다른</u> 하나를 찾아 기호를 써 보세요.

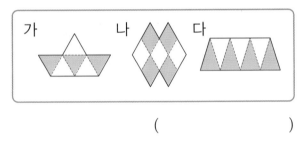

가　　　　나　　　　다

(　　　　　　　　　)

9 다음과 같은 도화지에 $\frac{6}{12}$ 은 노란색, $\frac{4}{12}$ 는 초록색, $\frac{2}{12}$ 는 파란색으로 색칠해 보세요.

10 부분을 보고 전체를 찾아 선으로 이어 보세요.

부분　　　　　　　　전체

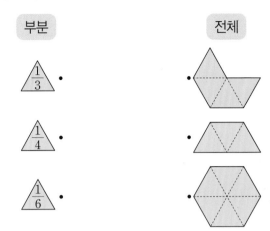

$\frac{1}{3}$　·

$\frac{1}{4}$　·

$\frac{1}{6}$　·

11 연아와 준호는 피자 한 판을 똑같이 6조각으로 나누어 연아는 전체의 $\frac{2}{6}$ 만큼, 준호는 전체의 $\frac{3}{6}$ 만큼 먹었습니다. 남은 피자는 전체의 얼마인지 분수로 쓰고 읽어 보세요.

쓰기 (　　　　　　　　)

읽기 (　　　　　　　　)

개념 **3**

분수의 크기 비교

📖 개념북 150쪽

1 $\frac{4}{7}$와 $\frac{5}{7}$만큼 각각 색칠하고, ◯ 안에 >, =, < 중 알맞은 것을 써넣으세요.

$\frac{4}{7}$

$\frac{5}{7}$

$\frac{4}{7}$ ◯ $\frac{5}{7}$

2 ☐ 안에 알맞은 수를 써넣으세요.

(1) $\frac{4}{5}$는 $\frac{1}{5}$이 ☐ 개입니다.

(2) $\frac{1}{8}$이 3개이면 ☐ 입니다.

(3) $\frac{6}{10}$은 ☐ 이/가 6개입니다.

3 두 분수의 크기를 비교하여 ◯ 안에 >, =, < 중 알맞은 것을 써넣으세요.

(1) $\frac{7}{9}$ ◯ $\frac{4}{9}$

(2) $\frac{1}{5}$ ◯ $\frac{1}{3}$

4 두 분수의 크기를 <u>잘못</u> 비교한 것을 찾아 ✕표 하세요.

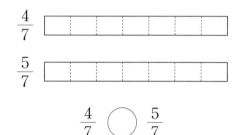

$\frac{1}{4} > \frac{1}{7}$ $\frac{6}{11} < \frac{3}{11}$

(   ) (   )

5 분자와 분모의 차가 7인 단위분수를 구해 보세요.

(   )

6 세 분수의 크기를 비교하여 작은 수부터 차례로 써 보세요.

$\frac{7}{10}$ $\frac{4}{10}$ $\frac{9}{10}$

(   )

7 $\frac{1}{8}$보다 작은 분수를 모두 찾아 ◯표 하세요.

$\frac{1}{3}$ $\frac{1}{9}$ $\frac{1}{2}$ $\frac{1}{11}$

바른답·알찬풀이 76쪽

8 민재와 정아는 모양과 크기가 같은 파이를 각각 먹었습니다. 민재는 파이 한 개의 $\frac{2}{8}$만큼, 정아는 파이 한 개의 $\frac{5}{8}$만큼 먹었습니다. 파이를 더 많이 먹은 친구의 이름을 써 보세요.

( )

9 (조건)에 맞는 분수를 모두 구해 보세요.

(조건)
• 분모가 7인 분수입니다.
• $\frac{2}{7}$보다 크고 $\frac{5}{7}$보다 작습니다.

( )

10 2부터 9까지의 수 중에서 ☐ 안에 들어갈 수 있는 수를 모두 구해 보세요.

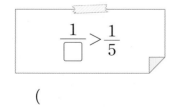

$$\frac{1}{\square} > \frac{1}{5}$$

( )

11 분수로 나타냈을 때 크기가 큰 것부터 차례로 기호를 써 보세요.

㉠ $\frac{8}{9}$

㉡ 9분의 5

㉢ $\frac{1}{9}$이 7개인 수

㉣ 전체를 똑같이 9로 나눈 것 중의 6

( )

12 밭 전체의 $\frac{5}{8}$만큼에 배추를 심고, 남은 부분에 무를 심었습니다. 배추와 무 중에서 어느 것을 심은 밭이 더 넓은지 써 보세요.

( )

소수

📖 개념북 154쪽

1 분수는 소수로, 소수는 분수로 나타내 보세요.

(1) $\dfrac{3}{10}$ (   )

(2) 0.7   (   )

2 다음이 나타내는 수만큼 색칠해 보세요.

0.1이 8개인 수

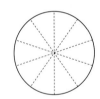

3 다음이 나타내는 수를 소수로 쓰고 읽어 보세요.

6과 $\dfrac{5}{10}$ 만큼인 수

쓰기 (   )

읽기 (   )

4 ☐ 안에 알맞은 수가 더 작은 것을 찾아 기호를 써 보세요.

㉠ 0.6은 0.1이 ☐개입니다.
㉡ 0.1이 ☐개이면 0.2입니다.

(   )

5 ☐ 안에 알맞은 소수를 써넣으세요.

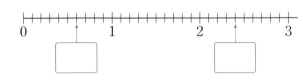

6 그림을 보고 오렌지주스는 모두 몇 컵인지 소수로 나타내 보세요.

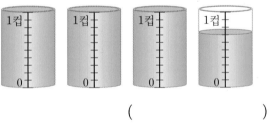

(   )

바른답·알찬풀이 77쪽

7 크레파스의 길이는 몇 cm인지 소수로 나타내 보세요.

( )

8 세영이는 화단을 똑같이 10칸으로 나누어 4칸은 장미를, 나머지 칸은 모두 국화를 심었습니다. 국화를 심은 칸은 전체의 얼마인지 소수로 나타내 보세요.

( )

9 나타내는 수가 <u>다른</u> 하나를 찾아 기호를 써 보세요.

> ㉠ 4와 0.2만큼인 수
> ㉡ 0.1이 24개인 수
> ㉢ $\frac{1}{10}$이 42개인 수

( )

10 범석이가 집에서 기르는 강낭콩 줄기의 길이가 어제는 6 cm였고, 오늘은 어제보다 9 mm 더 자랐습니다. 오늘 강낭콩 줄기의 길이는 몇 cm인지 소수로 나타내 보세요.

( )

11 ㉠과 ㉡에 알맞은 수의 차를 구해 보세요.

> $\frac{8}{10}$은 0.1이 ㉠개인 수와 같고 0.4는 $\frac{1}{10}$이 ㉡개인 수와 같습니다.

( )

12 색 테이프 1 m 중에서 윤아는 $\frac{2}{10}$ m, 재환이는 0.7 m를 사용했습니다. 사용하고 남은 색 테이프의 길이는 몇 m인지 소수로 나타내 보세요.

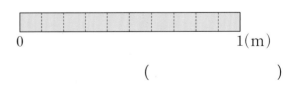

( )

6
단원

6. 분수와 소수 **91**

6. 분수와 소수

개념 5

소수의 크기 비교

📖 개념북 158쪽

1 1.6과 1.4를 각각 수직선에 ▬▬로 나타내고, ◯ 안에 >, =, < 중 알맞은 것을 써넣으세요.

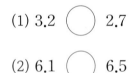

```
1.6  +++++++++++++++++++++
     0        1        2

1.4  +++++++++++++++++++++
     0        1        2
```

1.6 ◯ 1.4

2 두 소수의 크기를 비교하여 ◯ 안에 >, =, < 중 알맞은 것을 써넣으세요.

(1) 3.2 ◯ 2.7

(2) 6.1 ◯ 6.5

3 소수의 크기 비교가 <u>잘못된</u> 것을 모두 고르세요.

( )

① 1.6 > 0.7   ② 3.4 < 3.8

③ 5.1 < 4.9   ④ 7.4 < 7.7

⑤ 2.5 < 2.3

4 가장 큰 수를 찾아 ◯표, 가장 작은 수를 찾아 △표 하세요.

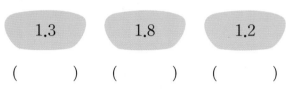

1.3   1.8   1.2

( )   ( )   ( )

5 2.8보다 큰 소수를 모두 찾아 ◯표 하세요.

| 2.8 | 3.1 | 1.9 | 4.3 | 6.2 |

6 빨간색 테이프의 길이는 6.4 cm, 파란색 테이프의 길이는 5.9 cm입니다. 어느 색 테이프의 길이가 더 긴지 구해 보세요.

( )

7 집에서 학교, 문구점, 편의점까지의 거리를 나타낸 표입니다. 집에서 거리가 먼 곳부터 차례로 써 보세요.

학교	문구점	편의점
1.4 km	1.8 km	0.9 km

(   )

8 나타내는 수가 작은 것부터 순서대로 ☐ 안에 1, 2, 3을 써넣으세요.

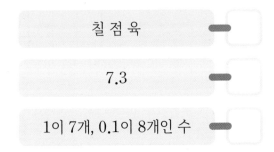

칠 점 육 ━

7.3 ━

1이 7개, 0.1이 8개인 수 ━

9 1부터 9까지의 수 중에서 ☐ 안에 들어갈 수 있는 수를 모두 구해 보세요.

$$4.6 < 4.\boxed{}$$

(   )

10 조건에 알맞은 수를 모두 찾아 ◯표 하세요.

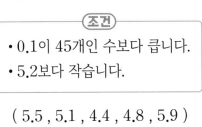

─── 조건 ───
• 0.1이 45개인 수보다 큽니다.
• 5.2보다 작습니다.

(5.5 , 5.1 , 4.4 , 4.8 , 5.9)

11 세 친구가 발 길이를 말하고 있습니다. 발 길이가 긴 친구부터 차례로 이름을 써 보세요.

23 cm 5 mm   242 mm   22.8 cm

은주   선재   소율

(   )

6 단원

[1~3] 도형을 보고 물음에 답해 보세요.

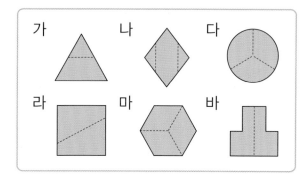

가 나 다
라 마 바

1 똑같이 나누어지지 <u>않은</u> 도형을 모두 찾아 기호를 써 보세요.

( )

2 똑같이 둘로 나누어진 도형을 모두 찾아 기호를 써 보세요.

( )

3 똑같이 셋으로 나누어진 도형을 모두 찾아 기호를 써 보세요.

( )

4 단위분수를 찾아 ◯표 하세요.

$$\frac{2}{3} \qquad \frac{5}{6} \qquad \frac{1}{8}$$

5 전체를 똑같이 7로 나눈 것 중의 3을 나타내는 분수를 쓰고 읽어 보세요.

쓰기 ( )

읽기 ( )

6 주어진 분수만큼 색칠해 보세요.

$\frac{5}{9}$

7 분수만큼 색칠하고 ◯ 안에 >, =, < 중 알맞은 것을 써넣으세요.

 $\frac{4}{5}$ ◯ $\frac{3}{5}$

8 다음이 나타내는 소수를 쓰고 읽어 보세요.

0.1이 6개인 수

쓰기 ( )

읽기 ( )

바른답·알찬풀이 78쪽

9 이어 붙인 색 테이프의 전체 길이는 몇 m인지 소수로 나타내 보세요.

(   )

10 도형을 똑같이 둘로 나누는 점선이 <u>아닌</u> 것을 찾아 기호를 써 보세요.

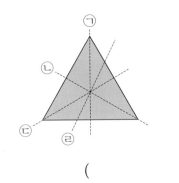

(   )

11 관계있는 것끼리 선으로 이어 보세요.

 ·

 ·

 ·

· $\dfrac{3}{5}$

· 6분의 4

· $\dfrac{2}{3}$

12 그림을 보고 물은 모두 몇 컵인지 소수로 나타내 보세요.

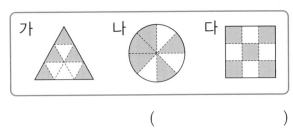

(   )

13 색칠한 부분이 나타내는 분수가 <u>다른</u> 하나를 찾아 기호를 써 보세요.

(   )

14 두 분수의 크기를 비교하여 ◯ 안에 >, =, < 중 알맞은 것을 써넣으세요.

(1) $\dfrac{2}{8}$ ◯ $\dfrac{7}{8}$

(2) $\dfrac{1}{15}$ ◯ $\dfrac{1}{14}$

15 가장 큰 수를 찾아 ◯표, 가장 작은 수를 찾아 △표 하세요.

| 1.8 | 2.1 | 0.4 | 0.2 |

16 두 형제가 밭을 모양과 크기가 똑같이 되도록 나누어 가지려고 합니다. 보기와 같이 선을 그어 밭을 똑같이 나누어 보세요.

보기

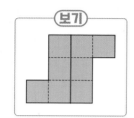 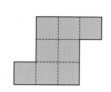

17 분모가 8인 분수 중에서 $\frac{3}{8}$보다 크고 $\frac{6}{8}$보다 작은 분수를 모두 구해 보세요.

(   )

18 4장의 수 카드 중에서 2장을 골라 한 번씩만 이용하여 만들 수 있는 가장 큰 소수 ■.▲를 만들어 보세요.

2   4   7   6

→ ☐ . ☐

19 ㉠과 ㉡에 알맞은 수의 합을 구하려고 합니다. 풀이 과정을 쓰고, 답을 구해 보세요.

> • $\frac{4}{7}$는 $\frac{㉠}{7}$이 4개입니다.
> • 0.1이 ㉡개이면 1.5입니다.

풀이 _____

_____

_____

답 _____

20 떡 한 개를 똑같이 10조각으로 나누어 연우가 4조각, 민지가 1조각을 먹었습니다. 남은 떡의 양은 전체의 얼마인지 분수와 소수로 각각 나타내려고 합니다. 풀이 과정을 쓰고, 답을 구해 보세요.

풀이 _____

_____

_____

_____

답 분수: , 소수:

단원 마무리하기 심화

1 똑같이 넷으로 나누어진 것을 모두 찾아 기호를 써 보세요.

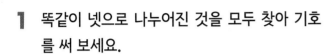

(   )

2 선우와 세호가 $\frac{1}{4}$만큼 색칠하였습니다. 잘못 색칠한 친구의 이름을 써 보세요.

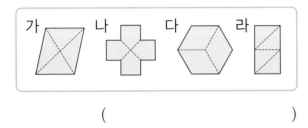

선우   세호

(   )

3 ☐ 안에 알맞은 수를 써넣으세요.

(1) $\frac{7}{12}$은 $\frac{1}{12}$이 ☐개입니다.

(2) $\frac{1}{5}$이 3개이면 ☐입니다.

4 색칠한 부분을 소수로 나타내고 읽어 보세요.

쓰기 (   )

읽기 (   )

5 두 수의 크기를 비교하여 ◯ 안에 >, =, < 중 알맞은 것을 써넣으세요.

(1) $\frac{7}{8}$ ◯ $\frac{3}{8}$ (2) 2.8 ◯ 4.5

6 현우는 $\frac{3}{6}$시간, 재진이는 $\frac{5}{6}$시간 동안 수영을 했습니다. 수영을 더 오래 한 친구의 이름을 써 보세요.

(   )

7 윤서가 걸은 거리는 몇 km인지 소수로 나타내 보세요.

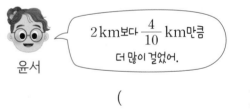

윤서   2 km보다 $\frac{4}{10}$ km만큼 더 많이 걸었어.

(   )

8 가장 큰 수와 가장 작은 수를 찾아 써 보세요.

$\frac{1}{20}$	$\frac{1}{16}$	$\frac{1}{12}$	$\frac{1}{15}$

가장 큰 수 (   )

가장 작은 수 (   )

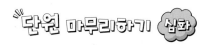
9 부분을 보고 전체를 완성해 보세요.

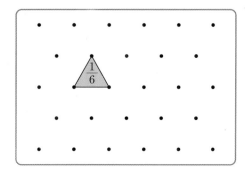

10 2부터 9까지의 수 중에서 ☐ 안에 들어갈 수 <u>없는</u> 수를 모두 구해 보세요.

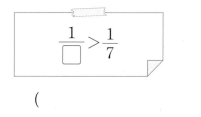

(   )

11 부분을 보고 전체에 알맞은 도형을 모두 찾아 기호를 써 보세요.

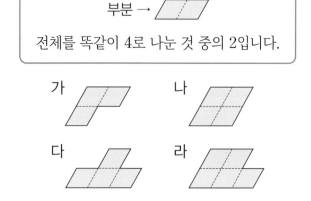

(   )

12 길이가 가장 긴 것을 찾아 기호를 써 보세요.

> ㉠ 7 cm 9 mm
> ㉡ 74 mm
> ㉢ 7.6 cm

(   )

13 ☐ 안에 알맞은 수가 더 큰 것을 찾아 기호를 써 보세요.

> ㉠ 0.1이 ☐개이면 1.7입니다.
> ㉡ $\frac{8}{14}$ 은 $\frac{1}{\square}$ 이 8개입니다.

(   )

14 수의 크기를 비교하여 큰 수부터 차례로 기호를 써 보세요.

> ㉠ 오 점 칠   ㉡ $\frac{8}{10}$
> ㉢ 0.9   ㉣ 5와 0.5만큼인 수

(   )

15 1부터 9까지의 수 중에서 ☐ 안에 들어갈 수 있는 수는 모두 몇 개인지 구해 보세요.

> $4.3 < 4.\square < 4.8$

(   )

16 같은 음료수를 준하와 해수가 각각 한 병씩 사서 마셨습니다. 준하는 전체의 $\frac{5}{9}$ 만큼, 해수는 전체의 $\frac{2}{9}$ 만큼 남겼을 때 음료수를 더 많이 마신 친구의 이름을 써 보세요.

(   )

17 (조건)에 알맞은 분수를 모두 구해 보세요.

(조건)
· 단위분수입니다.
· 분모는 2보다 큽니다.
· $\frac{1}{6}$ 보다 큽니다.

(   )

18 세 지역에 비가 내린 양을 나타낸 것입니다. 설명을 읽고 가, 나, 다 중 알맞은 것을 ☐ 안에 각각 써넣으세요.

가 지역에 비가 가장 많이 내렸고, 나 지역은 다 지역보다 비가 적게 내렸습니다.

☐ 지역	☐ 지역	☐ 지역
2.5 cm	2 cm 6 mm	22 mm

19 지후네 밭 전체의 0.4에는 당근을, 전체의 $\frac{2}{10}$ 에는 파를, 전체의 0.1에는 고구마를 심었고, 나머지 부분에는 모두 상추를 심었습니다. 상추를 심은 부분은 전체의 얼마인지 소수로 나타내려고 합니다. 풀이 과정을 쓰고, 답을 구해 보세요.

풀이 _____

답 _____

20 물이 일정하게 나오는 수도꼭지로 양동이의 $\frac{1}{13}$ 만큼을 채우는 데 8분이 걸립니다. 이 수도꼭지로 양동이의 $\frac{9}{13}$ 만큼을 채우려면 몇 시간 몇 분이 걸리는지 풀이 과정을 쓰고, 답을 구해 보세요.

풀이 _____

답 _____

메모

교과 학습력을 키우는
초등 필수 기본서

『초코』 시리즈로 교과서의 핵심을 이해하고
학교 시험을 완벽하게 대비할 수 있습니다.

❶ 꾸준한 집중 학습으로 **공부 습관을 키워요!**
❷ 스스로 정리하고 완성하며 **자기 주도적으로 공부해요!**
❸ 맞춤 정리와 단원평가로 **시험 자신감을 길러요!**

국어 3~6학년 학기별 [총8책]　　**사회** 3~6학년 학기별 [총8책]　　**과학** 3~6학년 학기별 [총8책]

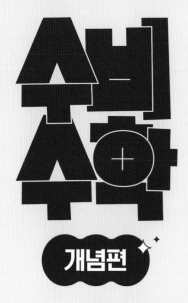

초등학교

학년 반 번

이름

Contact Mirae-N
www.mirae-n.com
(우)06532 서울시 서초구 신반포로 321
1800-8890

초등학교

학년 반 번

이름

초등학교에서 탄탄하게 닦아 놓은 공부력이
중·고등 학습의 실력을 가릅니다.

하루한장 쏙셈

쏙셈 시작편
초등학교 입학 전 연산 시작하기
[2책] 수 세기, 셈하기

쏙셈
교과서에 따른 수·연산·도형·측정까지 계산력 향상하기
[12책] 1~6학년 학기별

쏙셈+플러스
문장제 문제부터 창의·사고력 문제까지 수학 역량 키우기
[12책] 1~6학년 학기별

쏙셈 분수·소수
3~6학년 분수·소수의 개념과 연산 원리를 집중 훈련하기
[분수 2책, 소수 2책] 3~6학년 학년군별

하루한장 한국사

큰별★쌤 최태성의 한국사
최태성 선생님의 재미있는 강의와 시각 자료로
역사의 흐름과 사건을 이해하기
[3책] 3~6학년 시대별

하루한장 한자

그림 연상 한자로 교과서 어휘를 익히고 급수 시험까지 대비하기
[4책] 1~2학년 학기별

하루한장 급수 한자

하루한장 한자 학습법으로 한자 급수 시험 완벽하게 대비하기
[3책] 8급, 7급, 6급

하루한장 ENGLISH BITE

ENGLISH BITE 알파벳 쓰기
알파벳을 보고 듣고 따라쓰며 읽기·쓰기 한 번에 끝내기
[1책]

ENGLISH BITE 파닉스
자음과 모음 결합 과정의 발음 규칙 학습으로
영어 단어 읽기 완성
[2책] 자음과 모음, 이중자음과 이중모음

ENGLISH BITE 사이트 워드
192개 사이트 워드 학습으로 리딩 자신감 키우기
[2책] 단계별

ENGLISH BITE 영문법
문법 개념 확인 영상과 함께 영문법 기초 실력 다지기
[Starter 2책 , Basic 2책] 3~6학년 단계별

ENGLISH BITE 영단어
초등 영어 교육과정의 학년별 필수 영단어를
다양한 활동으로 익히기
[4책] 3~6학년 단계별

초등 교과서 발행사 미래엔의
교재로 초등 시기에 길러야 하는
공부력을 강화해 주세요.

초등 독해서
최고의
스테디셀러

교과 학습의 기본인 문해력을 탄탄하게 키우는
문해력 향상 프로젝트

사회편 미리보기

과학편 미리보기

● 1~6학년 단계별 각 6책

이럴 때 !

기본 독해 후에 좀더 **난이도 높은**
독해 교재를 찾고 있다면!

비문학 지문으로 **문해력**을
업그레이드해야 한다면!

단기간에 관심 분야의
독해에 **집중**하고 싶다면!

이런 아이 !

사회·과학 탐구 분야에
호기심과 관심이 많은 아이

사회·과학의 낯선 용어를
어려워하는 아이

교과서 속 사회·과학 이야기를
알고 싶은 아이

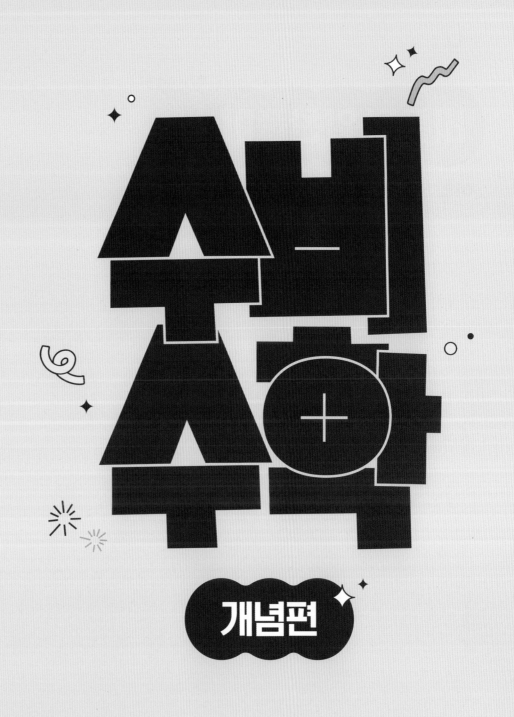

바른답·
알찬풀이

초등 3·1

Mirae N 에듀

바른답·알찬풀이

이렇게 활용해요!

- ✔ 문제의 자세한 풀이 방법이
  궁금할 때 확인해요.

- ✔ 틀린 문제는 왜 틀렸는지
  꼭 확인해요.

바른답 · 알찬풀이

개념북

1. 덧셈과 뺄셈

개념 1 받아올림이 없는 (세 자리 수)+(세 자리 수)

8쪽

확인 1 예 200, 300 / 500

확인 2 6, 9, 6, 4, 9, 6

개념 익히기

9쪽

1 378

2 400, 70 / 9 / 479

3 (1) 539 (2) 777 (3) 558 (4) 967

4 752

5 ✕

6 >

1 같은 수 모형끼리 더하면 백 모형 3개, 십 모형 7개, 일 모형 8개가 됩니다.

4 431+321=752

5 • 234+462=696
　• 621+175=796

6 105+573=678, 362+304=666
　→ 678>666

실력 다지기

10~11쪽

1 (1) 467 (2) 478

2 100+300에 색칠

3 889

4 678 cm

5 787

6 (　　)(○)(　　)

7 999

8 ㉢

9 797개

10 (위에서부터) 6 / 3, 7

11 683

12 462, 523(또는 523, 462)
　　💡 513, 523 / 513, 975 / 523, 985 / 523, 985

2 104와 295를 각각 몇백으로 어림하면 104는 약 100, 295는 약 300이므로 104+295는 100+300으로 어림셈을 할 수 있습니다.

3 543+346=889

4 (두 끈의 길이의 합)=463+215=678 (cm)

5 백 모형이 3개, 십 모형이 2개, 일 모형이 7개이므로 수 모형이 나타내는 수는 327입니다.
　→ 327+460=787

6 752+146=898, 533+315=848,
　467+401=868

7 734>427>265이므로 가장 큰 수는 734, 가장 작은 수는 265입니다.
　→ (가장 큰 수)+(가장 작은 수)=734+265=999

8 ㉠ 324+415=739
　㉡ 431+254=685
　㉢ 202+592=794
　→ ㉢ 794>㉠ 739>㉡ 685

9 (주머니 안에 있는 구슬 수)
　=(흰색 구슬 수)+(검은색 구슬 수)
　=684+113=797(개)

10 • 일의 자리 계산: 2+□=9, □=7
　• 십의 자리 계산: □+2=8, □=6
　• 백의 자리 계산: 1+□=4, □=3

11 하준이가 설명하는 수는 231이고, 은주가 설명하는 수는 452입니다.
　→ 231+452=683

개념 2 받아올림이 한 번 있는 (세 자리 수)+(세 자리 수)

12쪽

확인 (1) (왼쪽에서부터) 1 / 4 / 1 / 8, 4 / 1 / 6, 8, 4
　(2) (왼쪽에서부터) 7 / 1 / 2, 7 / 1 / 5, 2, 7

개념 익히기

13쪽

1 617

2 (1) 662 (2) 936 (3) 482 (4) 867

3 841

4 676

5 10

6 (○)(　　)

1 십 모형 10개는 백 모형 1개와 같으므로 같은 수 모형끼리 더하면 백 모형 6개, 십 모형 1개, 일 모형 7개가 됩니다.

3 $329+512=841$

4 $194+482=676$

5 일의 자리 계산 $9+7=16$에서 6은 일의 자리에 쓰고 1은 십의 자리로 받아올림합니다.
따라서 □ 안의 수 1이 실제로 나타내는 값은 10입니다.

6 $294+472=766$, $527+249=776$

실력 다지기 14~15쪽

1 (1) 381 (2) 929   **2** 781 / 827

3 639 m   **4** 684

5
$$\begin{array}{r} 2\ 4\ 7 \\ +\ 5\ 1\ 8 \\ \hline 7\ ⑤\ 5 \end{array}, \quad \begin{array}{r} 2\ 4\ 7 \\ +\ 5\ 1\ 8 \\ \hline 7\ 6\ 5 \end{array}$$

6 (1) > (2) <   **7** 737명

8 965   **9** ㉡, ㉢, ㉠

10 891   **11** 0, 1, 2

12 692

풀이 127 / 127, 565 / 565, 692

3 (학교~도서관)=(학교~병원)+(병원~도서관)
$=342+297=639$ (m)

4 100이 5개이면 500, 10이 4개이면 40, 1이 9개이면 9이므로 549입니다.
➡ $549+135=684$

5 일의 자리에서 받아올림한 수를 십의 자리 계산에서 더하지 않았습니다.

6 (1) $357+213=570$, $176+382=558$
➡ $570>558$
(2) $294+524=818$, $423+418=841$
➡ $818<841$

7 (오늘 야구장에 입장한 남자 수)
=(오늘 야구장에 입장한 여자 수)$+163$
$=574+163=737$(명)

8 삼각형에 적힌 수는 216, 749입니다.
➡ $216+749=965$

9 ㉠ $214+495=709$
㉡ $507+285=792$
㉢ $370+378=748$
➡ ㉡ $792>$ ㉢ $748>$ ㉠ 709

10 $752>648>394>139$이므로 가장 큰 수는 752, 가장 작은 수는 139입니다.
➡ $752+139=891$

11 $371+262=633$입니다. $633>63$□이어야 하므로 □ 안에 들어갈 수 있는 수는 0, 1, 2입니다.

개념3 받아올림이 여러 번 있는 (세 자리 수)+(세 자리 수)

확인 16쪽
(1) (왼쪽에서부터) 1 / 3 / 1, 1 / 4, 3 / 1, 1 / 5, 4, 3
(2) (왼쪽에서부터) 1 / 1 / 1, 1 / 1, 1 / 1, 1 / 1 / 1, 4, 1, 1

개념 익히기 17쪽

1 743

2 (1) 532 (2) 1343 (3) 523 (4) 1415

3 1241   **4** 1252

5 1321   **6** (1) < (2) >

1 일 모형 10개는 십 모형 1개와 같고, 십 모형 10개는 백 모형 1개와 같으므로 같은 수 모형끼리 더하면 백 모형 7개, 십 모형 4개, 일 모형 3개가 됩니다.

3 $645+596=1241$

4 $435+817=1252$

5 (은우가 말한 수)$+784=537+784=1321$

6 (1) $349+593=942$, $265+678=943$
➡ $942<943$
(2) $864+759=1623$, $657+936=1593$
➡ $1623>1593$

실력 다지기

1 (1) 627 (2) 1481

2 방법1 80, 5 / 750   방법2 200 / 750

3 543, 1341   **4** 1 / 100

5 ㉡   **6** 613명

7 3 / 1 / 2   **8** 지환

9 624   **10** 1024 cm

11 1121

　　　풀이 9, 7, 4, 1 / 974, 147 / 974, 147, 1121

2 방법1 400+200=600, 60+80=140,
　　　　5+5=10
　　　　→ 465+285=600+140+10=750

　　　방법2 65+85=150, 400+200=600
　　　　→ 465+285=150+600=750

3 369+174=543, 543+798=1341

4 십의 자리 계산 1+3+9=13에서 3은 십의 자리에
　　쓰고 1은 백의 자리로 받아올림합니다.
　　따라서 ㉠에 알맞은 수는 1이고, 실제로 나타내는
　　값은 100입니다.

5 ㉠
$$\begin{array}{r} \overset{1}{}\overset{1}{} \\ 2\,8\,6 \\ +\ 4\,5\,9 \\ \hline 7\,4\,5 \end{array}$$
(→ 받아올림 두 번)

㉡
$$\begin{array}{r} \overset{1}{}\overset{1}{} \\ 6\,9\,7 \\ +\ 5\,3\,4 \\ \hline 1\,2\,3\,1 \end{array}$$
(→ 받아올림 세 번)

㉢
$$\begin{array}{r} \overset{1}{} \\ 8\,2\,3 \\ +\ 1\,5\,8 \\ \hline 9\,8\,1 \end{array}$$
(→ 받아올림 한 번)

6 (현우네 학교의 전체 학생 수)
　　=(남학생 수)+(여학생 수)
　　=377+236=613(명)

7 387+534=921, 615+476=1091,
　　268+749=1017
　　→ 1091>1017>921

8 (해민이가 하루 동안 한 줄넘기 횟수)
　　=387+436=823(번)
　　(지환이가 하루 동안 한 줄넘기 횟수)
　　=593+249=842(번)

→ 823<842이므로 지환이가 줄넘기를 더 많이 했
　습니다.

9 짝수는 496, 128입니다.
　　→ 496+128=624

10 (삼각형의 세 변의 길이의 합)
　　=258+392+374=650+374=1024(cm)

개념 4 받아내림이 없는
(세 자리 수)-(세 자리 수)

확인 1 예 500, 200 / 300

확인 2 2, 1, 2, 3, 1, 2

개념 익히기

1 235   **2** 300, 20 / 1 / 321

3 (1) 232 (2) 472 (3) 236 (4) 471

4 321   **5** 432

6 <

1 같은 수 모형끼리 빼면 백 모형 2개, 십 모형 3개, 일
　　모형 5개가 남습니다.

4 853-532=321

5 648-216=432

6 590-250=340, 982-631=351
　　→ 340<351

실력 다지기

1 (1) 246 (2) 441   **2** 400-200에 색칠

3 434

4 597-241, 679-323에 ○표

5 221   **6** ㉡

7 215명   **8** 312

9 522개   **10** 424

11 541

12 420

　　　풀이 421 / 421 / 420

2 398과 183을 각각 몇백으로 어림하면 398은 약 400, 183은 약 200이므로 398−183은 400−200으로 어림셈을 할 수 있습니다.

3 759−325=434

4 597−241=356, 679−323=356, 486−120=366

5 백 모형이 4개, 십 모형이 5개, 일 모형이 8개이므로 수 모형이 나타내는 수는 458입니다.
→ 458−237=221

6 ㉠ 895−241=654　　㉡ 893−281=612
㉢ 959−316=643
→ ㉡ 612 < ㉢ 643 < ㉠ 654

7 (안경을 쓰지 않은 학생 수)
=(전체 학생 수)−(안경을 쓴 학생 수)
=579−364=215(명)

8 새연이가 생각한 수에 426을 더하면 738이 되므로 새연이가 생각한 수는 738−426=312입니다.

9 894 > 665 > 421 > 372이므로 가장 많이 팔린 사탕 수는 894개, 가장 적게 팔린 사탕 수는 372개입니다.
→ (가장 많이 팔린 사탕 수)−(가장 적게 팔린 사탕 수)
=894−372=522(개)

10 ㉠이 나타내는 수는 659이고, ㉡이 나타내는 수는 235입니다.
→ ㉠−㉡=659−235=424

11 9 > 5 > 3이므로 만들 수 있는 가장 큰 세 자리 수는 953입니다.
→ 953−412=541

 개념5 받아내림이 한 번 있는
(세 자리 수)−(세 자리 수)

24쪽

확인 (1) (왼쪽에서부터) 7, 10 / 7 / 7, 10 / 3, 7 / 7, 10 / 3, 3, 7
(2) (왼쪽에서부터) 4 / 4, 10 / 5, 4 / 4, 10 / 2, 5, 4

 개념 익히기

25쪽

1 128

2 (1) 425　(2) 273　(3) 165　(4) 435

3 354　　　　**4** 300

5 ✕　　　　**6** <

1 십 모형 1개를 일 모형 10개로 바꾼 후 백 모형 1개, 십 모형 1개, 일 모형 7개를 빼면 백 모형 1개, 십 모형 2개, 일 모형 8개가 남습니다.

3 781−427=354

4 십의 자리 계산 3−6을 할 수 없으므로 백의 자리에서 받아내림합니다.
따라서 □ 안의 수 3은 백의 자리에서 십의 자리로 받아내림하고 남은 수이므로 실제로 나타내는 값은 300입니다.

5 • 536−119=417　　• 829−342=487

6 352−118=234, 946−673=273
→ 234 < 273

실력 다지기

26~27쪽

1 (1) 215　(2) 363　　**2** (위에서부터) 438 / 583

3 397 cm　　　　**4** 135

5
```
  5 8 6      5 8 6
− 2 4 9    − 2 4 9
  3 ④ 3  ,   3 3 7
```

6 751권　　　　**7** 428

8 286　　　　**9** ㉢

10 671　　　　**11** 464

12 9
풀이 4 / 10, 1 / 1, 4 / 4, 1, 4 / 9

2 • 856−418=438　　• 856−273=583

3 (긴 쪽의 길이)−(짧은 쪽의 길이)
=779−382=397 (cm)

4 선재가 설명하는 수는 493입니다.
→ 493−358=135

5 십의 자리에서 받아내림하여 계산하지 않고 각 자리의 큰 수에서 작은 수를 빼서 계산했습니다.

6 (도서관에 남아 있는 책 수)
  ＝(처음 도서관에 있던 책 수) － (빌려 간 책 수)
  ＝914－163＝751(권)

7 에 적힌 수는 154, 582입니다.
  → 582－154＝428

8 627－□＝341 → 627－341＝□, □＝286

9 ㉠ 867－482＝385   ㉡ 594－206＝388
  ㉢ 741－325＝416

10 839＞503＞376＞168이므로 가장 큰 수는 839, 가장 작은 수는 168입니다.
  → 839－168＝671

11 • 983－345＝638이므로 ●＝638입니다.
  • 638－174＝464이므로 ★＝464입니다.

12 참고 뺄셈에서 각 자리 수끼리의 계산 결과가 빼지는 수보다 크면 받아내림이 있는 것입니다.

개념**6** 받아내림이 두 번 있는
(세 자리 수)－(세 자리 수)

확인
(1) (왼쪽에서부터) 2, 10 / 4 / 4, 12, 10 / 7, 4 / 4, 12, 10 / 3, 7, 4
(2) (왼쪽에서부터) 5, 9, 10 / 9 / 5, 9, 10 / 8, 9 / 5, 9, 10 / 2, 8, 9

개념 익히기
28쪽 → 29쪽

1 175

2 (1) 174 (2) 238 (3) 355 (4) 238

3 575   **4** 474

5 268   **6** 653－184에 색칠

3 932－357＝575

4 741－267＝474

5 507－239＝268

---

6 653－184＝469, 924－495＝429

실력 다지기

1 (1) 174 (2) 597

2 방법1 80, 8 / 355   방법2 88, 200 / 355

3 662, 177   **4** ⑤

5 ㉠   **6** 학교, 189 m

7 414 cm   **8**

9 495   **10** 479

11 813, 279, 534
  풀이 813 / 279 / 813, 279, 534

2 방법1 500－200＝300, 130－80＝50, 13－8＝5
  → 643－288＝300＋50＋5＝355
  방법2 143－88＝55, 500－200＝300
  → 643－288＝55＋300＝355

3 921－259＝662, 662－485＝177

4 십의 자리에서 일의 자리로 10을 받아내림하고, 백의 자리에서 십의 자리로 100을 받아내림합니다.
  따라서 ㉠에 알맞은 수는 12이고, 실제로 나타내는 값은 120입니다.

5 ㉠ 715－249＝466   ㉡ 934－567＝367
  ㉢ 621－185＝436
  → ㉠ 466 ＞ ㉢ 436 ＞ ㉡ 367

6 814＞625이므로 학교가 집에서 814－625＝189(m) 더 멀리 떨어져 있습니다.

7 7 m＝700 cm이므로 남은 철사는 700－286＝414(cm)입니다.

8 • 645－□＝179 → 645－179＝□, □＝466
  • 832－□＝386 → 832－386＝□, □＝446

9 9＞6＞4이므로 만들 수 있는 세 자리 수 중에서 가장 큰 수는 964이고 가장 작은 수는 469입니다.
  → 964－469＝495

10 윤서가 고른 수는 276, 주원이가 고른 수는 755입니다.
  → 755－276＝479

유형으로 마무리하기

1 (위에서부터) 4, 1 / 2   **2** (위에서부터) 3 / 2, 8

3 0 / 4 / 3   **4** 20

5 825   **6** 102

7 풀이 예 어떤 수를 $\square$라 하면 $\square-361=273$,
$273+361=\square$, $\square=634$이므로 바르게 계산한
값은 $634+361=995$입니다.
따라서 바르게 계산한 값과 잘못 계산한 값의 차
는 $995-273=722$입니다.
답 722

8 71   **9** 868

10 396

11 풀이 예 일의 자리 숫자가 8인 가장 큰 세 자리 수
는 638이고, 가장 작은 세 자리 수는 138입니다.
따라서 합은 $638+138=776$이고,
차는 $638-138=500$입니다.
답 합: 776, 차: 500

12 515   **13** 156

14 988   **15** 343

16 1   **17** 677 cm

18 풀이 예 (색 테이프 2장의 길이의 합)
      $=458+458=916$ (cm)
(이어 붙인 색 테이프의 전체 길이)
      $=916-197=719$ (cm)
답 719 cm

19 286 cm   **20** 106 cm

21 322   **22** 405

23 풀이 예 $589+33\square=926$이라 하면
$33\square=926-589=337$이므로 $\square=7$입니다.
$589+33\square>926$이어야 하므로 0부터 9까지의
수 중에서 $\square$ 안에 들어갈 수 있는 수는 8, 9입
니다.
➔ $8+9=17$
답 17

24 170, 171

1 • 일의 자리 계산: $\square+6=7$, $\square=1$
• 십의 자리 계산: $7+\square=9$, $\square=2$
• 백의 자리 계산: $\square+3=7$, $\square=4$

2 • 일의 자리 계산: $10+7-\square=9$, $\square=8$
• 십의 자리 계산: $\square-1+10-9=3$, $\square=3$
• 백의 자리 계산: $6-1-\square=3$, $\square=2$

3 • 일의 자리 계산: $8+2=10$, ■ $=0$
• 십의 자리 계산: $1+9+▲=14$, ▲ $=4$
• 백의 자리 계산: $1+4+●=8$, ● $=3$

4 • 일의 자리 계산: $10+1-㉠=2$, $㉠=9$
• 십의 자리 계산: $6-1+10-㉢=8$, $㉢=7$
• 백의 자리 계산: $9-1-㉡=4$, $㉡=4$
➔ $㉠+㉡+㉢=9+4+7=20$

5 어떤 수를 $\square$라 하면 $\square-238=392$입니다.
➔ $392+238=\square$, $\square=630$
따라서 어떤 수에 195를 더하면 $630+195=825$
입니다.

6 어떤 수를 $\square$라 하면 $289+\square=476$입니다.
➔ $476-289=\square$, $\square=187$
따라서 바르게 계산하면 $289-187=102$입니다.

7

채점 기준	
상	풀이 과정을 완성하여 바르게 계산한 값과 잘못 계산한 값의 차를 구한 경우
중	풀이 과정을 완성했지만 일부가 틀린 경우
하	답만 쓴 경우

8 258의 십의 자리 숫자와 일의 자리 숫자를 바꾼 수
는 285입니다.
어떤 수를 $\square$라 하면 $\square+285=614$입니다.
➔ $614-285=\square$, $\square=329$
따라서 바르게 계산한 값은 $329-258=71$입니다.

9 $6>3>2$이므로 만들 수 있는 세 자리 수 중에서 가
장 큰 수는 632, 가장 작은 수는 236입니다.
➔ $632+236=868$

10 $8>5>4$이므로 만들 수 있는 세 자리 수 중에서 가
장 큰 수는 854, 가장 작은 수는 458입니다.
➔ $854-458=396$

11

채점 기준	
상	풀이 과정을 완성하여 일의 자리 숫자가 8인 세 자리 수 중 가장 큰 수와 가장 작은 수의 합과 차를 구한 경우
중	풀이 과정을 완성했지만 일부가 틀린 경우
하	답만 쓴 경우

12 $9>7>5>4$이므로 만들 수 있는 세 자리 수 중에서 가장 큰 수는 975, 두 번째로 큰 수는 974입니다. 또, 만들 수 있는 세 자리 수 중에서 가장 작은 수는 457, 두 번째로 작은 수는 459입니다.
→ $974-459=515$

13 찢어진 종이에 적힌 세 자리 수를 □라 하면 $362+\square=518$입니다.
$518-362=\square$, $\square=156$이므로 찢어진 종이에 적힌 세 자리 수는 156입니다.

14 찢어진 종이에 적힌 세 자리 수를 □라 하면 $743-\square=498$입니다.
$743-498=\square$, $\square=245$이므로 찢어진 종이에 적힌 세 자리 수는 245입니다.
두 수는 743, 245이므로 두 수의 합은 $743+245=988$입니다.

15 찢어진 종이에 적힌 세 자리 수를 □라 하면 $597+\square=851$입니다.
$851-597=\square$, $\square=254$이므로 찢어진 종이에 적힌 세 자리 수는 254입니다.
두 수는 597, 254이므로 두 수의 차는 $597-254=343$입니다.

16 뒤집어 놓은 종이에 적힌 세 자리 수를 □라 하면 $485+\square=971$, $971-485=\square$, $\square=486$입니다.
두 수는 485, 486이므로 두 수의 차는 $486-485=1$입니다.

17 (색 테이프 2장의 길이의 합)
$=329+485=814\,(cm)$
(이어 붙인 색 테이프의 전체 길이)
$=814-137=677\,(cm)$

18

	채점 기준
상	풀이 과정을 완성하여 이어 붙인 색 테이프의 전체 길이를 구한 경우
중	풀이 과정을 완성했지만 일부가 틀린 경우
하	답만 쓴 경우

19 (색 테이프 2장의 길이의 합)
$=487+487=974\,(cm)$
(겹쳐진 부분의 길이)
$=$ (색 테이프 2장의 길이의 합)
$\quad-$ (이어 붙인 색 테이프의 전체 길이)
$=974-688=286\,(cm)$

20 (색 테이프 3장의 길이의 합)
$=296+296+296$
$=592+296=888\,(cm)$
(겹쳐진 부분의 길이의 합)
$=888-676=212\,(cm)$
→ $106+106=212$이므로 겹쳐진 한 부분의 길이는 $106\,cm$입니다.

21 $385+\square=706$이라 하면
$706-385=\square$, $\square=321$입니다.
$385+\square>706$이어야 하므로 □ 안에 들어갈 수 있는 수는 321보다 커야 합니다.
따라서 □ 안에 들어갈 수 있는 세 자리 수 중에서 가장 작은 수는 322입니다.

22 $933-\square=527$이라 하면
$933-527=\square$, $\square=406$입니다.
$527<933-\square$이어야 하므로 □ 안에 들어갈 수 있는 수는 406보다 작아야 합니다.
따라서 □ 안에 들어갈 수 있는 세 자리 수 중에서 가장 큰 수는 405입니다.

23

	채점 기준
상	풀이 과정을 완성하여 □ 안에 들어갈 수 있는 모든 수의 합을 구한 경우
중	풀이 과정을 완성했지만 일부가 틀린 경우
하	답만 쓴 경우

24 • $842-426=585-\square$라 하면 $416=585-\square$, $585-416=\square$, $\square=169$입니다.
$842-426>585-\square$이어야 하므로 □ 안에 들어갈 수 있는 수는 169보다 커야 합니다.
• $568-\square=260+136$이라 하면 $568-\square=396$, $568-396=\square$, $\square=172$입니다.
$568-\square>260+136$이어야 하므로 □ 안에 들어갈 수 있는 수는 172보다 작아야 합니다.
따라서 □ 안에 공통으로 들어갈 수 있는 세 자리 수는 169보다 크고 172보다 작아야 하므로 170, 171입니다.

2. 평면도형

개념북

개념 ① 선분, 반직선, 직선

확인 38쪽

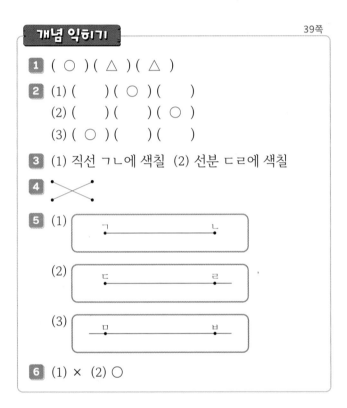

개념 익히기 39쪽

1 (○) (△) (△)

2 (1) (   ) (○) (   )
   (2) (   ) (   ) (○)
   (3) (○) (   ) (   )

3 (1) 직선 ㄱㄴ에 색칠 (2) 선분 ㄷㄹ에 색칠

4

5 (1) ㄱ   ㄴ

   (2) ㄷ   ㄹ

   (3) ㅁ   ㅂ

6 (1) × (2) ○

---

1 반듯하게 쭉 뻗은 선이 곧은 선이고, 구부러진 선이 굽은 선입니다.

2 (1) 선분은 두 점을 곧게 이은 선입니다.
   (2) 반직선은 한 점에서 시작하여 한쪽으로 끝없이 늘인 곧은 선입니다.
   (3) 직선은 선분을 양쪽으로 끝없이 늘인 곧은 선입니다.

3 (1) 점 ㄱ과 점 ㄴ을 지나는 직선이므로 직선 ㄱㄴ 또는 직선 ㄴㄱ입니다.
   (2) 점 ㄷ과 점 ㄹ을 이은 선분이므로 선분 ㄷㄹ 또는 선분 ㄹㄷ입니다.

4 • 반직선 ㅁㅂ은 점 ㅁ에서 시작하여 점 ㅂ을 지나는 반직선입니다.

• 반직선 ㅂㅁ은 점 ㅂ에서 시작하여 점 ㅁ을 지나는 반직선입니다.

5 (1) 점 ㄱ과 점 ㄴ을 곧은 선으로 잇습니다.
   (2) 점 ㄷ에서 시작하여 점 ㄹ을 지나는 곧은 선을 긋습니다.
   (3) 점 ㅁ과 점 ㅂ을 지나는 곧은 선을 긋습니다.

6 (1) 선분은 끝이 있지만 직선은 끝이 없습니다.

실력 다지기 40~41쪽

1 가, 다, 마 / 나, 라, 바

2 ㉡   **3** ②

4 선분 ㅁㅂ 또는 선분 ㅂㅁ, 선분 ㅅㅇ 또는 선분 ㅇㅅ /
반직선 ㄱㄴ, 반직선 ㅌㅋ /
직선 ㄷㄹ 또는 직선 ㄹㄷ, 직선 ㅈㅊ 또는 직선 ㅊㅈ

5 1개

6

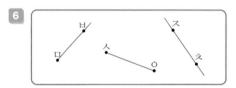

7 5개

8 ㄱ   ㄷ   ㄴ /
반직선 ㄷㄴ

9 ㉡

10 아닙니다에 ○표 /
  ⑩ 반직선 ㅇㅈ은 점 ㅇ에서 시작하여 점 ㅈ을 지나는 반직선인데 점 ㅈ에서 시작하여 점 ㅇ을 지나는 반직선이기 때문입니다.

11 6개

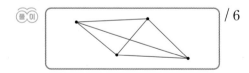
         / 6

---

2 선분은 두 점을 곧게 이은 선인데 ㉠은 굽은 선이고 ㉢은 꺾인 선이므로 선분이 아닙니다.
따라서 점 ㄱ과 점 ㄴ을 이은 선분은 ㉡입니다.

3 반직선 ㄹㄷ은 점 ㄹ에서 시작하여 점 ㄷ을 지나는 반직선이므로 ②입니다.

5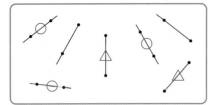

직선에 ○표, 선분에 △표 하면 직선은 3개, 선분은 2개입니다.
따라서 직선은 선분보다 3−2=1(개) 더 많습니다.

6 • 선분 ㅅㅇ은 점 ㅅ과 점 ㅇ을 곧은 선으로 잇습니다.
 • 반직선 ㅁㅂ은 점 ㅁ에서 시작하여 점 ㅂ을 지나는 곧은 선을 긋습니다.
 • 직선 ㅈㅊ은 점 ㅈ과 점 ㅊ을 지나는 곧은 선을 긋습니다.

7 선분은 두 점을 곧게 이은 선이므로 모두 5개입니다.

8 한 점에서 시작하여 한쪽으로 끝없이 늘인 곧은 선은 반직선이므로 점 ㄷ에서 시작하여 점 ㄴ을 지나는 곧은 선은 반직선 ㄷㄴ입니다.

9 ㉡ 반직선 ㅁㅂ은 점 ㅁ에서 시작하여 점 ㅂ을 지나는 반직선이고, 반직선 ㅂㅁ은 점 ㅂ에서 시작하여 점 ㅁ을 지나는 반직선입니다.
 따라서 잘못 설명한 것은 ㉡입니다.

개념 2

확인 1  / ㄷㄴㄱ / ㄴ, ㄴㄱ, ㄴㄷ

42쪽

확인 2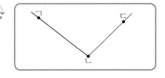

개념 익히기

1 ( ) (○) ( )

2 2, 1   3 점 ㅁ

4 각 ㅅㅇㅈ, 각 ㅈㅇㅅ에 색칠

5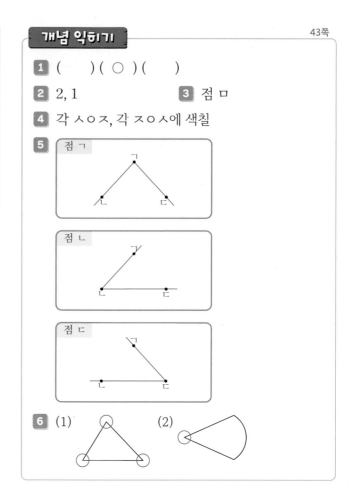

6 (1) (2)

1 한 점에서 그은 두 반직선으로 이루어진 도형을 찾습니다.

참고 각이 아닌 경우
 • 두 반직선이 한 점에서 만나지 않는 도형
 • 곧은 선과 굽은 선으로 이루어진 도형
 • 굽은 선과 굽은 선으로 이루어진 도형

2

3 각에서 꼭짓점은 두 반직선이 시작되는 점이므로 각의 꼭짓점은 점 ㅁ입니다.

4 각의 꼭짓점이 가운데에 오도록 읽습니다.

5 • 점 ㄱ이 꼭짓점이 되도록 반직선 ㄱㄴ과 반직선 ㄱㄷ을 각각 긋습니다.
 • 점 ㄴ이 꼭짓점이 되도록 반직선 ㄴㄱ과 반직선 ㄴㄷ을 각각 긋습니다.
 • 점 ㄷ이 꼭짓점이 되도록 반직선 ㄷㄱ과 반직선 ㄷㄴ을 각각 긋습니다.

6 한 점에서 그은 두 반직선으로 이루어진 곳을 모두 찾아 ○표 합니다.

실력 다지기

44~45쪽

1 각

2 ( )( )(○)

3 각 ㅁㅂㅅ 또는 각 ㅅㅂㅁ / 변 ㅂㅁ, 변 ㅂㅅ

4 ④

5 ㉡

6

점 ㅎ / 변 ㅎㅌ, 변 ㅎㅍ

7 3개

8 라, 나, 다, 가

9 예 각은 한 점에서 그은 두 반직선으로 이루어진 도형인데 승현이의 그림은 두 반직선이 한 점에서 만나지 않으므로 각을 잘못 그렸습니다.

10 6개

11 6개

 ②, ③, 3 / ②, ②, ③, 2 / ②, ③, 1 / 3, 2, 1, 6

---

2 각의 모든 변은 곧은 선입니다.
각 ㄴㄷㄹ의 꼭짓점은 점 ㄷ입니다.

3 점 ㅂ을 각의 꼭짓점으로 하여 그린 각이므로
각 ㅁㅂㅅ 또는 각 ㅅㅂㅁ이라고 씁니다.
각의 변은 반직선 ㅂㅁ, 반직선 ㅂㅅ이므로 변 ㅂㅁ,
변 ㅂㅅ입니다.

4 ④에는 한 점에서 그은 두 반직선으로 이루어진 부분이 없습니다.

5 ㉡ 각 ㅈㅇㅊ 또는 각 ㅊㅇㅈ이라고 읽습니다.
따라서 잘못 설명한 것은 ㉡입니다.

6 점 ㅎ이 각의 꼭짓점이 되도록 그립니다.

7 도형에서 점 ㄱ을 꼭짓점으로 하는 각은 각 ㄴㄱㄷ,
각 ㄷㄱㄹ, 각 ㄴㄱㄹ로 모두 3개입니다.

8
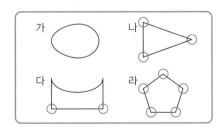

가: 0개, 나: 3개, 다: 2개, 라: 5개
→ 5>3>2>0이므로 각의 수가 많은 도형부터
차례로 기호를 쓰면 라, 나, 다, 가입니다.

10
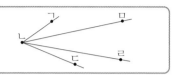

점 ㄴ을 꼭짓점으로 하는 각은 각 ㄱㄴㅁ, 각 ㅁㄴㄹ,
각 ㄹㄴㄷ, 각 ㄱㄴㄹ, 각 ㅁㄴㄷ, 각 ㄱㄴㄷ으로 모두
6개입니다.

개념 3 직각

46쪽

확인 1

확인 2 (1) 예

(2) 예

개념 익히기

47쪽

1 (1) 가, 나, 라 (2) 나   2 ( )(○)( )

3
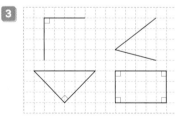

4 ③

5
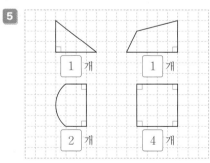

6 8개

개념북

2. 평면도형 **11**

1 (1) 한 점에서 그은 두 반직선으로 이루어진 도형을
찾습니다.
(2) 삼각자의 직각 부분을 대었을 때 꼭 맞게 겹쳐지
는 각을 찾습니다.
참고 모눈을 따라 그었을 때 만난 두 선분이 이루는
각은 직각입니다.

2 삼각자의 직각 부분을 대었을 때 꼭 맞게 겹쳐지는
각을 찾아 ○표 합니다.

3 삼각자의 직각 부분을 대었을 때 꼭 맞게 겹쳐지는
각을 찾아 직각 표시를 합니다.

4 점 ㄱ과 ③의 점을 이으면 점 ㄱ이 꼭짓점인 직각을
그릴 수 있습니다.

5 삼각자의 직각 부분을 대었을 때 꼭 맞게 겹쳐지는 각
을 찾아 직각 표시를 하고 표시한 직각의 수를 세어
봅니다.

6
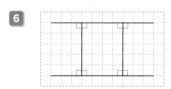

삼각자의 직각 부분을 대었을 때 꼭 맞게 겹쳐지는
각을 모두 찾으면 8개입니다.

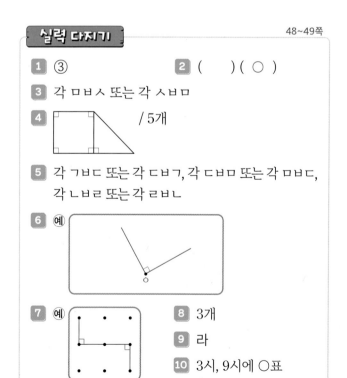

실력 다지기   48~49쪽

1 ③   **2** (   ) (○)

3 각 ㅁㅂㅅ 또는 각 ㅅㅂㅁ

4   / 5개

5 각 ㄱㅂㄷ 또는 각 ㄷㅂㄱ, 각 ㄷㅂㅁ 또는 각 ㅁㅂㄷ,
각 ㄴㅂㄹ 또는 각 ㄹㅂㄴ

6 예

7 예   **8** 3개

                   9 라

                   10 3시, 9시에 ○표

---

11 12개
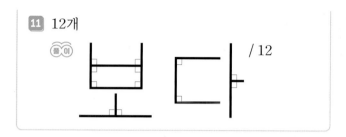
풀이   / 12

1 삼각자의 직각 부분을 대었을 때 꼭 맞게 겹쳐지는
각을 찾습니다.

2 두 삼각자가 직각을 이루는 부분을 따라 직각을 그
려야 합니다.

3 삼각자의 직각 부분을 대었을 때 꼭 맞게 겹쳐지는
각을 찾으면 오른쪽 각이고, 각 ㅁㅂㅅ 또는 각 ㅅㅂㅁ
이라고 씁니다.

4 삼각자의 직각 부분을 대었을 때 꼭 맞게 겹쳐지는
각을 찾아 직각 표시를 하고 표시한 직각의 수를 세
어 보면 모두 5개입니다.

5
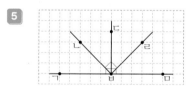

삼각자의 직각 부분을 대었을 때 꼭 맞게 겹쳐지는
각을 찾으면 각 ㄱㅂㄷ 또는 각 ㄷㅂㄱ, 각 ㄷㅂㅁ
또는 각 ㅁㅂㄷ, 각 ㄴㅂㄹ 또는 각 ㄹㅂㄴ입니다.

6 삼각자의 직각 부분의 꼭짓점을 점 ㅇ에 맞추고 점
ㅇ에서 시작하는 두 반직선을 삼각자의 변을 따라
긋습니다.

7 삼각자의 직각 부분을 대었을 때 꼭 맞게 겹쳐지는
각이 2군데가 되도록 모양을 그립니다.

8
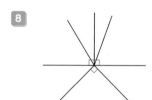

삼각자의 직각 부분을 대었을 때 꼭 맞게 겹쳐지는
각을 찾아 직각 표시를 하고 표시한 직각의 수를 세
어 보면 모두 3개입니다.

9

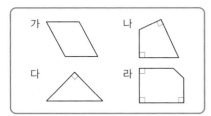

가: 0개, 나: 2개, 다: 1개, 라: 3개

→ 3＞2＞1＞0이므로 직각의 수가 가장 많은 도형은 라입니다.

10

3시　4시　6시　9시　12시

시계의 긴바늘과 짧은바늘이 이루는 작은 쪽의 각이 직각인 시각은 3시, 9시입니다.

개념 4 직각삼각형

50쪽

확인 1 3 / 3 / 3 / 1

확인 2 (1) 예

(2) 예

개념 익히기

51쪽

1 (1) 나, 라 (2) 직각삼각형

2 가　　　**3** (　　)(　　)(○)

4 (1)　　　(2)

5 예

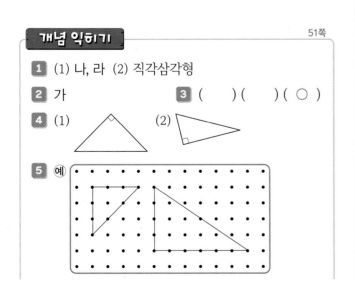

6

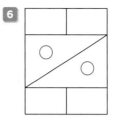

2 한 각이 직각인 삼각형을 찾으면 가입니다.

3 한 각이 직각인 삼각형 모양의 물건을 찾아 ○표 합니다.

4 삼각자의 직각 부분을 이용하여 직각을 찾아봅니다.

5 한 각이 직각인 삼각형을 그립니다.

6 가운데에 있는 삼각형 2개는 한 각이 직각인 삼각형입니다.

실력 다지기

52~53쪽

1 3개　　　　　　　**2** ②

3 가, 다, 라　　　　**4** ㉠, ㉢

5 5개

6 예

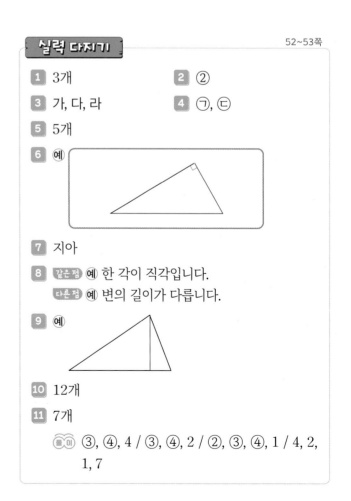

7 지아

8 같은점 예 한 각이 직각입니다.
　　다른점 예 변의 길이가 다릅니다.

9 예

10 12개

11 7개

　풀이 ③, ④, 4 / ③, ④, 2 / ②, ③, ④, 1 / 4, 2, 1, 7

1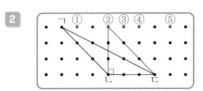

한 각이 직각인 삼각형을 모두 찾으면 3개입니다.

2

꼭짓점 ㄱ을 ②의 점으로 옮기면 한 각이 직각인 삼각형이 됩니다.

3

한 각이 직각인 삼각형을 찾으면 가, 다, 라입니다.

4 ㉡ 직각삼각형에서 직각은 1개입니다.
따라서 바르게 설명한 것은 ㉠, ㉢입니다.

5

한 각이 직각인 삼각형에 ○표 하면 모두 5개입니다.

6 주어진 선분의 한쪽 끝에 삼각자의 직각 부분을 대고 직각이 되도록 선분을 그은 후 두 선분의 양 끝점을 잇습니다.

7 주어진 삼각형에 직각이 없습니다.
따라서 도형이 직각삼각형이 아닌 이유를 바르게 설명한 친구는 지아입니다.

9 삼각형에 선분 1개를 다음과 같이 그을 수도 있습니다.

10

사용한 직각삼각형 모양 조각은 12개입니다.

54쪽

확인 1 4 / 4 / 4 / 4

확인 2 (1)

(2)

개념 익히기 55쪽

1 (1) 가, 다, 라 (2) 가, 라 (3) 직사각형

2 가, 다

3 ( ) (○) ( )

4

5 예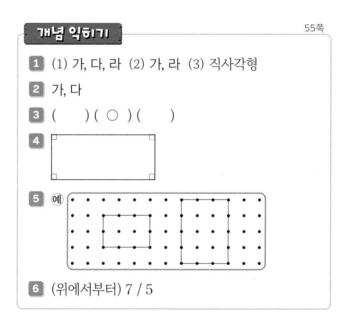

6 (위에서부터) 7 / 5

2 네 각이 모두 직각인 사각형을 찾으면 가, 다입니다.

3 네 각이 모두 직각인 사각형 모양의 물건을 찾아 ○표 합니다.

4 직사각형은 네 각이 모두 직각이므로 네 각에 모두 표시합니다.

5 네 각이 모두 직각인 사각형을 그립니다.

6 직사각형은 마주 보는 두 변의 길이가 같습니다.

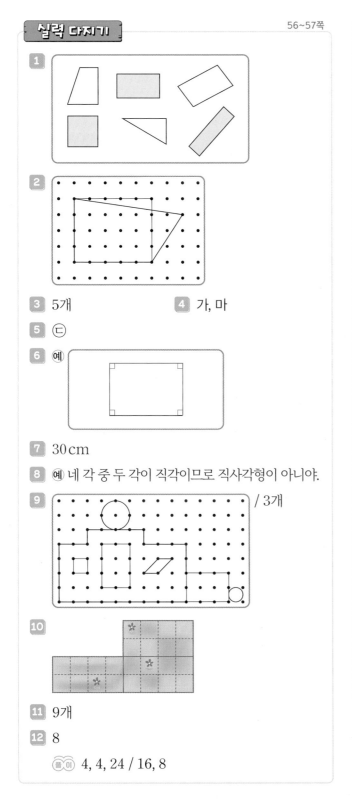

1

2

3 5개   **4** 가, 마

5 ㉢

6 예)

7 30 cm

8 예) 네 각 중 두 각이 직각이므로 직사각형이 아니야.

9 / 3개

10

11 9개

12 8

풀이 4, 4, 24 / 16, 8

1 네 각이 모두 직각인 사각형을 찾아 색칠합니다.

2 꼭짓점을 옮겨 가며 네 각이 모두 직각인 사각형이 되는 점을 찾습니다.

3 직각이 직각삼각형은 1개, 직사각형은 4개입니다.
따라서 두 도형의 직각의 수의 합은 1+4=5(개)입니다.

4 네 각이 모두 직각인 사각형을 찾으면 가, 마입니다.

5 ㉢ 직사각형은 네 변의 길이가 같을 때도 있고 다를 때도 있습니다.
따라서 잘못 설명한 것은 ㉢입니다.

6 선분의 양 끝에 삼각자의 한 변을 대고 직각이 되도록 길이가 같은 두 변을 그려서 직사각형을 완성합니다.

7 직사각형은 마주 보는 두 변의 길이가 같습니다.
(직사각형의 네 변의 길이의 합)
$=9+6+9+6=30(cm)$

8 직사각형은 네 각이 모두 직각인 사각형입니다. 주어진 사각형은 두 각만 직각이므로 직사각형이 아닙니다.

9 네 각이 모두 직각인 사각형을 찾아 따라 그립니다.

10 땅이 모두 24칸이므로 한 부분에 8칸씩 들어가도록 모양과 크기가 같은 직사각형 모양으로 나누어 봅니다.

11

①	②
③	④

• 작은 직사각형 1개짜리: ①, ②, ③, ④ ➔ 4개
• 작은 직사각형 2개짜리:
  ①+②, ③+④, ①+③, ②+④ ➔ 4개
• 작은 직사각형 4개짜리: ①+②+③+④ ➔ 1개
따라서 크고 작은 직사각형은 모두
4+4+1=9(개)입니다.

개념 **6** 정사각형

확인 **1** 4 / 4 / 4 / 4

확인 **2** (1)
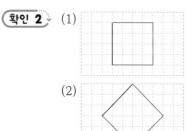
(2)

개념 익히기

1 (1) 나, 다 (2) 나, 라 (3) 나 (4) 정사각형

2 (　　) (　○　) (　　)

3 수진

4 직사각형 / 정사각형

5 예

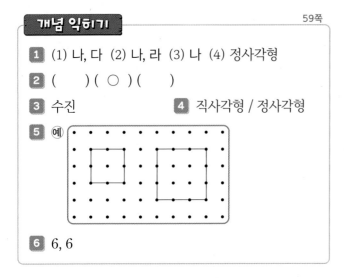

6 6, 6

2 네 각이 모두 직각이고 네 변의 길이가 모두 같은 사각형을 찾아 ○표 합니다.

3 네 각이 모두 직각이고 네 변의 길이가 모두 같은 정사각형 모양의 물건을 가지고 있는 친구는 수진입니다.

5 네 각이 모두 직각이고 네 변의 길이가 모두 같은 사각형을 그립니다.

6 정사각형은 네 변의 길이가 모두 같습니다.

실력 다지기

1 2개

2 정사각형

3 점 ㄹ

4 ⑤

5 예

6 16 cm

7 ㉢, ㉣, ㉫

8 지호

9 6 cm

10 ㉢

11 30 cm

풀이 5, 5, 10 / 5 / 10, 5, 10, 5 / 30

1 네 각이 모두 직각이고 네 변의 길이가 모두 같은 사각형을 모두 찾으면 2개입니다.

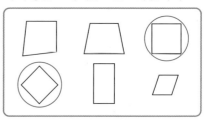

2 네 각이 모두 직각이고 네 변의 길이가 모두 같으므로 정사각형입니다.

3

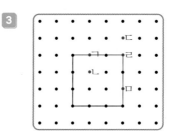

두 선분을 점 ㄹ과 이으면 네 각이 모두 직각이고 네 변의 길이가 모두 같은 사각형이 됩니다.

4 ⑤ 정사각형은 네 각이 모두 직각이므로 직사각형이라고 할 수 있습니다.

5 길이가 3 cm인 한 변을 먼저 그리고 네 각이 모두 직각이고 나머지 세 변의 길이도 3 cm인 사각형을 그립니다.

6 정사각형은 네 변의 길이가 모두 같습니다.
(정사각형의 네 변의 길이의 합)
$=4+4+4+4=16\,(\text{cm})$

7 • 사각형: 변이 4개인 도형
• 직사각형: 네 각이 모두 직각인 사각형
• 정사각형: 네 각이 모두 직각이고 네 변의 길이가 모두 같은 사각형

8 주어진 사각형은 네 변의 길이는 모두 같지만 네 각이 모두 직각이 아니므로 정사각형이 아닙니다.
따라서 정사각형이 아닌 이유를 바르게 설명한 친구는 지호입니다.

9 (가장 큰 정사각형의 한 변의 길이)
＝(직사각형의 짧은 변의 길이)＝6 cm

10 정사각형은 네 변의 길이가 모두 같지만 직사각형은 마주 보는 두 변의 길이가 같습니다.

1

2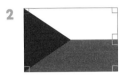

3 11개 **4** 3개

5 8개 **6** 6개

7 풀이 예

- 작은 각 1개짜리: ①, ②, ③, ④ ➡ 4개
- 작은 각 2개짜리: ①+②, ②+③, ③+④
    ➡ 3개
- 작은 각 3개짜리: ①+②+③, ②+③+④
    ➡ 2개
- 작은 각 4개짜리: ①+②+③+④ ➡ 1개

따라서 크고 작은 각은 모두
4+3+2+1=10(개)입니다.

답 10개

8 새연 **9** 5개

10 10개 **11** 12개

12 예
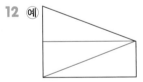

13 예

14 예
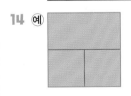 **15** 8개

16 7개

17 풀이 예

- 작은 정사각형 1개짜리:
    ①, ②, ③, ④, ⑤, ⑥, ⑦, ⑧, ⑨ ➡ 9개

- 작은 정사각형 4개짜리:
    ①+②+④+⑤, ②+③+⑤+⑥,
    ④+⑤+⑦+⑧, ⑤+⑥+⑧+⑨ ➡ 4개
- 작은 정사각형 9개짜리:
    ①+②+③+④+⑤+⑥+⑦+⑧+⑨
    ➡ 1개

따라서 크고 작은 정사각형은 모두
9+4+1=14(개)입니다.

답 14개

18 4

19 풀이 예 (만든 직사각형의 긴 변의 길이)
    =8+8=16(cm)
(만든 직사각형의 짧은 변의 길이)=5cm
(만든 직사각형의 네 변의 길이의 합)
    =16+5+16+5=42(cm)

답 42cm

20 50cm **21** 7cm

22 5 **23** 8

---

1 삼각자의 직각 부분을 대었을 때 꼭 맞게 겹쳐지는 각을 모두 찾아 표시합니다.

2 삼각자의 직각 부분을 대었을 때 꼭 맞게 겹쳐지는 각을 모두 찾아 표시합니다.

3

삼각자의 직각 부분을 대었을 때 꼭 맞게 겹쳐지는 각을 찾아 직각 표시를 하고 표시한 직각의 수를 세어 보면 모두 11개입니다.

4

- 작은 각 1개짜리: ①, ② ➡ 2개
- 작은 각 2개짜리: ①+② ➡ 1개

따라서 크고 작은 각은 모두 2+1=3(개)입니다.

5
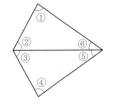

- 작은 각 1개짜리: ①, ②, ③, ④, ⑤, ⑥ ➡ 6개
- 작은 각 2개짜리: ②+③, ⑤+⑥ ➡ 2개
따라서 크고 작은 각은 모두 6+2=8(개)입니다.

6

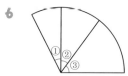

- 작은 각 1개짜리: ①, ②, ③ ➡ 3개
- 작은 각 2개짜리: ①+②, ②+③ ➡ 2개
- 작은 각 3개짜리: ①+②+③ ➡ 1개
따라서 크고 작은 각은 모두 3+2+1=6(개)입니다.

7

	채점 기준
상	풀이 과정을 완성하여 그림에서 찾을 수 있는 크고 작은 각은 모두 몇 개인지 구한 경우
중	풀이 과정을 완성했지만 일부가 틀린 경우
하	답만 쓴 경우

8

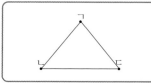

그을 수 있는 선분은 선분 ㄱㄴ, 선분 ㄴㄷ, 선분 ㄱㄷ으로 모두 3개입니다.
따라서 그을 수 있는 선분의 수를 바르게 말한 친구는 새연입니다.

9

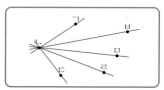

점 ㄴ을 지나는 직선은 직선 ㄴㄱ, 직선 ㄴㅂ, 직선 ㄴㅁ, 직선 ㄴㄹ, 직선 ㄴㄷ으로 모두 5개입니다.

10

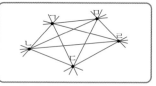

점 ㄱ에서 그을 수 있는 직선은 4개, 직선 ㄱㄴ과 직선 ㄴㄱ은 같으므로 점 ㄴ에서 그을 수 있는 직선은 3개입니다.
이와 같이 생각하면 점 ㄷ에서 그을 수 있는 직선은 2개, 점 ㄹ에서 그을 수 있는 직선은 1개입니다.

따라서 그을 수 있는 직선은 모두
4+3+2+1=10(개)입니다.

11
- 점 ㄱ에서 그을 수 있는 반직선:
  반직선 ㄱㄴ, 반직선 ㄱㄷ, 반직선 ㄱㄹ ➡ 3개
- 점 ㄴ에서 그을 수 있는 반직선:
  반직선 ㄴㄱ, 반직선 ㄴㄷ, 반직선 ㄴㄹ ➡ 3개
- 점 ㄷ에서 그을 수 있는 반직선:
  반직선 ㄷㄱ, 반직선 ㄷㄴ, 반직선 ㄷㄹ ➡ 3개
- 점 ㄹ에서 그을 수 있는 반직선:
  반직선 ㄹㄱ, 반직선 ㄹㄴ, 반직선 ㄹㄷ ➡ 3개
따라서 그을 수 있는 반직선은 모두
3+3+3+3=12(개)입니다.
다른풀이 반직선 ㄱㄴ과 반직선 ㄴㄱ은 다르므로 한 점에서 그을 수 있는 반직선은 각각 3개씩입니다.
➡ 3×4=12(개)

12 한 각이 직각인 삼각형이 3개가 되도록 선분 2개를 그어 봅니다.

13 네 각이 모두 직각인 사각형이 6개가 되도록 선분 3개를 그어 봅니다.

14 크기가 같은 정사각형 2개가 되려면 전체 정사각형의 한 변의 반을 작은 정사각형의 한 변으로 해야 합니다.
나머지 도형은 직사각형이 됩니다.

15

- 작은 삼각형 1개짜리: ①, ②, ③, ④ ➡ 4개
- 작은 삼각형 2개짜리: ①+②, ③+④,
  ①+③, ②+④ ➡ 4개
따라서 크고 작은 직각삼각형은 모두
4+4=8(개)입니다.

16

- 작은 직사각형 1개짜리: ①, ②, ③, ④ ➡ 4개
- 작은 직사각형 2개짜리: ①+②, ③+④ ➡ 2개
- 작은 직사각형 4개짜리: ①+②+③+④ ➡ 1개
따라서 크고 작은 직사각형은 모두
4+2+1=7(개)입니다.

17

18 작은 정사각형의 한 변의 길이가 4cm이므로 큰 정사각형의 한 변의 길이는 $12-4=8$ (cm)입니다.

→ $\square=8-4=4$

19

20 (큰 정사각형의 한 변의 길이)

$=3+8=11$ (cm)

→ (빨간색 선의 길이)

$=11+11+11+3+3+8+3=50$ (cm)

다른풀이 빨간색 선으로 둘러싸인 직사각형의 짧은 변의 길이는 $3+8=11$ (cm), 긴 변의 길이는 $11+3=14$ (cm)입니다.

→ (빨간색 선의 길이)

$=11+14+11+14=50$ (cm)

21 (직사각형 가의 네 변의 길이의 합)

$=5+9+5+9=28$ (cm)

정사각형 나의 네 변의 길이의 합도 28cm이므로

$\square+\square+\square+\square=28$,

$\square=7$입니다.

22 (정사각형 가의 네 변의 길이의 합)

$=6+6+6+6=24$ (cm)

직사각형 나의 네 변의 길이의 합도 24cm이므로

$7+\square+7+\square=24$,

$\square+\square=10$,

$\square=5$입니다.

23 (정사각형의 네 변의 길이의 합)

$=10+10+10+10=40$ (cm)

직사각형 나의 네 변의 길이의 합도 40cm이므로

$12+\square+12+\square=40$,

$\square+\square=16$,

$\square=8$입니다.

---

3. 나눗셈

개념 1 몇 묶음으로 똑같이 나누기

68쪽

확인 1 2 / 2

확인 2 (1) 3, 2 (2) 6, 3, 묶

개념 익히기

69쪽

1 예

2 5

3 10, 2, 5

4 18, 3, 6

5 30 나누기 5는 6과 같습니다.

6 (1) $\boxed{21} \div \triangle{7} = \bigcirc{3}$ (2) $\boxed{45} \div \triangle{9} = \bigcirc{5}$

7 42, 6, 7

1 참고 송편을 다음과 같이 번갈아 가며 놓을 수도 있습니다.

2 송편을 한 개씩 접시에 번갈아 가며 담아 보면 접시 한 개에 송편을 5개씩 담을 수 있습니다.

4 $18 \div 3 = 6$
  └ 몫
  └ 나누는 수
  └ 나누어지는 수

5 $\underset{\text{30 나누기 5는}}{30} \div \underset{}{5} = \underset{\text{6과 같습니다.}}{6}$

6 $\blacksquare \div \blacktriangle = \bullet$ 에서 $\blacksquare$는 나누어지는 수, $\blacktriangle$는 나누는 수, $\bullet$는 $\blacksquare$를 $\blacktriangle$로 나눈 몫입니다.

7 (전체 풍선 수)÷(나누어 가지는 사람 수)
  $=$(한 명이 가질 수 있는 풍선 수)
  → $42 \div 6 = 7$

1 3

2 $15 \div 5 = 3$

3 45 나누기 9는 5와 같습니다. /
$14 \div 7 = 2$

4 지호

5 ㉡, ㉣

6 ( ) (○)

7 5개

8 8 / 4

9 적어집니다에 ○표

10 선하

👓 4 / 1 / 6 / 2 / 6 / 선하

1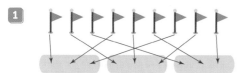

깃발을 한 개씩 번갈아 가며 꽂아 보면 한 곳에 깃발을 3개씩 꽂을 수 있습니다.

2 사과 15개를 5개의 봉지에 똑같이 나누어 담으면 봉지 한 개에 사과를 3개씩 담을 수 있습니다.

3 • $45 \div 9 = 5$
같습니다.
나누기
➡ 45 나누기 9는 5와 같습니다.

• $\underset{14}{14} \underset{\div}{\text{나누기}} \underset{7}{7} \underset{=2}{\text{은 2와 같습니다.}}$
➡ $14 \div 7 = 2$

4 지호: 9는 54를 6으로 나눈 몫입니다.

5 ■ ÷ ▲ = ●에서 몫은 ●입니다.

6 16을 2로 나누면 8이 됩니다.
➡ $16 \div 2 = 8$

7 (상자 한 개에 담는 탁구공 수)
= (전체 탁구공 수) ÷ (상자 수)
= $20 \div 4 = 5$(개)

8 • 마카롱 24개를 접시 3개에 똑같이 나누어 담으면 한 접시에 8개씩 담을 수 있습니다.
➡ $24 \div 3 = 8$
• 마카롱 24개를 접시 6개에 똑같이 나누어 담으면 한 접시에 4개씩 담을 수 있습니다.
➡ $24 \div 6 = 4$

개념 2 몇 개씩 똑같이 나누기

72쪽

확인 **1** 2, 5

확인 **2** 5 / 5

1 7, 7, 7 / 3

2 3명

3 7, 3

4 18, 6, 3

5 예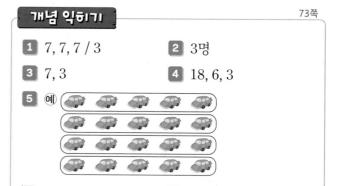

6 4 / 5, 4 / 4

7 27, 3, 9

1 21에서 7씩 3번 빼면 0이 됩니다.
➡ $21 - 7 - 7 - 7 = 0$

2 색연필 21자루를 한 명에게 7자루씩 나누어 주면 3명에게 줄 수 있습니다.

3 $\underset{3번}{21 - 7 - 7 - 7 = 0}$ ➡ $21 \div 7 = 3$

4 18에서 6씩 3번 빼면 0이 됩니다.
➡ $18 \div 6 = 3$

5 20개를 5개씩 묶으면 4묶음입니다.

7 (전체 종이배 수) ÷ (수조 한 개에 띄우려는 종이배 수)
= (필요한 수조 수)
➡ $27 \div 3 = 9$

1 예  / 4

2 ( ) (○)

③ $16-4-4-4-4=0$ / $16 \div 4=4$ / 4개

④ 5, 5 / 5, 6　　　　　⑤ 6개

⑥ ㉡　　　　　　　　⑦ 8 / 4

⑧ 적어집니다에 ○표

⑨ 은주

⑩ ⒠ 한 명에게 6개씩 나누어 주면 8명에게 줄 수 있습니다.

⑪ 감자

　　⒠ 20, 4, 5 / 28, 7, 4 / 감자

① 테니스공을 6개씩 묶으면 4묶음이 되므로 4명에게 나누어 줄 수 있습니다.

② 35에서 7씩 5번 빼면 0이 됩니다.
　　➔ $35 \div 7 = 5$

③ • 장미 16송이를 4송이씩 4번 덜어 내면 남는 것이 없으므로 뺄셈식으로 나타내면 $16-4-4-4-4=0$입니다.
　• 장미 16송이를 꽃병 한 개에 4송이씩 꽂으면 꽃병이 4개 필요하므로 나눗셈식으로 나타내면 $16 \div 4 = 4$입니다.

④ 30에서 5씩 6번 빼면 0이 됩니다.
　　➔ $30 \div 5 = 6$

⑤ (필요한 봉지 수)
　=(전체 빵 수)÷(한 봉지에 담는 빵 수)
　=$18 \div 3 = 6$(개)

⑥ ㉠ $36-9-9-9-9=0$
　　　➔ $36 \div 9 = 4$
　㉡ $42-7-7-7-7-7-7=0$
　　　➔ $42 \div 7 = 6$
　따라서 몫이 더 큰 것은 ㉡입니다.

⑦ • 공책 32권을 4권씩 묶으면 8묶음이 됩니다.
　　➔ $32 \div 4 = 8$(명)
　• 공책 32권을 8권씩 묶으면 4묶음이 됩니다.
　　➔ $32 \div 8 = 4$(명)

⑨ 선재: $14-7-7=0$이니까 종이 가방 2개에 담을 수 있습니다.
　따라서 바르게 말한 친구는 은주입니다.

개념③ 곱셈과 나눗셈의 관계

76쪽

확인 1 (1) 2 / 8 / 2　(2) 4 / 8 / 4

확인 2 (1) 5 / 4　(2) 20 / 20

개념 익히기

77쪽

① 3, 21　　　　　② 3, 7

③ 7, 3

④ (왼쪽에서부터) 12 / 3 / 4

⑤ (1) 2, 7 / 7, 2　(2) 5, 6 / 6, 5

⑥ (1) 6, 18 / 3, 18　(2) 7, 35 / 5, 35

⑦ (　　)
　(○)
　(　　)

① 7개씩 3줄 ➔ $7 \times 3 = 21$

② 머리핀 21개를 3개씩 묶으면 7묶음입니다.
　➔ $21 \div 3 = 7$

③ 머리핀 21개를 7개씩 묶으면 3묶음입니다.
　➔ $21 \div 7 = 3$

④ ▲×●=■ ⟨ ■÷▲=●
　　　　　　　■÷●=▲

⑤ ▲×●=■ ⟨ ■÷▲=●
　　　　　　　■÷●=▲

⑥ ■÷▲=● ⟨ ▲×●=■
　　　　　　　●×▲=■

⑦ $6 \times 7 = 42$ ⟨ $42 \div 6 = 7$
　　　　　　　$42 \div 7 = 6$

실력 다지기

78~79쪽

① 24, 3, 8 / 8　　　② 24, 8, 3 / 3

③ ㉡, ㉣　　　　　④ 40, 8, 5 / 40, 5, 8

⑤ 6, 9, 54 / 9, 6, 54　⑥ (1) 4 / 4　(2) 4 / 4

7 6, 18 / $18 \div 3 = 6$, $18 \div 6 = 3$

8 $16 \div 2 = 8$

9 $3 \times 9 = 27$, $9 \times 3 = 27$ / $27 \div 3 = 9$, $27 \div 9 = 3$

10 $5 \times 9 = 45$ / $45 \div 5 = 9$, $45 \div 9 = 5$

11 $7 \times 8 = 56$(또는 $8 \times 7 = 56$) /
$56 \div 7 = 8$(또는 $56 \div 8 = 7$)

풀이 7, 8, 56(또는 8, 7, 56) /
56, 7, 8(또는 56, 8, 7)

3 $36 \div 4 = 9$ ⟨ $4 \times 9 = 36$ / $9 \times 4 = 36$

4 $\blacktriangle \times \bullet = \blacksquare$ ⟨ $\blacksquare \div \blacktriangle = \bullet$ / $\blacksquare \div \bullet = \blacktriangle$

5 $\blacksquare \div \blacktriangle = \bullet$ ⟨ $\blacktriangle \times \bullet = \blacksquare$ / $\bullet \times \blacktriangle = \blacksquare$

6 물고기는 7마리씩 4줄이므로 28마리입니다.
$7 \times 4 = 28$ ⟨ $28 \div 7 = 4$ / $28 \div 4 = 7$

7 3씩 6번 뛰어 세면 18이므로 곱셈식 $3 \times 6 = 18$로
나타낼 수 있습니다.
→ $3 \times 6 = 18$ ⟨ $18 \div 3 = 6$ / $18 \div 6 = 3$

8 비누 16개를 한 상자에 2개씩 담으려면 상자가 8개
필요합니다. → $16 \div 2 = 8$

9 수박은 3통씩 9줄 또는 9통씩 3줄이므로 곱셈식으
로 나타내면 $3 \times 9 = 27$, $9 \times 3 = 27$입니다.
→ $27 \div 3 = 9$, $27 \div 9 = 3$

10 학생들이 5명씩 9줄로 서 있으므로 곱셈식으로 나타
내면 $5 \times 9 = 45$입니다.
→ $45 \div 5 = 9$, $45 \div 9 = 5$

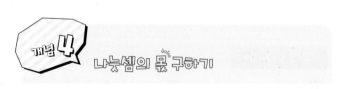
개념 4 나눗셈의 몫 구하기

80쪽

확인 **1** 3 / 3

확인 **2** (1) 3 (2) 9

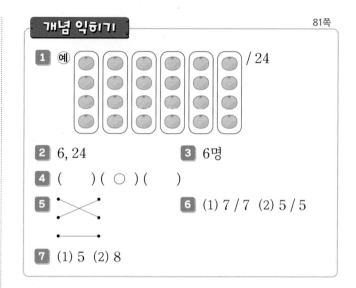

개념 익히기

81쪽

1 예 / 24

2 6, 24   **3** 6명

4 (   ) (○) (   )

5 (선 잇기)   **6** (1) 7 / 7 (2) 5 / 5

7 (1) 5 (2) 8

1 24를 4로 나누는 것을 $24 \div 4$로 나타낼 수 있습니다.

2 나누는 수가 4이므로 4단 곱셈구구에서 곱이 24인
곱셈식을 찾아보면 $4 \times 6 = 24$입니다.

3 $24 \div 4 = 6$
$4 \times 6 = 24$
따라서 귤을 6명에게 나누어 줄 수 있습니다.

4 나누는 수가 5이므로 5단 곱셈구구에서 곱이 40인
곱셈식을 찾아보면 $5 \times 8 = 40$입니다.

5 • $25 \div 5$는 나누는 수가 5이므로 5단 곱셈구구를 이
용합니다.
• $32 \div 4$는 나누는 수가 4이므로 4단 곱셈구구를 이
용합니다.
• $64 \div 8$은 나누는 수가 8이므로 8단 곱셈구구를 이
용합니다.

7 (1) $7 \times 5 = 35$이므로 $35 \div 7 = 5$입니다.
(2) $7 \times 8 = 56$이므로 $56 \div 7 = 8$입니다.

실력 다지기

82~83쪽

1 (선 잇기)   **2** ㉡

3 (1) 6 (2) 7   **4** 6

5 9   **6** 8

7 7   **8** 2 / 3 / 1

9 $20 \div 5 = 4$ / $5 \times 4 = 20$ / 4자루

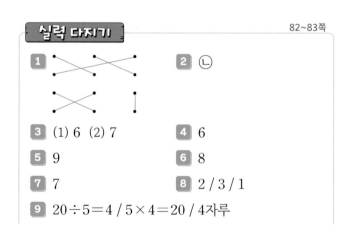

22 바른답 · 알찬풀이

10 7명　　　　　　　　　　**11** 8, 9

12 3

　　🐱 6 / 6, 24 / 24, 3

1
- $28 \div 7 = \square$에서 $7 \times \square = 28$, $7 \times 4 = 28$이므로 $\square = 4$입니다.
- $35 \div 5 = \square$에서 $5 \times \square = 35$, $5 \times 7 = 35$이므로 $\square = 7$입니다.
- $54 \div 9 = \square$에서 $9 \times \square = 54$, $9 \times 6 = 54$이므로 $\square = 6$입니다.

2
ㄱ $18 \div 9$는 나누는 수가 9이므로 9단 곱셈구구를 이용합니다.
ㄴ $9 \div 3$은 나누는 수가 3이므로 3단 곱셈구구를 이용합니다.
ㄷ $81 \div 9$는 나누는 수가 9이므로 9단 곱셈구구를 이용합니다.
따라서 곱셈구구의 단이 다른 하나는 ㄴ입니다.

3
(1) $2 \times 6 = 12$ ➡ $12 \div 2 = 6$
(2) $7 \times 7 = 49$ ➡ $49 \div 7 = 7$

4 $48 \div 8 = 6$

5 $54 \div 6 = 9$ ➡ $6 \times 9 = 54$

6 $32 > 28 > 7 > 4$이므로 가장 큰 수는 32, 가장 작은 수는 4입니다.
➡ (가장 큰 수)$\div$(가장 작은 수)$= 32 \div 4 = 8$

7 $16 \div 8 = 2$, $36 \div 4 = 9$
따라서 두 나눗셈의 몫의 차는 $9 - 2 = 7$입니다.

8 $56 \div 7 = 8$, $15 \div 3 = 5$, $45 \div 5 = 9$
따라서 몫이 큰 것부터 차례로 쓰면 $45 \div 5$, $56 \div 7$, $15 \div 3$입니다.

9 (한 명에게 줄 수 있는 색연필 수)
$=$ (전체 색연필 수)$\div$(사람 수)
$= 20 \div 5 = 4$(자루)

10 (나누어 줄 수 있는 사람 수)
$=$ (전체 도화지 수)$\div$(한 명에게 나누어 주는 도화지 수)
$= 42 \div 6 = 7$(명)

11 $63 \div 9 = 7$이므로 $7 < \square$입니다.
따라서 $\square$ 안에 들어갈 수 있는 수는 8, 9입니다.

유형으로 **마무리**하기

1 (1) 45　(2) 2　　　　**2** 14

3 ㄹ

4 풀이 예 $36 \div 6 = 6$이므로 $24 \div \square = 6$입니다.
$24 \div \square = 6$에서 $\square \times 6 = 24$, $4 \times 6 = 24$이므로 $\square = 4$입니다.
답 4

5 28　　　　　　　　　**6** 2

7 3　　　　　　　　　　**8** 3

9 $16 \div 2 = 8$ / 8　　**10** $36 \div 9 = 4$ / 4

11 풀이 예 $3 < 5 < 7$이므로 만들 수 있는 가장 작은 두 자리 수는 35입니다.
➡ $35 \div 7 = 5$
답 5

12 2　　　　　　　　　**13** 3개

14 6개　　　　　　　　**15** 9명

16 풀이 예 (1분 동안 만들 수 있는 장난감 수)
$= 18 \div 3 = 6$(개)
따라서 장난감 48개를 만드는 데 걸리는 시간은 $48 \div 6 = 8$(분)입니다.
답 8분

17 8개　　　　　　　　**18** 9그루

19 18개　　　　　　　**20** 1, 2, 3, 4

21 풀이 예 $63 \div 9 = 7$이므로 $\square < 7$입니다.
따라서 $\square$ 안에 들어갈 수 있는 가장 큰 수는 6입니다.
답 6

22 8　　　　　　　　　**23** 12, 16

1
(1) $\square \div 5 = 9$에서 $5 \times 9 = \square$, $\square = 45$입니다.
(2) $14 \div \square = 7$에서 $\square \times 7 = 14$, $2 \times 7 = 14$이므로 $\square = 2$입니다.

2
- $27 \div \square = 3$에서 $\square \times 3 = 27$, $9 \times 3 = 27$이므로 $\square = 9$입니다.
- $40 \div \square = 8$에서 $\square \times 8 = 40$, $5 \times 8 = 40$이므로 $\square = 5$입니다.
따라서 $\square$ 안에 알맞은 수의 합은 $9 + 5 = 14$입니다.

3 ㄱ $54 \div 9 = \square$에서 $9 \times \square = 54$, $9 \times 6 = 54$이므로

□=6입니다.

ⓛ 18÷□=6에서 □×6=18, 3×6=18이므로
□=3입니다.

ⓒ 49÷7=□에서 7×□=49, 7×7=49이므로
□=7입니다.

ⓔ 45÷□=5에서 □×5=45, 9×5=45이므로
□=9입니다.

4

채점 기준	
상	풀이 과정을 완성하여 □ 안에 알맞은 수를 구한 경우
중	풀이 과정을 완성했지만 일부가 틀린 경우
하	답만 쓴 경우

5 어떤 수를 □라 하면 □÷7=4이므로 7×4=□,
□=28입니다.

6 어떤 수를 □라 하면 □÷4=3이므로 4×3=□,
□=12입니다.
→ 12÷6=2

7 어떤 수를 □라 하면 □÷4=6이므로 4×6=□,
□=24입니다.
→ 24÷8=3

8 어떤 수를 □라 하면 □÷3=6이므로 3×6=□,
□=18입니다.
→ 18÷6=3

9 몫이 가장 큰 나눗셈식을 만들려면 나누는 수가 가장
작아야 합니다. → 16÷2=8

10 몫이 가장 작은 나눗셈식을 만들려면 나누는 수가
가장 커야 합니다. → 36÷9=4

11

채점 기준	
상	풀이 과정을 완성하여 가장 작은 두 자리 수를 남은 수 카드의 수로 나눈 몫을 구한 경우
중	풀이 과정을 완성했지만 일부가 틀린 경우
하	답만 쓴 경우

12 몫이 가장 작은 나눗셈식을 만들려면 가장 작은 두
자리 수를 가장 큰 한 자리 수로 나누어야 합니다.
가장 작은 두 자리 수: 14, 가장 큰 한 자리 수: 7
→ 14÷7=2

13 (연필 21자루를 사면 받을 수 있는 지우개 수)
=21÷7=3(개)

14 (전체 구슬 수)=(빨간 구슬 수)+(파란 구슬 수)
=25+17=42(개)
→ (한 명이 가지게 되는 구슬 수)=42÷7=6(개)

15 (가 모둠의 학생 수)=24÷4=6(명)
(나 모둠의 학생 수)=24÷8=3(명)
따라서 가 모둠과 나 모둠의 학생 수는 모두
6+3=9(명)입니다.

16

채점 기준	
상	풀이 과정을 완성하여 장난감 48개를 만드는 데 몇 분이 걸리는지 구한 경우
중	풀이 과정을 완성했지만 일부가 틀린 경우
하	답만 쓴 경우

17 (간격 수)=(도로 길이)÷(가로등 사이 간격)
=28÷4=7(군데)
(필요한 가로등 수)=(간격 수)+1=7+1=8(개)

18 (간격 수)=(도로 길이)÷(나무 사이 간격)
=56÷7=8(군데)
(필요한 나무 수)=(간격 수)+1=8+1=9(그루)

19 (간격 수)=(도로 길이)÷(화분 사이 간격)
=72÷9=8(군데)
(도로 한쪽에 필요한 화분 수)
=(간격 수)+1=8+1=9(개)
→ (도로 양쪽에 필요한 화분 수)=9×2=18(개)

20 35÷7=5이므로 5>□입니다.
따라서 □ 안에 들어갈 수 있는 수는 1, 2, 3, 4입니다.

21

채점 기준	
상	풀이 과정을 완성하여 □ 안에 들어갈 수 있는 가장 큰 수를 구한 경우
중	풀이 과정을 완성했지만 일부가 틀린 경우
하	답만 쓴 경우

22 42÷6=7이므로 7<□입니다.
따라서 □ 안에 들어갈 수 있는 가장 작은 수는 8입니다.

23 40÷8=5이므로 □÷4<5입니다.
□÷4=4일 때 4×4=□, □=16
□÷4=3일 때 4×3=□, □=12
□÷4=2일 때 4×2=□, □=8
따라서 □ 안에 들어갈 수 있는 두 자리 수는 12, 16
입니다.

4. 곱셈

 올림이 없는
(두 자리 수)×(한 자리 수)

90쪽

확인 1
(1) 5 / 5, 5
(2) 9 / 3, 9

확인 2
(1) (왼쪽에서부터) 60 / 3, 63
(2) (왼쪽에서부터) 40 / 4, 44

개념 익히기

91쪽

1 (1) 2, 4 (2) 40 (3) 40

2 3, 99

3 (1) 48 (2) 82 (3) 80 (4) 93

4 68

5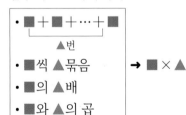

6 <

---

1 (1) 십 모형은 2개씩 2묶음이므로 십 모형의 수를 곱셈식으로 나타내면 $2 \times 2 = 4$입니다.
(3) 십 모형 4개는 40을 나타내므로 $20 \times 2 = 40$입니다.

2 십 모형이 3개씩 3묶음, 일 모형이 3개씩 3묶음이므로 $33 \times 3 = 99$입니다.

참고 곱셈식으로 나타내기

- ■＋■＋⋯＋■
  └─ ▲번 ─┘
- ■씩 ▲묶음   → ■ × ▲
- ■의 ▲배
- ■와 ▲의 곱

4 $34 \times 2 = 68$

5 • $11 \times 5 = 55$
• $23 \times 3 = 69$
• $10 \times 7 = 70$

6 $13 \times 3 = 39$, $32 \times 2 = 64$
→ $39 < 64$

실력 다지기

92~93쪽

1 (1) 30 (2) 28   **2** 4, 40

3 60 / 48   **4** 88

5 150   **6** ㉢

7 96 cm   **8** 80점

9 36쪽   **10** 10

11 체육

12 1, 2, 3

풀이 62, 62 / 60, 80 / 4 / 1, 2, 3

---

2 10개씩 4묶음이므로 $10 \times 4 = 40$입니다.

3 • $30 \times 2 = 60$
• $24 \times 2 = 48$

4 $44 > 11 > 3 > 2$이므로 가장 큰 수는 44, 가장 작은 수는 2입니다.
→ $44 \times 2 = 88$

5 $22 \times 3 = 66$, $42 \times 2 = 84$
→ $66 + 84 = 150$

6 ㉠ $21 \times 4 = 84$
㉡ $33 \times 2 = 66$
㉢ $11 \times 8 = 88$
→ ㉢ 88 > ㉠ 84 > ㉡ 66

7 (이어 붙인 색 테이프의 전체 길이)
$= 32 \times 3 = 96$ (cm)

8 연수가 던진 화살이 20점에 4개 꽂혀 있습니다.
→ (연수가 얻은 점수) $= 20 \times 4 = 80$(점)

9 (현경이가 읽은 역사책의 전체 쪽수)
= (하루에 읽은 쪽수) × (날수)
$= 12 \times 3 = 36$(쪽)

10 어떤 두 자리 수를 □라 하면 □ × 6 = 60입니다.
따라서 6을 곱하여 60이 되는 두 자리 수는 10이므로 어떤 두 자리 수는 10입니다.

11 (수학을 좋아하는 학생 수) × 3
$= 31 \times 3 = 93$(명)

개념 2 십의 자리에서 올림이 있는
(두 자리 수)×(한 자리 수)

94쪽

확인 1 (1) 7 / 1, 4, 0 / 1, 4, 7
(2) 8 / 1, 2, 0 / 1, 2, 8

확인 2 (1) (왼쪽에서부터) 150 / 9, 159
(2) (왼쪽에서부터) 150 / 5, 155

개념 익히기

95쪽

1 (1) 2, 4 (2) 50, 100 (3) 104

2 5 / 3, 0, 5

3 (1) 126 (2) 189 (3) 217 (4) 246

4 288   5 279

6 (   ) (○)

1 (1) 일 모형은 2개씩 2묶음이므로 곱셈식으로 나타내면 $2 \times 2 = 4$입니다.
(2) 십 모형은 5개씩 2묶음이므로 곱셈식으로 나타내면 $50 \times 2 = 100$입니다.
(3) $52 \times 2 = 4 + 100 = 104$

4 $72 \times 4 = 288$

5 93의 3배인 수 ➡ $93 \times 3 = 279$

6 $62 \times 2 = 124$, $32 \times 4 = 128$
➡ $124 < 128$

실력 다지기

96~97쪽

1 (1) 189 (2) 368   2 357

3 현수   4 ㉢

5 106   6 243

7 2 / 1 / 3   8 249개

9 208   10 18개

11 452

12 549
풀이 9 / 61 / 61, 9, 549

2 $51 \times 7 = 357$

3 십의 자리 계산에서 7×2는 $70 \times 2 = 140$을 나타냅니다.

4 ㉠ $42 \times 4 = 168$
㉡ $21 \times 8 = 168$
㉢ $74 \times 2 = 148$

5 사각형에 적힌 수는 53, 2입니다.
➡ $53 \times 2 = 106$

6 홀수는 3, 81입니다.
➡ $81 \times 3 = 243$
참고 홀수는 둘씩 짝을 지을 수 없는 수로 일의 자리 수가 1, 3, 5, 7, 9인 수입니다.

7 $82 \times 4 = 328$, $41 \times 9 = 369$, $61 \times 5 = 305$
➡ $369 > 328 > 305$

8 (상자에 들어 있는 전체 땅콩 수)
= (한 상자에 들어 있는 땅콩 수) × (상자 수)
= $83 \times 3 = 249$(개)

9 10이 5개, 1이 2개인 수는 52입니다.
52의 4배인 수는 $52 \times 4 = 208$입니다.

10 (당근 수) = $21 \times 6 = 126$(개)
(오이 수) = $54 \times 2 = 108$(개)
당근은 오이보다 $126 - 108 = 18$(개) 더 많습니다.

11 ㉮ 41의 8배는 $41 \times 8 = 328$입니다.
㉯ $\underbrace{31 + 31 + 31 + 31}_{4번} = 31 \times 4 = 124$
➡ ㉮ + ㉯ = $328 + 124 = 452$

개념 3 일의 자리에서 올림이 있는
(두 자리 수)×(한 자리 수)

98쪽

확인 1 (1) 1, 2 / 4, 0 / 5, 2
(2) 1, 8 / 9, 0 / 1, 0, 8

확인 2 (1) (왼쪽에서부터) 60 / 21, 81
(2) (왼쪽에서부터) 80 / 18, 98

개념 익히기

1 (1) 7, 28 (2) 10, 40 (3) 68

2 (왼쪽에서부터) 1 / 5 / 1 / 7, 5

3 (1) 70 (2) 72 (3) 87 (4) 96

4 96 / 84   **5** 95

6 ㉠

---

1 (1) 일 모형은 7개씩 4묶음이므로 곱셈식으로 나타 내면 $7 \times 4 = 28$입니다.

(2) 십 모형은 1개씩 4묶음이므로 곱셈식으로 나타 내면 $10 \times 4 = 40$입니다.

(3) $17 \times 4 = 28 + 40 = 68$

4 • $16 \times 6 = 96$

• $28 \times 3 = 84$

5 $19 \times 5 = 95$

6 ㉠ $36 \times 2 = 72$ ㉡ $24 \times 4 = 96$

➜ $72 < 96$

실력 다지기

1 15, 4, 60

2
$$
\begin{array}{r}
3\ 7 \\
\times\quad 2 \\
\hline
1\ 4 \\
6\ 0 \\
\hline
7\ 4 \\
\end{array}
$$

3 $19 \times 3 = 57$ **4** 48, 96

5 20   **6** (   ) (○) (   )

7 76개   **8** 92

9
$$
\begin{array}{r}
1\ 3 \\
\times\quad 7 \\
\hline
9\ 1 \\
\end{array}
$$
/ ⑩ 일의 자리 계산 $3 \times 7 = 21$에서 십 의 자리로 올림한 2를 십의 자리 계산 에 더하지 않았습니다.

10 효주   **11** 86

12 78

(풀이) 2 / 2, 39 / 39, 2, 78

---

1 15개씩 4상자이므로 $15 \times 4 = 60$입니다.

2 • 일의 자리 계산: $7 \times 2 = 14$

• 십의 자리 계산: $30 \times 2 = 60$

➜ $37 \times 2 = 74$

---

3 $\underbrace{19 + 19 + 19}_{3번} = 19 \times 3 = 57$

4 $16 \times 3 = 48$, $48 \times 2 = 96$

5 □ 안의 수 2는 일의 자리 계산 $4 \times 6 = 24$에서 십의 자리로 올림한 수이므로 실제로 나타내는 값은 20 입니다.

6 $12 \times 8 = 96$, $23 \times 4 = 92$, $47 \times 2 = 94$

➜ $92 < 94 < 96$이므로 곱이 가장 작은 것은 23×4입니다.

7 네발자전거의 바퀴는 4개입니다.

(네발자전거 19대의 바퀴 수) $= 19 \times 4 = 76$(개)

8 10이 4개이면 40, 1이 6개이면 6이므로 수 카드가 나타내는 수는 46입니다.

➜ $46 \times 2 = 92$

10 • 명근: $26 \times 3 = 78$(개)

• 효주: $18 \times 5 = 90$(개)

➜ $78 < 90$이므로 쓰레기를 더 많이 주운 친구는 효주입니다.

11 $17 \times 5 = 85$

➜ $85 < □$이므로 85보다 큰 두 자리 수 중에서 가장 작은 수는 86입니다.

개념 4 십의 자리와 일의 자리에서 올림이 있는 (두 자리 수)×(한 자리 수)

확인 1 (1) 3, 5 / 1, 0, 0 / 1, 3, 5

(2) 1, 8 / 3, 0, 0 / 3, 1, 8

확인 2 (1) (왼쪽에서부터) 120 / 32, 152

(2) (왼쪽에서부터) 200 / 45, 245

개념 익히기

1 (1) 4, 16 (2) 30, 120 (3) 136

2 (왼쪽에서부터) 1 / 8 / 1 / 1, 6, 8

3 (1) 190 (2) 174 (3) 325 (4) 396

4 234 **5** (1) 30 (2) 30, 150

6 주원

1 (1) 일 모형은 4개씩 4묶음이므로 곱셈식으로 나타내면 $4 \times 4 = 16$입니다.

(2) 십 모형은 3개씩 4묶음이므로 곱셈식으로 나타내면 $30 \times 4 = 120$입니다.

(3) $34 \times 4 = 16 + 120 = 136$

4 39의 6배인 수 ➡ $39 \times 6 = 234$

6 • 새연: $54 \times 8 = 432$

• 주원: $69 \times 7 = 483$

➡ $432 < 483$이므로 계산 결과가 더 큰 것을 말한 친구는 주원입니다.

실력 다지기 104~105쪽

1 378 / 145   **2** 80×3에 색칠

3 180

4
$$
\begin{array}{r}
4\ 6 \\
\times\quad 3 \\
\hline
1\ 3\ 8
\end{array}
$$

5 498   **6** 250

7 ( ) (◯) ( )

8 232 cm   **9** 490

10 324번   **11** 546개

12 7

🔎 32 / 3 / 3, 28 / 28, 7

1 • $54 \times 7 = 378$

• $29 \times 5 = 145$

2 78을 어림하면 약 80이므로 78×3은 약 80×3으로 어림셈을 할 수 있습니다.

3 45씩 4칸이므로 $45 \times 4 = 180$입니다.

4 일의 자리 계산에서 $6 \times 3 = 18$이므로 십의 자리 계산 $4 \times 3 = 12$에 1을 더하여 계산해야 합니다.

5 $83 > 68 > 59 > 47$이므로 가장 큰 수는 83입니다.

➡ $83 \times 6 = 498$

6 $46 \times 5 = 230$, $96 \times 5 = 480$

➡ $480 - 230 = 250$

---

7 $62 \times 9 = 558$, $86 \times 7 = 602$, $72 \times 8 = 576$

8 정사각형은 네 변의 길이가 모두 같고, 사용한 철사의 길이는 정사각형의 네 변의 길이의 합과 같습니다.

➡ (사용한 철사의 길이) $= 58 \times 4 = 232$ (cm)

9 • $49 \times 2 = 98$ ➡ ■ $= 98$

• $98 \times 5 = 490$ ➡ ● $= 490$

10 • 세현: 18을 3배 한 수이므로 $18 \times 3 = 54$(번)입니다.

• 도연: 54의 6배이므로 $54 \times 6 = 324$(번)입니다.

11 (재희가 7일 동안 만든 종이별 수)
$= 32 \times 7 = 224$(개)

(성하가 7일 동안 만든 종이별 수)
$= 46 \times 7 = 322$(개)

➡ (두 사람이 7일 동안 만든 종이별 수)
$= 224 + 322 = 546$(개)

유형으로 마무리하기 106~109쪽

1 6   **2** 2

3 2 / 6   **4** 7, 8

5 90   **6** 855

7 풀이 예 어떤 수를 □라 하면 □$+7 = 94$이므로 □$= 94 - 7$, □$= 87$입니다.
따라서 바르게 계산하면 $87 \times 7 = 609$입니다.
답 609

8 144   **9** 424

10 138   **11** 4, 3, 7, 301

12 8, 5, 9, 765 / 5, 8, 2, 116

13 50 cm   **14** 73 cm

15 165 cm   **16** 216 cm

17 1, 2, 3, 4   **18** 3

19 풀이 예 $48 \times 8 = 384$이므로 $384 < 56 \times$□입니다.
$56 \times 9 = 504$, $56 \times 8 = 448$, $56 \times 7 = 392$,
$56 \times 6 = 336$이므로 □ 안에 들어갈 수 있는 수는 9, 8, 7이고, 이 중에서 가장 작은 수는 7입니다.
답 7

20 3개   **21** 15, 25

22 풀이 예 일의 자리 수가 2인 두 자리 수는 12, 22, 32, 42, 52, 62, …, 92입니다.
$12 \times 5 = 60$, $22 \times 5 = 110$, $32 \times 5 = 160$, $42 \times 5 = 210$, $52 \times 5 = 260$, …
따라서 조건에 맞는 두 자리 수는 52, 62, 72, 82, 92로 모두 5개입니다.

답 5개

23 86   **24** 2개

---

1 일의 자리 계산에서 $7 \times 5 = 35$이므로 십의 자리로 올림한 수는 3입니다.
$\square \times 5$는 $33 - 3 = 30$이어야 합니다.
→ $\square \times 5 = 30$, $\square = 6$

2 일의 자리 계산 $6 \times \square$에서 일의 자리 수가 2가 되려면 $\square = 2$ 또는 $\square = 7$이어야 합니다.
→ $56 \times 2 = 112$, $56 \times 7 = 392$이므로 $\square = 2$입니다.

3
$$\begin{array}{r} ㉠\ 8 \\ \times \quad ㉡ \\ \hline 1\ 6\ 8 \end{array}$$
일의 자리 계산 $8 \times ㉡$에서 일의 자리 수가 8이 되려면 $㉡ = 6$입니다.
일의 자리 계산에서 십의 자리로 올림한 수는 4이므로 $㉠ \times 6$은 $16 - 4 = 12$이어야 합니다.
→ $㉠ \times 6 = 12$, $㉠ = 2$

4
$$\begin{array}{r} ㉠\ ㉡ \\ \times \quad 7 \\ \hline 5\ 4\ 6 \end{array}$$
일의 자리 계산 $㉡ \times 7$에서 일의 자리 수가 6이 되려면 $㉡ = 8$입니다.
일의 자리 계산에서 십의 자리로 올림한 수는 5이므로 $㉠ \times 7$은 $54 - 5 = 49$이어야 합니다.
→ $㉠ \times 7 = 49$, $㉠ = 7$

5 어떤 수를 $\square$라 하면 $\square + 5 = 35$입니다.
→ $\square = 35 - 5$, $\square = 30$
어떤 수에 3을 곱하면 $30 \times 3 = 90$입니다.

6 어떤 수를 $\square$라 하면 $\square - 9 = 86$입니다.
→ $\square = 86 + 9$, $\square = 95$
따라서 바르게 계산하면 $95 \times 9 = 855$입니다.

7

채점 기준	
상	풀이 과정을 완성하여 바르게 계산한 값을 구한 경우
중	풀이 과정을 완성했지만 일부가 틀린 경우
하	답만 쓴 경우

8 어떤 수를 $\square$라 하면 $\square \div 4 = 9$입니다.
→ $\square = 4 \times 9$, $\square = 36$
따라서 바르게 계산하면 $36 \times 4 = 144$입니다.

9 두 번 곱해지는 한 자리 수에 가장 큰 수인 8을 놓고, 나머지 두 수로 가장 큰 두 자리 수를 만들면 53입니다. → $53 \times 8 = 424$

10 두 번 곱해지는 한 자리 수에 가장 작은 수인 2를 놓고, 나머지 두 수로 가장 작은 두 자리 수를 만들면 69입니다. → $69 \times 2 = 138$

11 두 번 곱해지는 한 자리 수에 가장 큰 수인 7을 놓고, 남은 세 수 중에서 두 수로 가장 큰 두 자리 수를 만들면 43입니다. → $43 \times 7 = 301$

12 • 곱이 가장 큰 곱셈식: 두 번 곱해지는 한 자리 수에 가장 큰 수인 9를 놓고, 남은 세 수 중 두 수로 가장 큰 두 자리 수를 만들면 85입니다.
→ $85 \times 9 = 765$
• 곱이 가장 작은 곱셈식: 두 번 곱해지는 한 자리 수에 가장 작은 수인 2를 놓고, 남은 세 수 중 두 수로 가장 작은 두 자리 수를 만들면 58입니다.
→ $58 \times 2 = 116$

13 (색 테이프 3장의 길이의 합) $= 20 \times 3 = 60$ (cm)
겹쳐진 부분은 $3 - 1 = 2$(군데)입니다.
(겹쳐진 부분의 길이의 합) $= 5 \times 2 = 10$ (cm)
(이어 붙인 색 테이프의 전체 길이)
$= 60 - 10 = 50$ (cm)

14 (색 테이프 3장의 길이의 합) $= 29 \times 3 = 87$ (cm)
겹쳐진 부분은 $3 - 1 = 2$(군데)입니다.
(겹쳐진 부분의 길이의 합) $= 7 \times 2 = 14$ (cm)
(이어 붙인 색 테이프의 전체 길이)
$= 87 - 14 = 73$ (cm)

15 (색 테이프 4장의 길이의 합) $= 48 \times 4 = 192$ (cm)
겹쳐진 부분은 $4 - 1 = 3$(군데)입니다.
(겹쳐진 부분의 길이의 합) $= 9 \times 3 = 27$ (cm)
(이어 붙인 색 테이프의 전체 길이)
$= 192 - 27 = 165$ (cm)

16 (색 테이프 7장의 길이의 합) $= 36 \times 7 = 252$ (cm)
겹쳐진 부분은 $7 - 1 = 6$(군데)입니다.
(겹쳐진 부분의 길이의 합) $= 6 \times 6 = 36$ (cm)
(이어 붙인 색 테이프의 전체 길이)
$= 252 - 36 = 216$ (cm)

17 $32 \times 1 = 32$, $32 \times 2 = 64$, $32 \times 3 = 96$,
$32 \times 4 = 128$, $32 \times 5 = 160$이므로 □ 안에 들어갈
수 있는 수는 5보다 작은 수인 1, 2, 3, 4입니다.

18 $69 \times 4 = 276$이므로 $70 \times \square < 276$입니다.
$70 \times 1 = 70$, $70 \times 2 = 140$, $70 \times 3 = 210$,
$70 \times 4 = 280$이므로 □ 안에 들어갈 수 있는 수는
1, 2, 3이고, 이 중에서 가장 큰 수는 3입니다.

19

	채점 기준
상	풀이 과정을 완성하여 □ 안에 들어갈 수 있는 가장 작은 수를 구한 경우
중	풀이 과정을 완성했지만 일부가 틀린 경우
하	답만 쓴 경우

20 $59 \times 6 = 354$, $81 \times 7 = 567$이므로
$354 < 64 \times \square < 567$입니다.
$64 \times 5 = 320$, $64 \times 6 = 384$, $64 \times 7 = 448$,
$64 \times 8 = 512$, $64 \times 9 = 576$이므로 □ 안에 들어갈
수 있는 수는 6, 7, 8로 모두 3개입니다.

21 일의 자리 수가 5인 두 자리 수는 15, 25, 35, 45,
55, 65, …, 95입니다.
$15 \times 3 = 45$, $25 \times 3 = 75$, $35 \times 3 = 105$, …
따라서 조건에 맞는 두 자리 수는 15, 25입니다.

22

	채점 기준
상	풀이 과정을 완성하여 조건에 맞는 두 자리 수는 모두 몇 개인지 구한 경우
중	풀이 과정을 완성했지만 일부가 틀린 경우
하	답만 쓴 경우

23 십의 자리 수가 8인 두 자리 수는 80, 81, 82, 83,
…, 89입니다.
이 수에 4를 곱했을 때 일의 자리 수가 4이므로 두
자리 수의 일의 자리 수는 1 또는 6입니다.
$81 \times 4 = 324$, $86 \times 4 = 344$이므로 조건에 맞는 두
자리 수는 86입니다.

24 십의 자리 수가 일의 자리 수보다 4만큼 더 큰 두 자
리 수는 40, 51, 62, 73, 84, 95입니다.
$40 \times 6 = 240$, $51 \times 6 = 306$, $62 \times 6 = 372$,
$73 \times 6 = 438$, $84 \times 6 = 504$, $95 \times 6 = 570$입니다.
따라서 조건에 맞는 두 자리 수는 84, 95로 모두 2개
입니다.

---

5. 길이와 시간

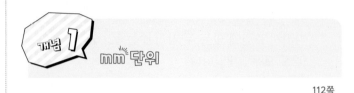

112쪽

확인 1 8 / 8

확인 2 4, 6, 4 센티미터 6 밀리미터

113쪽

개념 익히기

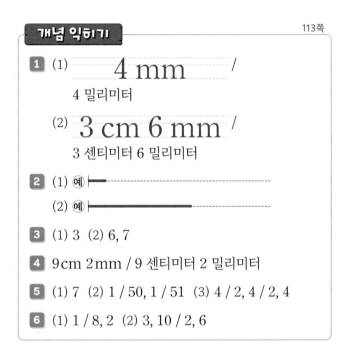

1 (1) 4 mm / 4 밀리미터
(2) 3 cm 6 mm / 3 센티미터 6 밀리미터

2 (1) 예 ━━━┄┄┄┄┄┄┄┄┄┄┄
(2) 예 ━━━━━━━━━━┄┄┄┄

3 (1) 3 (2) 6, 7

4 9 cm 2 mm / 9 센티미터 2 밀리미터

5 (1) 7 (2) 1 / 50, 1 / 51 (3) 4 / 2, 4 / 2, 4

6 (1) 1 / 8, 2 (2) 3, 10 / 2, 6

2 (1) 자의 작은 눈금 5칸만큼 선을 긋습니다.
(2) 2 cm에서 작은 눈금 8칸만큼 더 간 길이만큼
선을 긋습니다.

3 (1) 자의 작은 눈금 3칸이므로 3 mm입니다.
(2) 6 cm보다 7 mm 더 길므로 6 cm 7 mm입니다.

4 9 cm보다 2 mm 더 길므로 9 cm 2 mm입니다.

6 (1) mm 단위끼리의 합이 10이거나 10보다 크면
10 mm를 1 cm로 받아올림하여 계산합니다.
(2) mm 단위끼리 뺄 수 없으면 1 cm를 10 mm로
받아내림하여 계산합니다.

1 5, 2

2 (1) 36 (2) 10, 8

3 9mm

4 20cm 5mm / 205mm

5

6 ㉠

7 134mm

8 3, 8, 38

9 가, 라

10 2 / 3 / 1

11 하준

12 15cm 1mm / 3cm 7mm

❀풀이 5, 7 / 5, 7 / 15, 1 / 5, 7 / 3, 7

---

1 5cm보다 2mm 더 길므로 5cm 2mm입니다.

2 (1) 3cm 6mm=3cm+6mm
　　　　　=30mm+6mm=36mm
　　(2) 108mm=100mm+8mm
　　　　　=10cm+8mm=10cm 8mm

3 자의 작은 눈금 9칸이므로 9mm입니다.

4 은주의 발의 길이는 20cm보다 5mm 더 길므로 20cm 5mm입니다.
　➡ 20cm 5mm=20cm+5mm
　　　　　=200mm+5mm
　　　　　=205mm

5 • 6cm=60mm
　• 60cm 3mm=60cm+3mm
　　　　　=600mm+3mm=603mm
　• 63cm=630mm

6 ㉠ 11cm 6mm=11cm+6mm
　　　　　=110mm+6mm=116mm
　➡ 116mm>97mm이므로 ㉠이 더 깁니다.

7 13cm 4mm=13cm+4mm
　　　　　=130mm+4mm=134mm

8 머리핀의 길이는 1cm가 3번 들어간 길이보다 8mm 더 길므로 3cm 8mm입니다.
　➡ 3cm 8mm=3cm+8mm
　　　　　=30mm+8mm=38mm

9 가: 25mm, 나: 20mm, 다: 30mm, 라: 25mm
따라서 길이가 같은 막대는 가, 라입니다.

10 • 7cm=70mm
　• 2cm 7mm=2cm+7mm
　　　　　=20mm+7mm=27mm
72mm>70mm>27mm이므로 길이가 긴 것부터 차례로 쓰면 72mm, 7cm, 2cm 7mm입니다.

11 하준: 130cm는 1300mm로 나타낼 수 있습니다. 따라서 잘못 말한 친구는 하준입니다.

개념2 km 단위

확인 **1** 1000

확인 **2** 6, 100, 6 킬로미터 100 미터

개념 익히기

1 (1) 3 km /
3 킬로미터
　(2) 2 km 400 m /
2 킬로미터 400 미터

2 (1) 5 (2) 4, 800

3 (1) 3, 500 (2) 7, 200

4 (1) 4000 (2) 6 (3) 800 / 2000, 800 / 2800
　(4) 700 / 3, 700 / 3, 700

5 (1) 1 / 5, 300 (2) 4, 1000 / 2, 500

---

3 (1) 3km보다 500m 더 길므로 3km 500m입니다.
　(2) 7km보다 200m 더 길므로 7km 200m입니다.

5 (1) m 단위끼리의 합이 1000이거나 1000보다 크면 1000m를 1km로 받아올림하여 계산합니다.
　(2) m 단위끼리 뺄 수 없으면 1km를 1000m로 받아내림하여 계산합니다.

실력 다지기

1 (1) 2700 (2) 5, 100 **2** 1 km

3 3 km 450 m / 3 킬로미터 450 미터

4 ③   **5** <

6 (위에서부터) 2744 m / 1 km 947 m

7 4700   **8** 9820 m

9 ㄹ, ㄱ, ㄴ, ㄷ   **10** 연정

11 소방서

풀이 3600 / 3600, 3280, 3090 / 소방서

1 (1) 2 km 700 m = 2 km + 700 m
            = 2000 m + 700 m
            = 2700 m
  (2) 5100 m = 5000 m + 100 m
           = 5 km + 100 m
           = 5 km 100 m

2 800 m + 200 m = 1000 m이고, 1000 m = 1 km이므로 집에서 마트를 지나 병원까지의 거리는 1 km입니다.

3 3 km보다 450 m 더 먼 곳은 3 km 450 m입니다.
3 km 450 m는 3 킬로미터 450 미터라고 읽습니다.

4 ③ 4090 m = 4000 m + 90 m
          = 4 km + 90 m
          = 4 km 90 m

5 6 km 2 m = 6 km + 2 m
          = 6000 m + 2 m
          = 6002 m
  → 6002 m < 6020 m

6 • 백두산: 2 km 744 m = 2 km + 744 m
                   = 2000 m + 744 m
                   = 2744 m
  • 한라산: 1947 m = 1000 m + 947 m
                  = 1 km + 947 m
                  = 1 km 947 m

7 수직선의 작은 눈금 한 칸의 길이는 100 m입니다.
□ m가 가리키는 곳은 4 km보다 700 m 더 간 곳이므로 4 km 700 m입니다.

  → 4 km 700 m = 4 km + 700 m
                  = 4000 m + 700 m = 4700 m

8 9 km보다 820 m 더 먼 거리는 9 km 820 m입니다.
  → 9 km 820 m = 9 km + 820 m
                  = 9000 m + 820 m = 9820 m

9 10 mm = 1 cm, 100 cm = 1 m, 1000 m = 1 km
따라서 길이가 짧은 것부터 차례로 쓰면
1 mm, 1 cm, 1 m, 1 km입니다.
  → ㄹ, ㄱ, ㄴ, ㄷ

10 • 지희: 2600 m = 2 km 600 m이므로 2600 m는
            2 km보다 600 m 더 먼 거리입니다.
  • 도윤: 5 km보다 90 m 더 먼 거리는 5 km 90 m
            입니다.
             → 5 km 90 m = 5 km + 90 m
                      = 5000 m + 90 m = 5090 m
따라서 바르게 말한 친구는 연정입니다.

개념 **3** 길이와 거리를 어림하고 재어 보기

확인 **1** 예 7 / 6, 8

확인 **2** 2, 2

개념 익히기

1 30

2 (1) 예 3 / 3, 2 (2) 예 6 / 5, 8

3 4 km   **4** (○) (   )

5 (1) mm에 ○표 (2) m에 ○표 (3) km에 ○표

1 한 뼘의 길이가 약 10 cm이고, 색 테이프의 길이는 3뼘 정도이므로 약 30 cm입니다.

2 (1) 클립의 길이는 3 cm보다 2 mm 더 길므로
       3 cm 2 mm입니다.
  (2) 풀의 길이는 5 cm보다 8 mm 더 길므로
       5 cm 8 mm입니다.

3 집에서 야구장까지의 거리는 집에서 공원까지의 거리의 2배 정도이므로 약 4 km입니다.

4 km 단위를 사용하여 길이를 나타내야 하는 것은 차를 타고 이동해야 하는 거리입니다.
  • 대전에서 대구까지의 거리 ➜ km
  • 학교 운동장에서 교실까지의 거리 ➜ m

8 단위의 크기와 수를 생각하여 알맞은 길이를 고릅니다.

9 많이 꺾어질수록 길이가 더 깁니다.
따라서 더 많이 꺾어진 가의 길이가 더 깁니다.

실력 다지기

122~123쪽

1 6

2 ⓐ 2 cm / 1 cm 7 mm

3 (1) ⓐ ▬▬▬▬▬▬▬▬▬▬
  (2) ⓐ ▬▬▬▬▬▬▬▬▬▬▬▬▬

4 ③

5 (1) cm (2) mm (3) km (4) m

6 (   )   **7** ©
  (○)
  (   )

8 (1) 240 mm (2) 2 m 50 cm (3) 425 km

9 가

10 ㉠ / ⓐ 집 현관문의 높이는 약 2 m입니다.

11 병원, 학교
  ⓟ이 1000 / 2 / 병원, 학교

---

1 색연필의 길이는 색 테이프의 길이의 2배 정도입니다.
따라서 색연필의 길이는 약 6 cm입니다.

4 1 km=1000 m임을 생각해 봅니다.

5 주어진 상황에 알맞은 길이의 단위를 찾아봅니다.

6 마라톤의 거리는 약 42 km, 서울에서 부산까지의 거리는 약 430 km, 3층 건물의 높이는 약 10 m입니다.
따라서 길이가 가장 긴 것은 서울에서 부산까지의 거리입니다.

7 ㉠ 속눈썹의 길이 ➜ 약 8 mm
  ㉡ 버스의 길이 ➜ 약 12 m
  © 줄넘기의 길이 ➜ 약 150 cm
  따라서 □ 안에 알맞은 단위가 cm인 것은 ©입니다.

개념 4 초 단위

124쪽

확인 1 (앞에서부터) 4 / 40 / 10, 4, 40, 10

확인 2 120, 160

개념 익히기

125쪽

1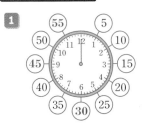

2 (1) 11, 20, 45 (2) 6, 30, 10 (3) 2, 25, 50
  (4) 11, 30, 25

3 (1)   (2)

4 눈 한 번 깜빡이기에 ○표

5 (1) 20 / 180, 20 / 200 (2) 10 / 3, 10 / 3, 10
  (3) 30 / 4, 30 / 4, 30

---

1 초바늘이 숫자 ■를 가리키면 (■×5)초를 나타냅니다.

2 (1), (2) 디지털시계는 왼쪽에서부터 차례로 '시, 분, 초'를 나타냅니다.
  (3) 초바늘이 숫자 10을 가리키므로 50초입니다.
  (4) 초바늘이 숫자 5를 가리키므로 25초입니다.

3 (1) 30초이므로 초바늘이 숫자 6을 가리키도록 그립니다.

(2) 15초이므로 초바늘이 숫자 3을 가리키도록 그립니다.

4 눈 한 번 깜빡이기는 1초 동안 할 수 있습니다.

실력 다지기

1 9시 10분 35초

2 (1) 195 (2) 2, 50

3

4

5 (1) 분 (2) 시간 (3) 초

6 300초

7 4분 28초

8 예 횡단보도를 건너는 데 15초가 걸렸습니다.

9 가 동요

10 ㉡

11 지윤

풀이 60 / 165 / 178, 165, 150 / 지윤

---

1 초바늘이 숫자 7을 가리키므로 35초입니다.

2 (1) 3분 15초＝3분＋15초
＝180초＋15초＝195초
(2) 170초＝120초＋50초
＝2분＋50초＝2분 50초

3 25초이므로 초바늘이 숫자 5를 가리키도록 그립니다.

4 • 2분 47초＝2분＋47초
＝120초＋47초＝167초
• 5분 17초＝5분＋17초
＝300초＋17초＝317초

6 초바늘이 시계를 한 바퀴 도는 데 걸리는 시간은 60초이므로 시계를 5바퀴 도는 데 걸리는 시간은
60×5＝300(초)입니다.

7 268초＝240초＋28초
＝4분＋28초＝4분 28초

9 3분 10초＝3분＋10초
＝180초＋10초＝190초
→ 190초＞186초이므로 재생 시간이 더 긴 동요는 가 동요입니다.

---

10 ㉡ 손을 씻는 데 걸리는 시간은 30분보다는 짧으므로 30초가 알맞습니다.
따라서 시간의 단위를 잘못 쓴 문장은 ㉡입니다.

개념 5 시간의 덧셈

확인 1 30, 45

확인 2 1 / 2, 25, 35

개념 익히기

1
4시 10분 4시 11분 4시 12분 /
4, 11, 50

2 (1) 5, 50 (2) 1 / 7, 15 (3) 1 / 7, 20, 25

3 (1) 40, 53 (2) 4, 30, 45

4 3, 10, 50

5 (○) (   )

---

2 (2), (3) 초 단위끼리의 합이 60보다 크므로 60초를 1분으로 받아올림합니다.

3 (2) 분 단위끼리의 합이 60보다 크므로 60분을 1시간으로 받아올림합니다.

4 시계가 나타내는 시각은 2시 30분 45초입니다.
→ 2시 30분 45초＋40분 5초＝3시 10분 50초

5
$$\begin{array}{r} \overset{1}{}7\text{분}\ 42\text{초} \\ +\ 5\text{분}\ 38\text{초} \\ \hline 13\text{분}\ 20\text{초} \end{array} \qquad \begin{array}{r} \overset{1}{}4\text{분}\ 57\text{초} \\ +\ 9\text{분}\ 23\text{초} \\ \hline 14\text{분}\ 20\text{초} \end{array}$$

실력 다지기

1 (1) 9시 50분 (2) 9시간 39분 15초
(3) 30분 58초 (4) 8시간 39분 12초

2 49, 12

3 5시간 10분 26초

---

4 7시 50분 15초

5
$$\begin{array}{r} 5시 \ 10분 \\ + \qquad 3분 \ 24초 \\ \hline 5시 \ 13분 \ 24초 \end{array}$$

6 ㉠

7 4시간 5분 40초

8 ㉠ 양 먹이 주기, 양젖 짜기 / 54분 35초

9 나 모둠

10 10시 40분

　　㊀ 40, 50 / 50, 10, 10 / 10, 40 / 10, 40

---

1 (4)
$$\begin{array}{r} \overset{1}{} \\ 8시간 \ 13분 \ 34초 \\ + \qquad\quad 25분 \ 38초 \\ \hline 8시간 \ 39분 \ 12초 \end{array}$$

2 42분 30초＋6분 42초＝49분 12초

3 1시간 20분 16초＋3시간 50분 10초
＝5시간 10분 26초

4 시계가 나타내는 시각은 7시 39분 25초입니다.
따라서 시계가 나타내는 시각에서 10분 50초 후의
시각은 7시 39분 25초＋10분 50초＝7시 50분 15초
입니다.

5 시는 시끼리, 분은 분끼리, 초는 초끼리 더하지 않았
습니다.

6 ㉠ 5시간 28분 12초＋2시간 45분 10초
＝8시간 13분 22초
㉡ 3시간 47분 25초＋4시간 13분 53초
＝8시간 1분 18초
→ 8시간 13분 22초＞8시간 1분 18초이므로 시간
이 더 긴 것은 ㉠입니다.

7 (기차와 버스를 탄 시간)
＝(기차를 탄 시간)＋(버스를 탄 시간)
＝2시간 45분 10초＋1시간 20분 30초
＝4시간 5분 40초

8 ㉠ 양 먹이 주기는 22분 20초, 양젖 짜기는 32분 15초
이므로 두 가지 활동에 참여하는 데 걸리는 시간은
22분 20초＋32분 15초＝54분 35초입니다.

9 가 모둠: 80초＝1분 20초이므로
(가 모둠의 달리기 기록의 합)
＝1분 45초＋1분 20초＝3분 5초

나 모둠: 102초＝1분 42초이므로
(나 모둠의 달리기 기록의 합)
＝1분 15초＋1분 42초＝2분 57초
→ 3분 5초＞2분 57초이므로 기록이 더 빠른 모둠은
나 모둠입니다.

 개념 **6** 시간의 뺄셈

132쪽

확인 **1** 15, 35

확인 **2** 4, 60 / 3, 35, 35

개념 익히기

133쪽

1 5시 21분　　5시 22분　　5시 23분 /
10초 20초 30초 40초 50초　10초 20초 30초 40초 50초

5, 21, 10

2 (1) 2, 20　(2) 15, 60 / 11, 35
(3) 39, 60 / 3, 24, 25

3 (1) 13, 10　(2) 2, 30, 15

4 6, 32, 30

5 (　　)
　(○)

4 시계가 나타내는 시각은 7시 10분 50초입니다.
→ 7시 10분 50초－38분 20초＝6시 32분 30초

5 • 41분 30초－19분 22초＝22분 8초
• 53분 56초－32분 48초＝21분 8초

실력 다지기

134~135쪽

1 (1) 3시 38분　(2) 2시간 15분 40초
(3) 18분 11초　(4) 1시간 14분 44초

2 3, 35

3 3시간 51분 41초

4
$$\begin{array}{r} \overset{35}{} \quad \overset{60}{} \\ 3시 \ \cancel{36}분 \ 30초 \\ - \qquad\quad 4분 \ 35초 \\ \hline 3시 \ 31분 \ 55초 \end{array}$$

5 소영

6 ㉡

7 9시 5분 12초

8 9시 16분 33초   **9** 55초

10 1시간 19분 40초

11 경미, 38분

    (풀이) 1, 40 / 1, 45 / 3, 12 / 2, 23 / 2, 23, 1, 45 /
      38, 경미 / 38

1 (4)
$$\begin{array}{r} \overset{37}{4}\text{시} \quad \overset{60}{38}\text{분} \quad 34\text{초} \\ -\ 3\text{시} \quad 23\text{분} \quad 50\text{초} \\ \hline 1\text{시간} \quad 14\text{분} \quad 44\text{초} \end{array}$$

2 30분 15초−26분 40초=3분 35초

3 6시간 25분 58초−2시간 34분 17초
    =3시간 51분 41초

4 분 단위에서 초 단위로 받아내림할 때는 1분을 60초
    로 바꾸어 줍니다.

5 1분=60초이므로 60초와의 차를 각각 구하면 석진
    이는 12초, 소영이는 6초, 해연이는 8초입니다.
    따라서 1분에 가장 가깝게 발표한 친구는 소영입니다.

6 ㉠ 2시간 15분 32초−40분 15초=1시간 35분 17초
    ㉡ 3시간 19분 26초−1시간 57분 41초
      =1시간 21분 45초
    ➜ 1시간 35분 17초>1시간 21분 45초이므로 시
      간이 더 짧은 것은 ㉡입니다.

7 시계가 나타내는 시각은 11시 20분 35초입니다.
    따라서 시계가 나타내는 시각에서 2시간 15분 23초
    전의 시각은
    11시 20분 35초−2시간 15분 23초=9시 5분 12초
    입니다.

8 (봉사 활동을 시작한 시각)
    =(봉사 활동이 끝난 시각)−(봉사 활동을 한 시간)
    =10시 27분 30초−1시간 10분 57초
    =9시 16분 33초

9 225초=3분 45초이므로
    3분 10초<3분 45초<4분 5초입니다.
    따라서 재생 시간이 가장 짧은 음악은 가장 긴 음악
    보다 4분 5초−3분 10초=55초 더 짧습니다.

10 청소를 시작한 시각은 9시 45분 30초이고, 청소를
    끝낸 시각은 11시 5분 10초입니다.

(청소를 한 시간)
    =(청소를 끝낸 시각)−(청소를 시작한 시각)
    =11시 5분 10초−9시 45분 30초
    =1시간 19분 40초

유형으로 마무리하기

136~139쪽

1 학원   **2** 민규네 집

3 미술관   **4** 공항 / 박물관

5 4, 4   **6** 5, 450

7 14 cm 1 mm   **8** 1 km 650 m

9 7 cm 8 mm   **10** ㉮ 길

11 ㉯ 길   **12** ㉮ 길, 500 m

13 10시 40분   **14** 2시 15분

15 (풀이) (예) (세 번째 버스가 출발한 시각)
       =11시 15분−2시간 5분=9시 10분
    (두 번째 버스가 출발한 시각)
    =9시 10분−2시간 5분=7시 5분
    (첫 번째 버스가 출발한 시각)
    =7시 5분−2시간 5분=5시
    (답) 5시

16 `1:50:37`

17

18   **19** 3시간 20분

20 (풀이) (예) 오후 1시 10분=13시 10분
    (축구를 한 시간)=(끝난 시각)−(시각한 시각)
               =13시 10분−10시 50분
               =2시간 20분
    (답) 2시간 20분

21 6시간 54분 45초

22 (위에서부터) 2, 30 / 42

23 (위에서부터) 22 / 4, 50

24 37 / 48 / 4

1 $2\,\text{km}\ 100\,\text{m}=2100\,\text{m}$
→ $2100\,\text{m}<2350\,\text{m}<2500\,\text{m}$이므로 학교에서 가장 가까운 곳은 학원입니다.

2 $1\,\text{km}\ 500\,\text{m}=1500\,\text{m}$
→ $1500\,\text{m}>1050\,\text{m}>1005\,\text{m}$이므로 지아네 집에서 가장 먼 곳은 민규네 집입니다.

3 $5\,\text{km}\ 900\,\text{m}=5900\,\text{m}$
→ $6480\,\text{m}>6100\,\text{m}>5900\,\text{m}$이므로 지하철역에서 가장 먼 곳은 미술관입니다.

4 $10\,\text{km}\ 300\,\text{m}=10300\,\text{m}$
$9\,\text{km}\ 150\,\text{m}=9150\,\text{m}$
→ $10300\,\text{m}>9425\,\text{m}>9200\,\text{m}>9150\,\text{m}$이므로 집에서 가장 먼 곳은 공항, 가장 가까운 곳은 박물관입니다.

5 $32\,\text{mm}=3\,\text{cm}\ 2\,\text{mm}$
→ $7\,\text{cm}\ 6\,\text{mm}-3\,\text{cm}\ 2\,\text{mm}=4\,\text{cm}\ 4\,\text{mm}$

6 $1400\,\text{m}=1\,\text{km}\ 400\,\text{m}$
→ $1\,\text{km}\ 400\,\text{m}+4\,\text{km}\ 50\,\text{m}=5\,\text{km}\ 450\,\text{m}$

7 $93\,\text{mm}=9\,\text{cm}\ 3\,\text{mm}$
→ $4\,\text{cm}\ 8\,\text{mm}+9\,\text{cm}\ 3\,\text{mm}=14\,\text{cm}\ 1\,\text{mm}$

8 (은행~공원)
$=$(버스 정류장~공원)$-$(버스 정류장~은행)
$=3\,\text{km}\ 450\,\text{m}-1\,\text{km}\ 800\,\text{m}=1\,\text{km}\ 650\,\text{m}$

9 (사용한 색 테이프의 전체 길이)
$=5\,\text{cm}\ 4\,\text{mm}+5\,\text{cm}\ 4\,\text{mm}=10\,\text{cm}\ 8\,\text{mm}$
→ (남은 색 테이프의 길이)
$=18\,\text{cm}\ 6\,\text{mm}-10\,\text{cm}\ 8\,\text{mm}=7\,\text{cm}\ 8\,\text{mm}$

10 ㉮ 길: $1\,\text{km}\ 200\,\text{m}+900\,\text{m}=2\,\text{km}\ 100\,\text{m}$
→ $2\,\text{km}\ 100\,\text{m}<2\,\text{km}\ 500\,\text{m}$이므로 ㉮ 길이 더 가깝습니다.

11 ㉮ 길: $9\,\text{km}\ 250\,\text{m}+4\,\text{km}\ 50\,\text{m}$
$\qquad=13\,\text{km}\ 300\,\text{m}$
㉯ 길: $5\,\text{km}\ 650\,\text{m}+7\,\text{km}\ 600\,\text{m}$
$\qquad=13\,\text{km}\ 250\,\text{m}$
→ $13\,\text{km}\ 250\,\text{m}<13\,\text{km}\ 300\,\text{m}$이므로 ㉯ 길이 더 가깝습니다.

12 ㉮ 길: $6\,\text{km}\ 300\,\text{m}+3\,\text{km}\ 200\,\text{m}$
$\qquad=9\,\text{km}\ 500\,\text{m}$
㉯ 길: $4\,\text{km}\ 100\,\text{m}+5\,\text{km}\ 900\,\text{m}=10\,\text{km}$
→ $10\,\text{km}-9\,\text{km}\ 500\,\text{m}=500\,\text{m}$이므로 ㉮ 길로 가는 것이 $500\,\text{m}$ 더 가깝습니다.

13 (첫 번째 수업이 끝나는 시각)
$=9$시 30분$+55$분$=10$시 25분
(두 번째 수업이 시작하는 시각)
$=10$시 25분$+15$분$=10$시 40분

14 (1회가 끝나는 시각)
$=4$시 15분-20분$=3$시 55분
(1회가 시작하는 시각)
$=3$시 55분-1시간 40분$=2$시 15분

15
채점 기준	
상	풀이 과정을 완성하여 첫 번째 버스가 출발한 시각을 구한 경우
중	풀이 과정을 완성했지만 일부가 틀린 경우
하	답만 쓴 경우

16 왼쪽 시계가 나타내는 시각은 1시 42분 27초입니다.
(8분 10초 후의 시각)
$=1$시 42분 27초$+8$분 10초$=1$시 50분 37초

17 왼쪽 시계가 나타내는 시각은 9시 35분 20초입니다.
(30분 15초 후의 시각)
$=9$시 35분 20초$+30$분 15초$=10$시 5분 35초

18 오른쪽 시계가 나타내는 시각은 6시 16분 25초입니다.
(1시간 25분 55초 전의 시각)
$=6$시 16분 25초-1시간 25분 55초
$=4$시 50분 30초

19 오후 2시 50분$=14$시 50분
(박물관에 있었던 시간)
$=14$시 50분-11시 30분$=3$시간 20분
참고 하루는 24시간이므로 오후 ■시는 $(12+■)$시로 나타낼 수 있습니다.

20
채점 기준	
상	풀이 과정을 완성하여 축구를 한 시간을 구한 경우
중	풀이 과정을 완성했지만 일부가 틀린 경우
하	답만 쓴 경우

21 오후 5시 15분 37초＝17시 15분 37초
  (놀이공원에 있었던 시간)
  ＝(놀이공원에서 나온 시각)
    －(놀이공원에 들어간 시각)
  ＝17시 15분 37초－10시 20분 52초
  ＝6시간 54분 45초

22 • 초 단위 계산: □＋19＝49, □＝30
  • 분 단위 계산: 25＋□－60＝7, 25＋□＝67,
        □＝42
  • 시 단위 계산: 1＋□＋3＝6, □＝2

23 • 초 단위 계산: 60＋24－□＝34, 84－□＝34,
        □＝50
  • 분 단위 계산: □－1－2＝19, □－3＝19,
        □＝22
  • 시 단위 계산: 5－□＝1, □＝4

24 • 초 단위 계산: ◆－5＝32, ◆＝32＋5,
        ◆＝37
  • 분 단위 계산: 60＋12－●＝24,
        72－●＝24, ●＝48
  • 시 단위 계산: 8－1－3＝♥, ♥＝4

---

6. 분수와 소수

개념 1 전체를 똑같이 나누기

142쪽

확인 1 나, 다, 마

확인 2 가, 라, 바

개념 익히기   143쪽

1 (   ) (○) (   )

2 다

3 (1) 셋에 ○표 (2) 넷에 ○표

4 (1) 4 (2) 8

5 ㉡   **6** ③, ⑤

---

1 나누어진 두 조각의 모양과 크기가 같은 것을 찾습니다.

2 가, 나는 나누어진 조각의 모양과 크기가 다르므로 똑같이 나누어진 도형이 아닙니다.

3 (1) 나누어진 세 조각의 모양과 크기가 같습니다.
  (2) 나누어진 네 조각의 모양과 크기가 같습니다.

4 (1) 크기가 같은 조각이 4개 있습니다.
  (2) 크기가 같은 조각이 8개 있습니다.

5 점선 ㉠, ㉢으로 나누면 도형을 똑같이 둘로 나눌 수 있습니다.

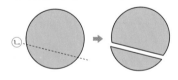

6 ①, ② 똑같이 나누어지지 않았습니다.
  ③, ⑤ 똑같이 넷으로 나누어졌습니다.
  ④ 똑같이 다섯으로 나누어졌습니다.

실력 다지기   144~145쪽

1 다, 라   **2** 바

3 (1) 6 (2) 5   **4** 성현

5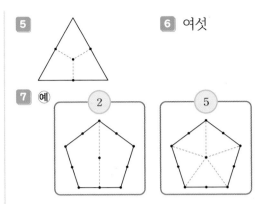

6 여섯

7 예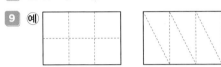

8 폴란드 / 프랑스

9 예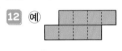

10 예 나누어진 조각의 모양과 크기가 다르므로 똑같이 나누어진 도형이 아닙니다.

11 선재

12 예

풀이 크기 / 4

1 나누어진 두 조각의 모양과 크기가 같은 것을 찾습니다.

2 나누어진 세 조각의 모양과 크기가 같은 것을 찾습니다.

3 (1) 모양과 크기가 같은 조각이 6조각 있습니다.
(2) 모양과 크기가 같은 조각이 5조각 있습니다.

4 나누어진 부분을 서로 겹쳐 보았을 때 완전히 겹쳐져야 도형을 똑같이 나눈 것입니다.
따라서 도형을 똑같이 나누지 못한 친구는 성현입니다.

5 점을 이용하여 모양과 크기가 같도록 도형을 셋으로 나누어 봅니다.

6 나누어진 여섯 조각의 모양과 크기가 같으므로 피자는 똑같이 여섯으로 나누어져 있습니다.

7 모양과 크기가 같도록 주어진 수만큼 도형을 똑같이 나누어 봅니다.

8 체코와 콜롬비아 국기는 똑같이 나누어지지 않았습니다.

9 나누어진 여섯 조각의 모양과 크기가 같도록 도형을 나누어 봅니다.

---

11 주원: 똑같이 아홉으로 나누어진 색종이입니다.
윤서: 똑같이 나누어지지 않았습니다.

개념2 분수

146쪽

확인 1 3, 1

확인 2 4, 1

개념 익히기

147쪽

1 4 / 3, $\frac{3}{4}$

2 (1) $\frac{2}{5}$, 5, 2 (2) $\frac{5}{6}$, 6, 5

3 $\frac{4}{9}$ / 9분의 4   4 $\frac{6}{8}$ / $\frac{2}{8}$

5 예 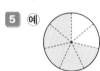   6 (   ) (○)

1 색칠한 부분은 전체를 똑같이 4로 나눈 것 중의 3입니다.

2 (1) 색칠한 부분은 전체를 똑같이 5로 나눈 것 중의 2이므로 $\frac{2}{5}$이고 5분의 2라고 읽습니다.
(2) 색칠한 부분은 전체를 똑같이 6으로 나눈 것 중의 5이므로 $\frac{5}{6}$이고 6분의 5라고 읽습니다.

4 • 남은 부분은 전체를 똑같이 8로 나눈 것 중의 6이므로 $\frac{6}{8}$입니다.
• 먹은 부분은 전체를 똑같이 8로 나눈 것 중의 2이므로 $\frac{2}{8}$입니다.

5 $\frac{5}{7}$는 전체를 똑같이 7로 나눈 것 중의 5이므로 5칸을 색칠합니다.

6 부분은 전체의 $\frac{1}{6}$이므로 전체가 주어진 부분이 6개 모인 모양이 되도록 그린 것을 찾습니다.

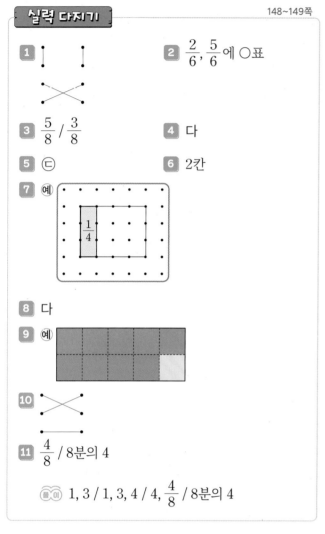

1

2 $\dfrac{2}{6}$, $\dfrac{5}{6}$에 ◯표

3 $\dfrac{5}{8}$ / $\dfrac{3}{8}$ **4** 다

5 ㉢   **6** 2칸

7 예

8 다

9 예

10

11 $\dfrac{4}{8}$ / 8분의 4

풀이 1, 3 / 1, 3, 4 / 4, $\dfrac{4}{8}$ / 8분의 4

---

1 • 전체를 똑같이 3으로 나눈 것 중의 2를 분수로 나
타내면 $\dfrac{2}{3}$이고 3분의 2라고 읽습니다.

• 전체를 똑같이 7로 나눈 것 중의 4를 분수로 나타
내면 $\dfrac{4}{7}$이고 7분의 4라고 읽습니다.

2 $\dfrac{\blacktriangle}{\blacksquare}$에서 ■는 분모, ▲는 분자입니다.

➡ 분모가 6인 분수는 $\dfrac{2}{6}$, $\dfrac{5}{6}$입니다.

3 • 색칠한 부분: 전체를 똑같이 8로 나눈 것 중의 5

➡ $\dfrac{5}{8}$

• 색칠하지 않은 부분: 전체를 똑같이 8로 나눈 것

중의 3 ➡ $\dfrac{3}{8}$

4 가: $\dfrac{2}{5}$ 나: $\dfrac{3}{4}$ 다: $\dfrac{3}{5}$

5 ㉢ $\dfrac{3}{9}$은 9분의 3이라고 읽습니다.

---

6 $\dfrac{8}{12}$은 전체를 똑같이 12로 나눈 것 중의 8입니다.

➡ 전체 12칸 중 6칸이 색칠되어 있으므로
$8-6=2$(칸) 더 색칠해야 합니다.

7 $\dfrac{1}{4}$은 전체를 똑같이 4로 나눈 것 중의 1이고 $\dfrac{1}{4}$이
그려져 있으므로 전체는 부분이 4개 모인 모양이 되
도록 그립니다.

8 가: $\dfrac{4}{9}$ 나: $\dfrac{4}{9}$ 다: $\dfrac{6}{9}$
따라서 색칠한 부분이 나타내는 분수가 다른 하나는
다입니다.

9 전체를 똑같이 10칸으로 나눈 것 중 5칸만큼 빨간
색으로, 4칸만큼 파란색으로, 1칸만큼 노란색으로
색칠합니다.

10 각각의 부분은 전체의 $\dfrac{1}{2}$, $\dfrac{1}{3}$, $\dfrac{1}{5}$이므로 전체는 주
어진 부분이 2개, 3개, 5개 모인 모양인 것을 찾습
니다.

개념 **3** 분수의 크기 비교

확인 **1**   <

확인 **2**   <

1 $\dfrac{1}{2}$, $\dfrac{1}{10}$, $\dfrac{1}{4}$에 ◯표

2 (1) 예   / 2

(2) 예   / 5

3 예   /

예   /

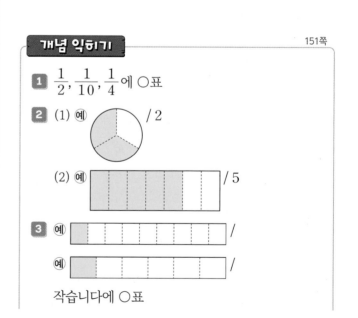

작습니다에 ◯표

4 예 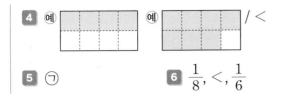 / <

5 ㉠

6 $\frac{1}{8}$, <, $\frac{1}{6}$

1 분자가 1인 분수를 모두 찾습니다.

2 (1) 전체를 똑같이 3으로 나눈 것 중의 2만큼 색칠합니다.
(2) 전체를 똑같이 7로 나눈 것 중의 5만큼 색칠합니다.

3 색칠한 부분의 크기를 비교하면 $\frac{1}{9}$은 $\frac{1}{6}$보다 더 작습니다.

4 색칠한 칸의 수를 비교하면 4<7입니다.
➡ $\frac{4}{8} < \frac{7}{8}$

5 ㉠ $\frac{8}{11}$　　㉡ $\frac{3}{11}$
➡ 8>3이므로 $\frac{8}{11} > \frac{3}{11}$입니다.

6 • 전체를 똑같이 8로 나눈 것 중의 1은 $\frac{1}{8}$입니다.
• 전체를 똑같이 6으로 나눈 것 중의 1은 $\frac{1}{6}$입니다.
➡ $\frac{1}{8} < \frac{1}{6}$

실력 다지기

152~153쪽

1 예 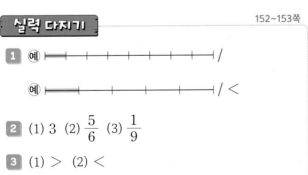 /
예 ├───┼─┼─┼─┼─┼─┤ / <

2 (1) 3　(2) $\frac{5}{6}$　(3) $\frac{1}{9}$

3 (1) >　(2) <

4 (○) (　)　**5** $\frac{1}{10}$

6 $\frac{7}{8}$, $\frac{6}{8}$, $\frac{5}{8}$　**7** $\frac{1}{4}$, $\frac{1}{3}$에 색칠

8 하은　**9** $\frac{4}{8}$, $\frac{5}{8}$

10 7, 8, 9　　**11** ㉡, ㉢, ㉣, ㉠

12 나비

(풀이) 7 / 7, 5 / $\frac{5}{12}$ / $\frac{7}{12}$, $\frac{5}{12}$ / 나비

1 $\frac{1}{8}$과 $\frac{1}{5}$을 그림에 나타낸 후 크기를 비교하면 $\frac{1}{8}$은 $\frac{1}{5}$보다 더 작습니다.

3 (1) 3>2 ➡ $\frac{3}{4} > \frac{2}{4}$
(2) 13>11 ➡ $\frac{1}{13} < \frac{1}{11}$

4 $\frac{8}{9}$과 $\frac{7}{9}$의 분자의 크기를 비교하면 8>7이므로 $\frac{8}{9} > \frac{7}{9}$입니다.

5 단위분수의 분자는 1이므로 분자와 분모의 합이 11인 단위분수의 분모는 10입니다.
➡ $\frac{1}{10}$

6 분모가 같은 분수는 분자가 클수록 더 큽니다.
➡ $\frac{7}{8} > \frac{6}{8} > \frac{5}{8}$

7 단위분수는 분모가 작을수록 더 큽니다.
따라서 분모가 6보다 작은 단위분수를 모두 찾으면 $\frac{1}{4}$, $\frac{1}{3}$입니다.

8 $\frac{3}{7} < \frac{6}{7}$이므로 물을 더 많이 마신 친구는 하은입니다.

9 분모가 8이고 분자가 3보다 크고 6보다 작은 분수는 $\frac{4}{8}$, $\frac{5}{8}$입니다.

10 단위분수는 분모가 클수록 더 작으므로 $\frac{1}{\square} < \frac{1}{6}$이 되려면 □>6이어야 합니다.
따라서 □ 안에 들어갈 수 있는 수는 7, 8, 9입니다.

11 ㉠ $\frac{5}{10}$　㉡ $\frac{9}{10}$　㉢ $\frac{8}{10}$　㉣ $\frac{6}{10}$
➡ ㉡ $\frac{9}{10}$ > ㉢ $\frac{8}{10}$ > ㉣ $\frac{6}{10}$ > ㉠ $\frac{5}{10}$

소수

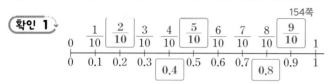

확인 1

확인 2 4.7, 사 점 칠

개념 익히기

1 (1) $\frac{6}{10}$ (2) 6 (3) 0.6

2 (1) 15 (2) 1.5

3 0.3, 영 점 삼

4

5 (1) 0.3 (2) 1.4 (3) 8 (4) 21

6 (1) 0.7 (2) 5.8

1 색칠한 부분은 전체를 똑같이 10으로 나눈 것 중의 6입니다.

2 전체를 똑같이 10으로 나눈 것 중의 1은 0.1입니다.

3 색칠한 부분은 전체를 똑같이 10으로 나눈 것 중의 3이므로 0.3이라 쓰고 영 점 삼이라고 읽습니다.

4 • 1과 0.9만큼 ➡ 1.9 ➡ 일 점 구
   • 3과 0.2만큼 ➡ 3.2 ➡ 삼 점 이
   • 2와 0.3만큼 ➡ 2.3 ➡ 이 점 삼

6 (1) 1mm=0.1cm이므로
       7mm=0.7cm입니다.
   (2) 8mm=0.8cm이므로
       5cm 8mm=5.8cm입니다.

실력 다지기

1 (1) 0.2 (2) $\frac{6}{10}$

2 예

3 5.3 / 오 점 삼

4 ㉡

5 0.5, 1.8

6 2.4컵

7 4.5cm

8 0.4

9 ㉢

10 5.4cm

11 15

12 0.2m

풀이 $\frac{1}{10}$, 0.1 / 3, 5 / 2 / 0.2

2 0.1이 7개인 수는 0.7입니다.
   0.7=$\frac{7}{10}$이고 $\frac{7}{10}$은 전체를 똑같이 10으로 나눈 것 중의 7이므로 7칸을 색칠합니다.

3 $\frac{3}{10}$=0.3이므로 5와 $\frac{3}{10}$만큼인 수는 5.3이라 쓰고 오 점 삼이라고 읽습니다.

4 ㉠ 0.4는 0.1이 4개입니다. ➡ □=4
   ㉡ 0.1이 9개이면 0.9입니다. ➡ □=9
   ➡ 4<9이므로 □ 안에 알맞은 수가 더 큰 것은 ㉡입니다.

5 수직선에서 작은 눈금 한 칸은 0.1을 나타내므로 0.1이 5개인 수는 0.5, 1과 0.8만큼인 수는 1.8입니다.

6 컵에서 눈금 한 칸은 0.1컵입니다.
   포도주스는 2컵과 0.4컵만큼이므로 모두 2.4컵입니다.

7 색 테이프의 길이는 4cm 5mm입니다.
   5mm=0.5cm이므로 4cm 5mm=4.5cm입니다.

8 감자를 심은 칸은 10-6=4(칸)입니다.
   따라서 감자를 심은 칸은 텃밭을 똑같이 10칸으로 나눈 것 중의 4칸이므로 전체의 0.4입니다.

9 ㉠ 3과 0.8만큼인 수는 3.8입니다.
   ㉡ $\frac{1}{10}$=0.1이고 0.1이 38개인 수는 3.8입니다.
   ㉢ 0.1이 83개인 수는 8.3입니다.
   따라서 나타내는 수가 다른 하나는 ㉢입니다.

10 4mm=0.4cm이므로 5cm 4mm=5.4cm입니다.

11 · $\dfrac{6}{10}=0.6$이고, 0.6은 0.1이 6개인 수입니다.

　　➜ ㉠=6

　· $0.9=\dfrac{9}{10}$이고, $\dfrac{9}{10}$는 $\dfrac{1}{10}$이 9개인 수입니다.

　　➜ ㉡=9

　➜ ㉠+㉡=6+9=15

소수의 크기 비교

158쪽

확인 1 　23, 14, >

확인 2 　7, 4, >

개념 익히기

159쪽

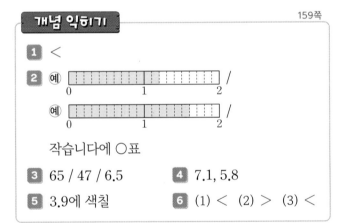

1 　<

2 　예 　/

　　예 　/

　　작습니다에 ○표

3 　65 / 47 / 6.5　　4 　7.1, 5.8

5 　3.9에 색칠　　6 　(1) < (2) > (3) <

1 　$\underset{1<2}{1.9<2.5}$

2 　색칠한 부분을 비교하면 1.2가 더 짧으므로 1.2는 1.6보다 더 작습니다.

3 　· 6.5는 0.1이 65개입니다.
　　· 4.7은 0.1이 47개입니다.
　　➜ 65>47이므로 6.5>4.7입니다.

4 　소수점 왼쪽에 있는 수를 비교하면 5<7입니다.
　　➜ 7.1은 5.8보다 더 큽니다.

5 　소수점 왼쪽에 있는 수의 크기를 비교하면 4>3입니다.
　　➜ 4.1>3.9

6 　(1) $\underset{2<4}{0.2<0.4}$　　(2) $\underset{3>2}{3.7>2.8}$

　　(3) $\underset{3<6}{6.3<6.6}$

실력 다지기

160~161쪽

1 　0 ┼┼┼┼┼┼┼┼┼┼┼┼ 1 ┼┼┼┼┼┼┼╋┼ 2 /
　　0 ┼┼┼┼┼┼┼┼┼┼┼┼ 1 ┼┼┼┼┼┼┼╋┼ 2 / <

2 　(1) <　(2) >　　3 　④

4 　(　) (△) (○)

5 　1.8, 4.6, 5.1에 ○표　6 　미주

7 　놀이터, 도서관, 공원　8 　2 / 3 / 1

9 　1, 2, 3, 4　　10 　8.1, 7.9에 ○표

11 　새연, 하준, 지호

　　풀이 18.8 / 17.3 / 17.3, 18.8, 18.9 / 새연, 하준, 지호

1 　수직선에서 오른쪽에 있는 수가 더 큽니다.
　　➜ 1.3<1.9

2 　(1) $\underset{0<1}{0.8<1.2}$　　(2) $\underset{6>4}{7.6>7.4}$

3 　④ $\underset{8<9}{4.8<4.9}$

4 　소수점 왼쪽에 있는 수가 같으므로 소수점 오른쪽에 있는 수의 크기를 비교하면 0.9>0.7>0.5입니다.

5 　· 5.2>1.8　· 5.2>4.6　· 5.2<5.5
　　· 5.2<9.6　· 5.2>5.1

6 　0.7>0.6이므로 정답 버튼을 더 빨리 누른 친구는 미주입니다.

7 　세 소수의 크기를 비교하면 0.8<1.6<2.1이므로 집에서 거리가 가까운 곳부터 차례로 쓰면 놀이터, 도서관, 공원입니다.

8 　· 오 점 구 ➜ 5.9
　　· 1이 5개, 0.1이 3개인 수 ➜ 5.3
　　➜ 5.3<5.7<5.9

9 소수점 왼쪽에 있는 수의 크기가 같으므로 소수점 오른쪽에 있는 수의 크기를 비교하면 5>□입니다. 따라서 □ 안에 들어갈 수 있는 수는 1, 2, 3, 4입니다.

10 0.1이 76개인 수는 7.6이므로 주어진 수 중에서 7.6보다 크고 8.4보다 작은 수를 찾으면 8.1, 7.9입니다.

유형으로 마무리하기

162~165쪽

1 ✕(교차 연결)

2 규진

3 가, 라

4 가, 나, 라

5 2개

6 3개

7 풀이 예 분모가 10이고 분자가 3보다 크고 7보다 작은 분수는 $\frac{4}{10}$, $\frac{5}{10}$, $\frac{6}{10}$입니다.

이 중에서 분자가 홀수인 분수는 $\frac{5}{10}$입니다.

답 $\frac{5}{10}$

8 $\frac{1}{3}$, $\frac{1}{4}$

9 $\frac{8}{10}$

10 0.3

11 0.1

12 풀이 예 나무 막대 한 개를 똑같이 10도막으로 나눈 것 중의 1도막은 전체의 $\frac{1}{10}=0.1$이고, 남은 나무 막대는 $10-2-3-2=3$(도막)입니다.
따라서 남은 나무 막대는 전체의 $\frac{3}{10}=0.3$입니다.

답 $\frac{3}{10}$, 0.3

13 5.6

14 $\frac{1}{9}$

15 $\frac{1}{8}$ / $\frac{1}{4}$

16 97개

17 ㉠, ㉡, ㉢

18 ㉢, ㉠, ㉡

19 색연필 / 연필 / 형광펜

20 ㉡ / ㉢ / ㉠

21 10분

22 풀이 예 종이의 전체는 $1=\frac{7}{7}$이고, $\frac{7}{7}$은 $\frac{1}{7}$이 7개인 수입니다.
종이의 $\frac{1}{7}$만큼을 칠하는 데 10분이 걸리므로 종이의 $\frac{7}{7}$만큼을 칠하는 데 걸리는 시간은 $10\times7=70$(분)입니다.

답 70분

23 1시간 3분

24 42분

1 각각의 부분은 전체의 $\frac{1}{3}$, $\frac{1}{5}$, $\frac{1}{7}$이므로 전체는 주어진 부분이 3개, 5개, 7개 모인 모양이어야 합니다.

2 각각의 부분은 전체의 $\frac{1}{5}$, $\frac{1}{6}$, $\frac{1}{7}$이므로 전체는 주어진 부분이 5개, 6개, 7개 모인 모양이어야 합니다.
따라서 전체를 바르게 그린 친구는 규진입니다.

3 부분은 전체의 $\frac{1}{4}$이므로 전체는 주어진 부분이 4개 모인 모양이어야 합니다. ➜ 가, 라

4 부분은 전체의 $\frac{1}{6}$이므로 전체는 주어진 부분이 6개 모인 모양이어야 합니다. ➜ 가, 나, 라

5 분모가 7이고 분자가 2보다 크고 5보다 작은 분수는 $\frac{3}{7}$, $\frac{4}{7}$로 모두 2개입니다.

6 분모가 9이고 분자가 4보다 크고 8보다 작은 분수는 $\frac{5}{9}$, $\frac{6}{9}$, $\frac{7}{9}$로 모두 3개입니다.

7

채점 기준	
상	풀이 과정을 완성하여 조건에 맞는 분수를 구한 경우
중	풀이 과정을 완성했지만 일부가 틀린 경우
하	답만 쓴 경우

8 단위분수는 분모가 작을수록 더 크므로 $\frac{1}{5}$보다 큰 단위분수는 분모가 5보다 작은 $\frac{1}{2}$, $\frac{1}{3}$, $\frac{1}{4}$입니다.
이 중에서 분모가 2보다 큰 분수는 $\frac{1}{3}$, $\frac{1}{4}$입니다.

9 피자 한 판을 똑같이 10조각으로 나눈 것 중의 1조각은 $\frac{1}{10}$입니다. 수연이가 2조각을 먹었으므로 남

은 피자는 8조각입니다.

따라서 남은 피자는 전체의 $\frac{8}{10}$입니다.

10 화단 전체를 10칸으로 나눈 것 중의 1칸은
$\frac{1}{10}=0.1$입니다.

4칸에 장미를, 3칸에 튤립을 심었으므로 남은 화단
은 $10-4-3=3$(칸)입니다.

따라서 남은 화단은 전체의 0.3입니다.

11 색종이 한 장을 똑같이 10칸으로 나눈 것 중의 1칸
은 $\frac{1}{10}=0.1$입니다.

호영이는 2칸, 희주는 3칸, 선미는 4칸을 사용했으
므로 남은 색종이는 $10-2-3-4=1$(칸)입니다.

따라서 남은 색종이는 전체의 0.1입니다.

12

13 가장 작은 소수를 만들려면 소수점 왼쪽에 가장 작은
수, 소수점 오른쪽에 두 번째로 작은 수를 놓습니다.
→ $5<6<7<8$이므로 만들 수 있는 가장 작은 소수
는 5.6입니다.

14 단위분수는 분모가 클수록 더 작으므로 가장 작은
단위분수를 만들려면 분모에는 가장 큰 수를 놓아야
합니다.
→ $9>8>6>1$이므로 만들 수 있는 가장 작은 단위
분수는 $\frac{1}{9}$입니다.

15 가장 작은 단위분수를 만들려면 분모에는 가장 큰
수, 가장 큰 단위분수를 만들려면 분모에는 가장 작
은 수를 놓아야 합니다.
→ $8>7>5>4>1$이므로 만들 수 있는 가장 작은
단위분수는 $\frac{1}{8}$, 가장 큰 단위분수는 $\frac{1}{4}$입니다.

16 $9>7>4>3>2$이므로 만들 수 있는 가장 큰 소수
는 9.7입니다.
9.7은 0.1이 97개인 수입니다.

17 ㉡ $194\,mm=19.4\,cm$
㉢ $19\,cm\ 2\,mm=19.2\,cm$

→ $20.1\,cm>19.4\,cm>19.2\,cm$이므로 길이가
긴 것부터 차례로 기호를 쓰면 ㉠, ㉡, ㉢입니다.

18 ㉠ $14\,cm\ 5\,mm=14.5\,cm$
㉢ $103\,mm=10.3\,cm$

→ $10.3\,cm<14.5\,cm<15.6\,cm$이므로 길이가 짧
은 것부터 차례로 기호를 쓰면 ㉢, ㉠, ㉡입니다.

19 $11\,cm\ 9\,mm=11.9\,cm$, $106\,mm=10.6\,cm$이
므로 $12.7\,cm>11.9\,cm>10.6\,cm$입니다.
형광펜의 길이가 가장 짧으므로 형광펜은 $106\,mm$
이고, 색연필의 길이는 연필의 길이보다 더 길므로
색연필은 $12.7\,cm$, 연필은 $11\,cm\ 9\,mm$입니다.

20 $174\,mm=17.4\,cm$, $17\,cm\ 9\,mm=17.9\,cm$이
므로 $17.9\,cm>17.4\,cm>16.3\,cm$입니다.
㉠의 길이가 가장 길므로 ㉠$=17\,cm\ 9\,mm$이고,
㉢의 길이는 ㉡의 길이보다 더 짧으므로
㉢$=16.3\,cm$, ㉡$=174\,mm$입니다.

21 $\frac{2}{3}$는 $\frac{1}{3}$이 2개인 수입니다.

벽면의 $\frac{1}{3}$만큼을 칠하는 데 5분이 걸리므로 벽면의
$\frac{2}{3}$만큼을 칠하는 데 걸리는 시간은 $5\times2=10$(분)
입니다.

22

23 $\frac{7}{8}$은 $\frac{1}{8}$이 7개인 수입니다.

수조의 $\frac{1}{8}$만큼을 채우는 데 9분이 걸리므로 $\frac{7}{8}$만큼
을 채우는 데 걸리는 시간은 $9\times7=63$(분)입니다.
→ 63분=1시간 3분

24 남은 거리는 전체 거리의 $\frac{6}{11}$이고, $\frac{6}{11}$은 $\frac{1}{11}$이 6개
인 수입니다.
전체 거리의 $\frac{1}{11}$만큼을 가는 데 7분이 걸리므로 같
은 빠르기로 전체 거리의 $\frac{6}{11}$만큼을 가는 데 걸리
는 시간은 $7\times6=42$(분)입니다.

워크북

1. 덧셈과 뺄셈

개념 1

2~3쪽

1 (1) 379 (2) 897　　**2** 300+400에 색칠

3 849　　　　　　　　**4** 677 cm

5 879　　　　　　　　**6** ( )( )(○)

7 758　　　　　　　　**8** ㉡

9 477명　　　　　　　**10** (위에서부터) 4, 6 / 5

11 997

12 343, 531(또는 531, 343)

---

2 296과 402를 각각 몇백으로 어림하면 296은 약 300, 402는 약 400이므로 296+402는 300+400=700으로 어림셈을 할 수 있습니다.

3 507+342=849

4 (두 색 테이프의 길이의 합) =242+435=677(cm)

5 백 모형이 3개, 십 모형이 6개, 일 모형이 1개이므로 수 모형이 나타내는 수는 361입니다. ➜ 361+518=879

6 423+235=658, 316+441=757, 145+512=657

7 541>420>217이므로 가장 큰 수는 541, 가장 작은 수는 217입니다. ➜ (가장 큰 수)+(가장 작은 수) =541+217=758

8 ㉠ 583+314=897　　㉡ 642+226=868 ㉢ 470+402=872 ➜ ㉡ 868<㉢ 872<㉠ 897

9 (승훈이네 학교의 전체 학생 수) =(남학생 수)+(여학생 수) =246+231=477(명)

10 • 일의 자리 계산: □+1=7, □=6
• 십의 자리 계산: 3+□=8, □=5
• 백의 자리 계산: □+2=6, □=4

11 • 100이 6개, 10이 1개, 1이 5개인 수는 615입니다.
• 100이 3개, 10이 8개, 1이 2개인 수는 382입니다.
➜ 615+382=997

12 합의 백의 자리 수가 8이 되는 두 수는 (343, 524), (343, 531)입니다. ➜ 343+524=867, 343+531=874 따라서 합이 874인 덧셈식은 343+531=874입니다.

개념 2

4~5쪽

1 (1) 393 (2) 827　　**2** 462 / 875

3 957 m　　　　　　　**4** 584

5
```
    4 3 1        4 3 1
  + 2 7 5      + 2 7 5
  ⑥ 0 6  ,      7 0 6
```

6 (1) > (2) <　　　　**7** 905개

8 781　　　　　　　　**9** ㉡, ㉠, ㉢

10 658　　　　　　　　**11** 8, 9

12 627

---

3 (집~극장)=(집~마트)+(마트~극장) =384+573=957(m)

4 100이 2개이면 200, 10이 5개이면 50, 1이 8개이면 8이므로 258입니다. ➜ 258+326=584

5 십의 자리에서 받아올림한 수를 백의 자리 계산에서 더하지 않았습니다.

6 (1) 154+473=627, 239+354=593 ➜ 627>593
(2) 327+436=763, 572+196=768 ➜ 763<768

7 (오늘 딴 사과 수)=(어제 딴 사과 수)+162 =743+162=905(개)

8 사각형에 적힌 수는 127, 654입니다. ➜ 127+654=781

9 ㉠ 426+254=680　　㉡ 375+263=638 ㉢ 138+547=685 ➜ ㉡ 638<㉠ 680<㉢ 685

46 바른답 · 알찬풀이

10 $483>391>254>175$이므로 가장 큰 수는 483, 가장 작은 수는 175입니다.
→ $483+175=658$

11 $148+523=671$입니다.
$671<6\square1$이어야 하므로 □ 안에 들어갈 수 있는 수는 8, 9입니다.

12 어떤 수를 □라 하면 $\square-192=243$입니다.
→ $243+192=\square$, $\square=435$
따라서 바르게 계산하면 $435+192=627$입니다.

개념 3
6~7쪽

1 (1) 321 (2) 1217
2 방법1 40, 9 / 634 방법2 200 / 634
3 443 / 1312   **4** 1 / 10
5 ㉡   **6** 1063장
7 1 / 3 / 2   **8** 승희
9 1050   **10** 831 cm
11 1221

2 방법1 $300+200=500$, $80+40=120$,
$5+9=14$
→ $385+249=500+120+14=634$
방법2 $85+49=134$, $300+200=500$
→ $385+249=134+500=634$

3 $246+197=443$, $443+869=1312$

4 일의 자리 계산 $6+9=15$에서 5는 일의 자리에 쓰고 1은 십의 자리로 받아올림합니다.
따라서 ㉠에 알맞은 수는 1이고, 실제로 나타내는 값은 10입니다.

5 ㉠
$\begin{array}{r} 1 \\ 4\,7\,2 \\ +\,8\,4\,0 \\ \hline 1\,3\,1\,2 \end{array}$
(→ 받아올림 두 번)

㉡
$\begin{array}{r} 1\,1 \\ 6\,8\,5 \\ +\,7\,3\,9 \\ \hline 1\,4\,2\,4 \end{array}$
(→ 받아올림 세 번)

㉢
$\begin{array}{r} 1 \\ 3\,6\,8 \\ +\,5\,7\,1 \\ \hline 9\,3\,9 \end{array}$
(→ 받아올림 한 번)

6 (색종이 수)+(도화지 수)=$674+389=1063$(장)

7 $247+583=830$, $698+156=854$,
$374+469=843$
→ $830<843<854$

8 (승희가 2주 동안 푼 수학 문제 수)
$=346+198=544$(문제)
(민재가 2주 동안 푼 수학 문제 수)
$=254+267=521$(문제)
→ $544>521$이므로 승희가 수학 문제를 더 많이 풀었습니다.

9 홀수는 563, 487입니다.
→ $563+487=1050$

10 (삼각형의 세 변의 길이의 합)
$=197+358+276=555+276=831$(cm)

11 $9>6>5>2$이므로 만들 수 있는 세 자리 수 중에서 가장 큰 수는 965, 가장 작은 수는 256입니다.
따라서 가장 큰 수와 가장 작은 수의 합은
$965+256=1221$입니다.

개념 4
8~9쪽

1 (1) 224 (2) 133   **2** $500-200$에 색칠
3 241   **4** (○)( )(○)
5 330   **6** ㉢
7 321권   **8** 512
9 245번   **10** 324
11 331   **12** 550

2 489와 207을 각각 몇백으로 어림하면 489는 약 500, 207은 약 200이므로 $489-207$은
$500-200=300$으로 어림셈을 할 수 있습니다.

3 $694-453=241$

4 $784-263=521$, $865-324=541$,
$679-158=521$

5 백 모형이 5개, 십 모형이 4개, 일 모형이 3개이므로 수 모형이 나타내는 수는 543입니다.
→ $543-213=330$

6 ㉠ 769−342=427

㉡ 928−514=414

㉢ 875−423=452

➡ ㉢ 452>㉠ 427>㉡ 414

7 (남은 동화책 수)

=(전체 동화책 수)−(빌려 간 동화책 수)

=538−217=321(권)

8 지호가 생각한 수에 425를 더하면 937이 되므로 지호가 생각한 수는 937−425=512입니다.

9 387>365>254>142이므로 가장 많이 한 줄넘기 횟수는 387번, 가장 적게 한 줄넘기 횟수는 142번입니다.

➡ (가장 많이 한 줄넘기 횟수)

−(가장 적게 한 줄넘기 횟수)

=387−142=245(번)

10 · 100이 7개, 10이 4개, 1이 9개인 수는 749입니다.

· 100이 4개, 10이 2개, 1이 5개인 수는 425입니다.

➡ 749−425=324

11 8>7>4이므로 만들 수 있는 가장 큰 세 자리 수는 874입니다.

➡ 874−543=331

12 685−134=551이므로 □ 안에는 551보다 작은 수가 들어갈 수 있습니다.

따라서 □ 안에 들어갈 수 있는 세 자리 수 중에서 가장 큰 수는 550입니다.

개념 5   10~11쪽

1 (1) 127 (2) 252   **2** 282 / 507

3 60 cm   **4** 473

5
```
  7 4 8       7 4 8
− 2 5 3     − 2 5 3
  ⑤ 9 5  ,    4 9 5
```

6 334개   **7** 380

8 252   **9** ㉢

10 647   **11** 336

12 18

2 628−346=282

853−346=507

3 (긴 쪽의 길이)−(짧은 쪽의 길이)

=205−145=60 (cm)

4 새연이가 설명하는 수는 926입니다.

➡ 926−453=473

5 백의 자리 계산을 할 때 백의 자리에서 십의 자리로 받아내림한 수를 빼지 않고 계산했습니다.

6 (과일 가게에 남아 있는 귤 수)

=(처음 과일 가게에 있던 귤 수)−(판 귤 수)

=652−318=334(개)

7 ⬤에 적힌 수는 592, 972입니다.

➡ 972−592=380

8 581−□=329

➡ 581−329=□, □=252

9 ㉠ 764−249=515

㉡ 663−128=535

㉢ 948−475=473

10 895>516>357>248이므로 가장 큰 수는 895, 가장 작은 수는 248입니다.

➡ 895−248=647

11 · 748−253=495이므로 ▲=495입니다.

· 159+◆=495이므로 495−159=◆, ◆=336 입니다.

12 · 일의 자리 계산: 10+3−㉡=5, ㉡=8

· 십의 자리 계산: ㉠−1−6=1, ㉠=8

· 백의 자리 계산: 4−2=㉢, ㉢=2

➡ ㉠+㉡+㉢=8+8+2=18

참고 뺄셈에서 각 자리 수끼리의 계산 결과가 빼지는 수보다 크면 받아내림이 있는 것입니다.

개념 6   12~13쪽

1 (1) 149 (2) 356

2 방법1 80, 7 / 264   방법2 87, 300 / 264

3 668, 289   **4** ③

5 ㉢   **6** 정우네 집, 139 m

7 128 cm   **8**
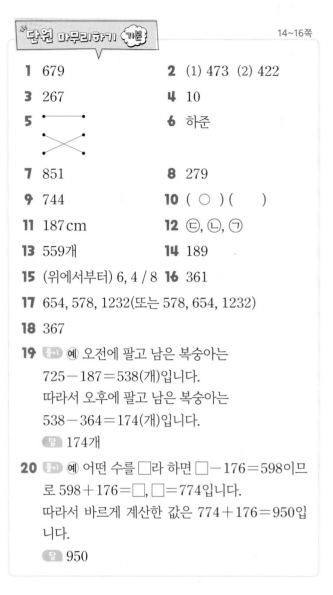

9 297   **10** 75

11 701, 278, 423

2 방법1 $500-300=200$, $140-80=60$,
$11-7=4$
➡ $651-387=200+60+4=264$
방법2 $151-87=64$, $500-300=200$
➡ $651-387=64+200=264$

3 $942-274=668$, $668-379=289$

4 십의 자리에서 일의 자리로 10을 받아내림하고, 백의 자리에서 십의 자리로 100을 받아내림합니다.
따라서 ㉠에 알맞은 수는 7이고, 실제로 나타내는 값은 700입니다.

5 ㉠ $432-176=256$ ㉡ $806-547=259$
㉢ $517-289=228$
➡ ㉢ 228 < ㉠ 256 < ㉡ 259

6 $187<326$이므로 정우네 집이 도서관에서
$326-187=139$ (m) 더 가깝습니다.

7 $6m=600cm$이므로 남은 색 테이프는
$600-472=128$ (cm)입니다.

8 · $563-\square=285$ ➡ $563-285=\square$, $\square=278$
· $742-\square=476$ ➡ $742-476=\square$, $\square=266$

9 $8>7>5$이므로 만들 수 있는 세 자리 수 중에서 가장 큰 수는 875, 가장 작은 수는 578입니다.
➡ $875-578=297$

10 선재가 고른 수는 389, 소율이가 고른 수는 464입니다.
➡ $464-389=75$

11 두 수의 차가 가장 큰 뺄셈식을 만들려면 가장 큰 수에서 가장 작은 수를 빼야 합니다.
$701>493>325>278$이므로 골라야 하는 두 수는 701, 278입니다.
➡ $701-278=423$

단원 마무리하기 기본

1 679   **2** (1) 473 (2) 422

3 267   **4** 10

5   **6** 하준

7 851   **8** 279

9 744   **10** (○) ( )

11 187 cm   **12** ㉢, ㉡, ㉠

13 559개   **14** 189

15 (위에서부터) 6, 4 / 8   **16** 361

17 654, 578, 1232(또는 578, 654, 1232)

18 367

19 풀이 예 오전에 팔고 남은 복숭아는
$725-187=538$(개)입니다.
따라서 오후에 팔고 남은 복숭아는
$538-364=174$(개)입니다.
답 174개

20 풀이 예 어떤 수를 □라 하면 $\square-176=598$이므로 $598+176=\square$, $\square=774$입니다.
따라서 바르게 계산한 값은 $774+176=950$입니다.
답 950

1 백 모형이 6개, 십 모형이 7개, 일 모형이 9개이므로 $147+532=679$입니다.

4 일의 자리 계산 $9+3=12$에서 2는 일의 자리에 쓰고 1은 십의 자리로 받아올림합니다.
따라서 □ 안의 수 1이 실제로 나타내는 값은 10입니다.

6 하준: $736-218=518$

7 $257+594=851$ (cm)

8 삼각형에 적힌 수는 436, 715입니다.
➡ $715-436=279$

9 $465>384>279$이므로 가장 큰 수는 465, 가장 작은 수는 279입니다.
➡ (가장 큰 수)+(가장 작은 수)$=465+279=744$

10 $246+465=711$, $823-174=649$
➡ $711>649$

11 $312-125=187\,(\text{cm})$

12 ㉠ $259+184=443$ ㉡ $825-347=478$
㉢ $794-263=531$
➜ ㉢ $531>$ ㉡ $478>$ ㉠ 443

13 (흰색 바둑돌 수)+(검은색 바둑돌 수)
$=275+284=559\,(\text{개})$

14 $276+\square=465,\ 465-276=\square,\ \square=189$

15 • 일의 자리 계산: $10+\square-5=9,\ \square=4$
• 십의 자리 계산: $1-1+10-\square=2,\ \square=8$
• 백의 자리 계산: $\square-1-1=4,\ \square=6$

16 $600\bigstar239=600-239=361$

17 두 수의 합이 가장 크려면 가장 큰 수와 두 번째로 큰 수를 더해야 합니다.
$654>578>376>265$이므로 골라야 하는 두 수는 654, 578입니다.
➜ $654+578=1232$

18 $724-358=366$이므로 □ 안에는 366보다 큰 수가 들어갈 수 있습니다.
따라서 □ 안에 들어갈 수 있는 세 자리 수 중에서 가장 작은 수는 367입니다.

19

	채점 기준
상	풀이 과정을 완성하여 과일 가게에 남은 복숭아의 수를 구한 경우
중	풀이 과정을 완성했지만 일부가 틀린 경우
하	답만 쓴 경우

20

	채점 기준
상	풀이 과정을 완성하여 바르게 계산한 값을 구한 경우
중	풀이 과정을 완성했지만 일부가 틀린 경우
하	답만 쓴 경우

단원 마무리하기 〔심화〕 17~19쪽

1 ( ) (○) **2** 721 / 1453

3 예 약 300 / 337 **4** 324

5 > **6** 1339명

7 591 **8** 1012

9
```
  7 0 5
- 3 4 6
  3 5 9
```
/ 예 십의 자리 계산을 할 때 십의 자리에서 일의 자리로 받아내림한 수를 빼지 않고 계산했습니다.

---

10 640원 **11** 458개

12 5

13 158, 209, 367(또는 209, 158, 367)

14 755, 319 **15** 463

16 478 **17** 740

18 593, 402, 168, 827(또는 402, 593, 168, 827)

19 풀이 예 (집~도서관)
$=$(집~학교)+(은행~도서관)
$-$(은행~학교)
$=537+386-155$
$=923-155=768\,(\text{m})$
답 768 m

20 풀이 예 $726-\square62=264$라 하면
$726-264=\square62,\ 462=\square62$이므로 $\square=4$입니다.
$726-\square62>264$이어야 하므로 □ 안에 들어갈 수 있는 수는 4보다 작은 수인 1, 2, 3으로 모두 3개입니다.
답 3개

---

1 $231+513=744,\ 375+359=734$

2 $268+453=721,\ 769+684=1453$

3 728과 391을 각각 몇백으로 어림하면 728은 약 700, 391은 약 400이므로 $728-391$은
$700-400=300$으로 어림셈을 할 수 있습니다.
➜ $728-391=337$

4 수 카드가 나타내는 수는 467이므로
$467-143=324$입니다.

5 $567-354=213,\ 641-485=156$
➜ $213>156$

6 (어제와 오늘 누리집 방문자 수)
$=$(어제 방문자 수)+(오늘 방문자 수)
$=764+575=1339\,(\text{명})$

7 $958>784>429>367$이므로 가장 큰 수는 958, 가장 작은 수는 367입니다.
➜ $958-367=591$

8 100이 6개, 10이 3개, 1이 8개인 수는 638입니다.
➜ $638+374=1012$

10 (처음에 가지고 있던 돈)−(사용한 돈)=(남은 돈)
이므로 920−(사용한 돈)=280입니다.
➡ 920−280=(사용한 돈), (사용한 돈)=640(원)

11 (어머니가 딴 딸기 수)=165+128=293(개)
(지은이와 어머니가 딴 딸기 수)
=165+293=458(개)

12 • 십의 자리 계산: 1+7+4=12, ⓛ=2
• 백의 자리 계산: 1+㉠+3=7, ㉠=3
➡ ㉠+ⓛ=3+2=5

13 더하는 두 수가 작을수록 두 수의 합이 작습니다.
따라서 선아가 만든 가장 작은 세 자리 수는 158, 유
준이가 만든 가장 작은 세 자리 수는 209이므로 두
친구가 만든 수의 합이 가장 작을 때의 덧셈식은
158+209=367입니다.

14 차의 일의 자리 수가 6이 되는 두 수는 720과 274,
755와 319입니다.
➡ 720−274=446, 755−319=436

15 • 634−●=376 ➡ 634−376=●, ●=258
• ◆+578=783 ➡ 783−578=◆, ◆=205
➡ ●+◆=258+205=463

16 찢어진 종이에 적힌 세 자리 수를 □라 하면
354+□=832입니다.
➡ 832−354=□, □=478

17 어떤 수를 □라 하면 □−358=124,
124+358=□, □=482입니다.
➡ 482+258=740

18 593＞402＞375＞168이므로 빼는 수는 가장 작
은 수인 168, 나머지 두 수는 가장 큰 수와 두 번째
로 큰 수인 593과 402가 되어야 합니다.
➡ 593+402−168=827 또는
402+593−168=827

19

채점 기준	
상	풀이 과정을 완성하여 집에서 도서관까지의 거리를 구한 경우
중	풀이 과정을 완성했지만 일부가 틀린 경우
하	답만 쓴 경우

20

채점 기준	
상	풀이 과정을 완성하여 □ 안에 들어갈 수 있는 수는 모두 몇 개인지 구한 경우
중	풀이 과정을 완성했지만 일부가 틀린 경우
하	답만 쓴 경우

2. 평면도형

개념 1

1 가, 다, 마 / 나, 라, 바

2 ㉢

3 ③

4 선분 ㄱㄴ 또는 선분 ㄴㄱ, 선분 ㅋㅌ 또는 선분 ㅌㅋ /
반직선 ㄹㄷ, 반직선 ㅅㅇ /
직선 ㅁㅂ 또는 직선 ㅂㅁ, 직선 ㅈㅊ 또는 직선 ㅊㅈ

5 2개

6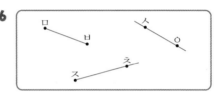

7 6개

8  / 반직선 ㄷㄱ

9 ⓛ

10 아닙니다에 ○표 /
⑩ 선분 ㅂㅅ은 점 ㅂ과 점 ㅅ을 이은 선분인데 점
ㅂ과 점 ㅅ을 지나는 직선이기 때문입니다.

11 6개

1 반듯하게 쭉 뻗은 선이 곧은 선이고, 구부러진 선이
굽은 선입니다.

2 선분은 두 점을 곧게 이은 선인데 ㉠은 굽은 선이고
ⓛ은 꺾인 선이므로 선분이 아닙니다.
따라서 점 ㄱ과 점 ㄴ을 이은 선분은 ㉢입니다.

3 직선은 선분을 양쪽으로 끝없이 늘인 곧은 선입니다.
따라서 직선 ㄷㄹ은 점 ㄷ과 점 ㄹ을 지나는 직선이
므로 ③입니다.
참고 ① 선분 ㄷㄹ 또는 선분 ㄹㄷ
② 반직선 ㄹㄷ
③ 직선 ㄷㄹ 또는 직선 ㄹㄷ
④ 반직선 ㄷㄹ

5

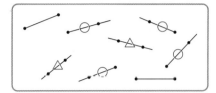

반직선에 ○표, 직선에 △표 하면 반직선은 4개, 직
선은 2개입니다.
따라서 반직선은 직선보다 4−2=2(개) 더 많습니다.

6 • 선분 ㅁㅂ은 점 ㅁ과 점 ㅂ을 곧은 선으로 잇습니다.
  • 반직선 ㅈㅊ은 점 ㅈ에서 시작하여 점 ㅊ을 지나는
    곧은 선을 긋습니다.
  • 직선 ㅅㅇ은 점 ㅅ과 점 ㅇ을 지나는 곧은 선을 긋
    습니다.

7 선분은 두 점을 곧게 이은 선이므로 모두 6개입니다.

8 한 점에서 시작하여 한쪽으로 끝없이 늘인 곧은 선은
    반직선이므로 점 ㄷ에서 시작하여 점 ㄱ을 지나는
    곧은 선은 반직선 ㄷㄱ입니다.

9 ㉠ 직선은 선분을 양쪽으로 끝없이 늘인 곧은 선입
    니다.
    ㉢ 두 점을 이은 선분은 1개입니다.
    따라서 바르게 설명한 것은 ㉡입니다.

10 주어진 도형은 직선 ㅂㅅ 또는 직선 ㅅㅂ입니다.

11 직선은 두 점을 이은 선분을 양쪽으로 끝없이 늘인
    곧은 선입니다.

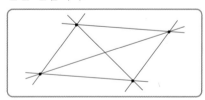

4개의 점 중에서 2개의 점을 이용하여 그을 수 있는
직선을 그어 보면 모두 6개입니다.

개념2

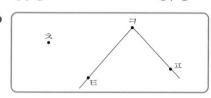

1 각   **2** (   ) (○) (   )

3 각 ㄹㅁㅂ 또는 각 ㅂㅁㄹ / 변 ㅁㄹ, 변 ㅁㅂ

4 ③, ⑤   **5** ㉠, ㉡

6
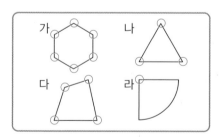

점 ㅋ / 변 ㅋㅌ, 변 ㅋㅍ

7 3개   **8** 라, 나, 다, 가

9 예 각은 한 점에서 그은 두 반직선으로 이루어진
    도형인데 하준이의 그림은 굽은 선이 있으므로
    각을 잘못 그렸습니다.

10 6개   **11** 10개

---

2 각은 한 점에서 그은 두 반직선으로 이루어진 도형
    입니다.
    각 ㄴㄱㄷ의 꼭짓점은 점 ㄱ입니다.

3 점 ㅁ을 각의 꼭짓점으로 하여 그린 각이므로
    각 ㄹㅁㅂ 또는 각 ㅂㅁㄹ이라고 씁니다.
    각의 변은 반직선 ㅁㄹ, 반직선 ㅁㅂ이므로 변 ㅁㄹ,
    변 ㅁㅂ입니다.

4 ③, ⑤에는 한 점에서 그은 두 반직선으로 이루어진
    부분이 없습니다.

5 ㉢ 각의 변은 변 ㅇㅅ과 변 ㅇㅈ으로 2개입니다.
    따라서 바르게 설명한 것은 ㉠, ㉡입니다.

6 점 ㅋ이 각의 꼭짓점이 되도록 그립니다.

7 도형에서 점 ㄷ을 꼭짓점으로 하는 각은 각 ㄴㄷㅁ,
    각 ㅁㄷㄹ, 각 ㄴㄷㄹ로 모두 3개입니다.

8
가: 6개, 나: 3개, 다: 4개, 라: 1개
➜ 1<3<4<6이므로 각의 수가 적은 도형부터
  차례로 기호를 쓰면 라, 나, 다, 가입니다.

10

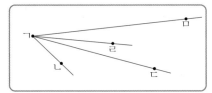

점 ㄱ을 꼭짓점으로 하는 각은 각 ㅁㄱㄹ, 각 ㄹㄱㄷ, 각 ㄷㄱㄴ, 각 ㅁㄱㄷ, 각 ㄹㄱㄴ, 각 ㅁㄱㄴ으로 모두 6개입니다.

11

• 작은 각 1개짜리: ①, ②, ③, ④ ➔ 4개
• 작은 각 2개짜리: ①+②, ②+③, ③+④ ➔ 3개
• 작은 각 3개짜리: ①+②+③, ②+③+④ ➔ 2개
• 작은 각 4개짜리: ①+②+③+④ ➔ 1개
따라서 크고 작은 각은 모두 4+3+2+1=10(개) 입니다.

개념**3**
24~25쪽

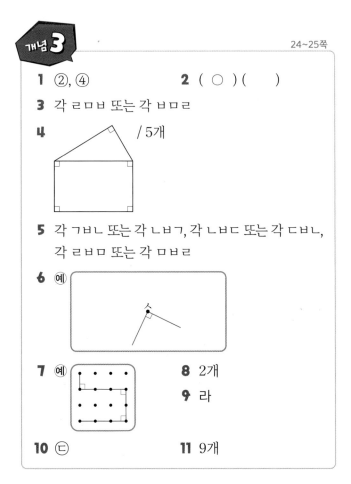

1 ②, ④

2 (○)(   )

3 각 ㄹㅁㅂ 또는 각 ㅂㅁㄹ

4 / 5개

5 각 ㄱㅂㄴ 또는 각 ㄴㅂㄱ, 각 ㄴㅂㄷ 또는 각 ㄷㅂㄴ, 각 ㄹㅂㅁ 또는 각 ㅁㅂㄹ

6 예

7 예

8 2개

9 라

10 ㄷ

11 9개

1 삼각자의 직각 부분을 대었을 때 꼭 맞게 겹쳐지는 각을 찾습니다.

2 삼각자의 직각 부분을 따라 직각을 그려야 합니다.

3 삼각자의 직각 부분을 대었을 때 꼭 맞게 겹쳐지는 각을 찾으면 오른쪽 각이고, 각 ㄹㅁㅂ 또는 각 ㅂㅁㄹ 이라고 씁니다.

4 삼각자의 직각 부분을 대었을 때 꼭 맞게 겹쳐지는 각을 찾아 직각 표시를 하고 표시한 직각의 수를 세어 보면 모두 5개입니다.

5

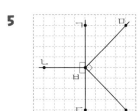

삼각자의 직각 부분을 대었을 때 꼭 맞게 겹쳐지는 각을 찾으면 각 ㄱㅂㄴ 또는 각 ㄴㅂㄱ, 각 ㄴㅂㄷ 또는 각 ㄷㅂㄴ, 각 ㄹㅂㅁ 또는 각 ㅁㅂㄹ입니다.

6 삼각자의 직각 부분의 꼭짓점을 점 ㅅ에 맞추고 점 ㅅ에서 시작하는 두 반직선을 삼각자의 변을 따라 긋습니다.

7 삼각자의 직각 부분을 대었을 때 꼭 맞게 겹쳐지는 각이 3군데가 되도록 모양을 그립니다.

8

삼각자의 직각 부분을 대었을 때 꼭 맞게 겹쳐지는 각을 찾아 직각 표시를 하고 표시한 직각의 수를 세어 보면 모두 2개입니다.

9

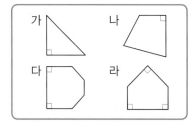

가: 1개, 나: 1개, 다: 2개, 라: 3개
➔ 3>2>1이므로 직각의 수가 가장 많은 도형은 라입니다.

10 ㉠ 2시   ㉡ 5시   ㉢ 9시   ㉣ 11시

시계의 긴바늘과 짧은바늘이 이루는 작은 쪽의 각이 직각인 시각은 ㉢ 9시입니다.

11

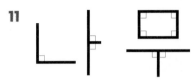

글자에서 직각을 모두 찾아 직각 표시를 하고 표시한 직각의 수를 세어 보면 모두 9개입니다.

개념4
26~27쪽

1 3개 **2** ①, ④

3 가, 다, 마 **4** ㉢

5 5개

6 예

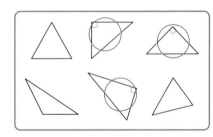

7 준우

8 같은점 예 한 각이 직각입니다.
다른점 예 변의 길이가 다릅니다.

9 예

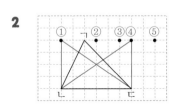

10 10개 **11** 3개

1

한 각이 직각인 삼각형을 모두 찾으면 3개입니다.

2

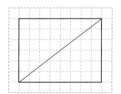

꼭짓점 ㄱ을 ① 또는 ④의 점으로 옮기면 한 각이 직각인 삼각형이 됩니다.

3 한 각이 직각인 삼각형을 찾으면 가, 다, 마입니다.

4 ㉢ 직각삼각형은 꼭짓점이 3개입니다.
따라서 잘못 설명한 것은 ㉢입니다.

5

한 각이 직각인 삼각형에 ○표 하면 모두 5개입니다.

6 주어진 선분의 한쪽 끝에 삼각자의 직각 부분을 대고 직각이 되도록 선분을 그은 후 두 선분의 양 끝점을 잇습니다.

7 한 각이 직각인 삼각형이므로 직각삼각형입니다.
따라서 도형이 직각삼각형인 이유를 바르게 설명한 친구는 준우입니다.

9 사각형에 선분 1개를 다음과 같이 그을 수도 있습니다.

10

사용한 직각삼각형 모양 조각은 10개입니다.

11

• 작은 삼각형 1개짜리: ①, ② → 2개
• 작은 삼각형 3개짜리: ①+②+③ → 1개
따라서 크고 작은 직각삼각형은 모두 2+1=3(개)입니다.

54 바른답 · 알찬풀이

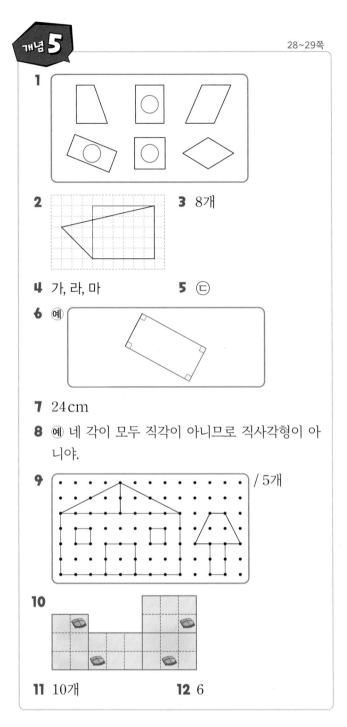

개념5

28~29쪽

2

3 8개

4 가, 라, 마

5 ㉢

6 예

7 24 cm

8 예 네 각이 모두 직각이 아니므로 직사각형이 아니야.

9 / 5개

10

11 10개

12 6

위크북

---

1 네 각이 모두 직각인 사각형을 찾아 ○표 합니다.

2 꼭짓점을 옮겨 가며 네 각이 모두 직각인 사각형이 되는 점을 찾습니다.

3 직사각형은 각이 4개, 직각이 4개입니다.
따라서 직사각형의 각과 직각의 수의 합은
4＋4＝8(개)입니다.

4 네 각이 모두 직각인 사각형을 찾으면 가, 라, 마입니다.

5 ㉠, ㉡ 직사각형은 변과 꼭짓점이 각각 4개입니다.
따라서 바르게 설명한 것은 ㉢입니다.

---

6 선분의 양 끝에 삼각자의 한 변을 대고 직각이 되도록 길이가 같은 두 변을 그려서 직사각형을 완성합니다.

7 직사각형은 마주 보는 두 변의 길이가 같습니다.
(직사각형의 네 변의 길이의 합)
＝7＋5＋7＋5＝24 (cm)

8 직사각형은 네 각이 모두 직각인 사각형입니다. 주어진 사각형은 직각이 없으므로 직사각형이 아닙니다.

9 네 각이 모두 직각인 사각형을 찾아 따라 그립니다.

10 땅이 모두 24칸이므로 한 부분에 6칸씩 들어가도록 모양과 크기가 같은 직사각형 모양으로 나누어 봅니다.

11

①		⑤
②	③	④

• 작은 직사각형 1개짜리: ①, ②, ③, ④, ⑤ ➡ 5개
• 작은 직사각형 2개짜리: ①＋②, ②＋③,
　　　　　　　　　　　　 ③＋④, ④＋⑤ ➡ 4개
• 작은 직사각형 3개짜리: ②＋③＋④ ➡ 1개
따라서 크고 작은 직사각형은 모두
5＋4＋1＝10(개)입니다.

12 직사각형은 마주 보는 두 변의 길이가 같으므로 네 변의 길이의 합은 9＋□＋9＋□＝30 (cm)입니다.
➡ □＋□＝12, □＝6

개념6

30~31쪽

1 라, 바

2 직각삼각형에 ○표

3 ㉣

4 ③, ④

5 예

6 24 cm

7 ③, ④, ⑤

8 소율

9 5 cm

10 ㉢

11 42 cm

1 네 각이 모두 직각이고 네 변의 길이가 모두 같은 사각형을 찾으면 라, 바입니다.

2 만들어진 도형은 네 각이 모두 직각이고 네 변의 길이가 모두 같으므로 직사각형, 정사각형입니다.

3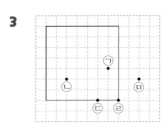

두 선분을 점 ⓔ과 이으면 네 각이 모두 직각이고 네 변의 길이가 모두 같은 사각형이 됩니다.

4 ③ 사각형이므로 꼭짓점이 4개 있습니다.
④ 정사각형의 크기가 모두 같지는 않습니다.
크기가 달라도 네 각이 모두 직각이고 네 변의 길이가 모두 같은 사각형은 정사각형입니다.

5 길이가 2 cm인 한 변을 먼저 그리고 네 각이 모두 직각이고 나머지 세 변의 길이도 2 cm인 사각형을 그립니다.

6 정사각형은 네 변의 길이가 모두 같습니다.
(정사각형의 네 변의 길이의 합)
＝6＋6＋6＋6＝24 (cm)

7 • 사각형: 변이 4개인 도형
• 직사각형: 네 각이 모두 직각인 사각형
• 정사각형: 네 각이 모두 직각이고 네 변의 길이가
모두 같은 사각형

8 주어진 사각형은 네 각이 모두 직각이지만 네 변의 길이가 모두 같지 않습니다.
따라서 정사각형이 아닌 이유를 바르게 설명한 친구는 소율입니다.

9 (가장 큰 정사각형의 한 변의 길이)
＝(직사각형의 짧은 변의 길이)＝5 cm

10 정사각형은 네 변의 길이가 모두 같지만 직사각형은 마주 보는 두 변의 길이가 같습니다.

11 정사각형은 네 변의 길이가 모두 같습니다.
(만든 직사각형의 긴 변의 길이)
＝7＋7＝14 (cm)
(만든 직사각형의 짧은 변의 길이)＝7 cm
➡ (만든 직사각형의 네 변의 길이의 합)
＝14＋7＋14＋7＝42 (cm)

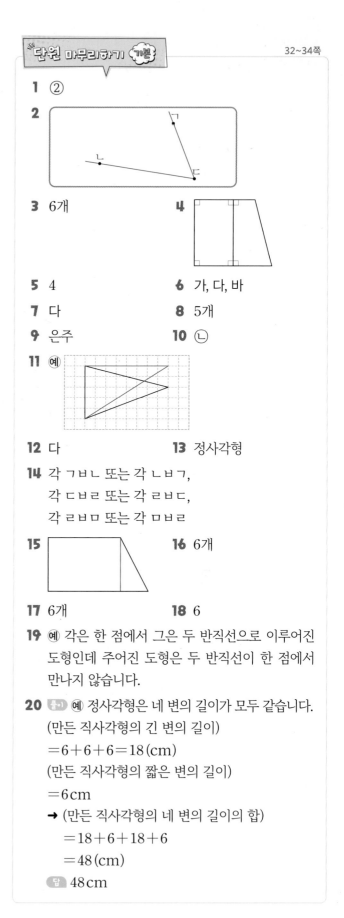

1 ②

2

3 6개   **4**

5 4   **6** 가, 다, 바

7 다   **8** 5개

9 은주   **10** ⓛ

11 예

12 다   **13** 정사각형

14 각 ㄱㅂㄴ 또는 각 ㄴㅂㄱ,
각 ㄷㅂㄹ 또는 각 ㄹㅂㄷ,
각 ㄹㅂㅁ 또는 각 ㅁㅂㄹ

15   **16** 6개

17 6개   **18** 6

19 예 각은 한 점에서 그은 두 반직선으로 이루어진 도형인데 주어진 도형은 두 반직선이 한 점에서 만나지 않습니다.

20 풀이 예 정사각형은 네 변의 길이가 모두 같습니다.
(만든 직사각형의 긴 변의 길이)
＝6＋6＋6＝18 (cm)
(만든 직사각형의 짧은 변의 길이)
＝6 cm
➡ (만든 직사각형의 네 변의 길이의 합)
＝18＋6＋18＋6
＝48 (cm)
답 48 cm

1 선분은 두 점을 곧게 이은 선이므로 ②입니다.

2 점 ㄷ이 각의 꼭짓점이 되도록 그립니다.

3

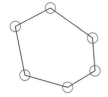

한 점에서 그은 두 반직선으로 이루어진 곳을 찾아 ○표 하면 모두 6개입니다.

4 삼각자의 직각 부분을 대었을 때 꼭 맞게 겹쳐지는 각을 찾아 직각 표시를 합니다.

5 직각삼각형은 각이 3개이고, 직각이 1개입니다.
→ ㉠=3, ㉡=1이므로
㉠+㉡=3+1=4입니다.

6 네 각이 모두 직각인 사각형을 찾으면 가, 다, 바입니다.

7 네 각이 모두 직각이고 네 변의 길이가 모두 같은 사각형을 찾으면 다입니다.

8

칠교판에서 한 각이 직각인 삼각형에 ○표 하면 모두 5개입니다.

9 은주: 반직선 ㄱㄴ은 점 ㄱ에서 시작하여 점 ㄴ을 지나는 반직선이고, 반직선 ㄴㄱ은 점 ㄴ에서 시작하여 점 ㄱ을 지나는 반직선입니다.
따라서 잘못 말한 친구는 은주입니다.

10 ㉡ 각 ㄷㄹㅁ 또는 각 ㅁㄹㄷ이라고 읽습니다.
따라서 잘못 설명한 것은 ㉡입니다.

11 꼭짓점을 한 개만 옮겨 한 각이 직각인 삼각형을 만들어 봅니다.

12

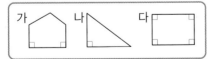

가: 2개, 나: 1개, 다: 4개
→ 4>2>1이므로 직각의 수가 가장 많은 도형은 다입니다.

13 변이 4개이므로 사각형입니다.
네 각이 모두 직각이고 네 변의 길이가 모두 같은 사각형은 정사각형입니다.

14

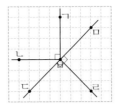

삼각자의 직각 부분을 대었을 때 꼭 맞게 겹쳐지는 각을 찾으면 각 ㄱㅂㄴ 또는 각 ㄴㅂㄱ, 각 ㄷㅂㄹ 또는 각 ㄹㅂㄷ, 각 ㄹㅂㅁ 또는 각 ㅁㅂㄹ입니다.

15 사각형의 네 각 중에서 직각이 아닌 곳을 찾아 선분을 1개 그어 네 각이 모두 직각이고 가장 큰 직사각형을 만듭니다.

16 • 점 ㄱ에서 그을 수 있는 반직선:
반직선 ㄱㄴ, 반직선 ㄱㄷ → 2개
• 점 ㄴ에서 그을 수 있는 반직선:
반직선 ㄴㄱ, 반직선 ㄴㄷ → 2개
• 점 ㄷ에서 그을 수 있는 반직선:
반직선 ㄷㄱ, 반직선 ㄷㄴ → 2개
따라서 그을 수 있는 반직선은 모두
2+2+2=6(개)입니다.

17

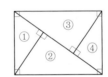

• 작은 삼각형 1개짜리: ①, ②, ③, ④ → 4개
• 작은 삼각형 2개짜리: ①+②, ③+④ → 2개
따라서 크고 작은 직각삼각형은 모두
4+2=6(개)입니다.

18 정사각형은 네 변의 길이가 모두 같으므로
□+□+□+□=24,
□=6입니다.

19

채점 기준	
상	각이라고 할 수 없는 이유를 바르게 쓴 경우
중	각이라고 할 수 없는 이유를 썼지만 일부가 틀린 경우
하	이유를 쓰지 못한 경우

20

채점 기준	
상	풀이 과정을 완성하여 만든 직사각형의 네 변의 길이의 합을 구한 경우
중	풀이 과정을 완성했지만 일부가 틀린 경우
하	답만 쓴 경우

1
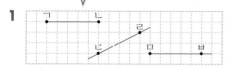

2 각 ㅅㅇㅈ 또는 각 ㅈㅇㅅ

3 나, 다, 가   **4** ④

5

6 (위에서부터) 8 / 5   **7** 점 ㄷ

8 2개   **9** ①, ⑤

10 3개   **11** 8개

12 6 cm   **13** 12개

14 오후 3시   **15** 11개

16 48 cm   **17** 예

18 64 cm

19 풀이 예
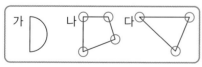

도형 가에서 찾을 수 있는 직각은 5개, 도형 나에서 찾을 수 있는 직각은 3개입니다.
따라서 두 도형에서 찾을 수 있는 직각의 수의 차는 5−3=2(개)입니다.
답 2개

20 같은점 예 네 각이 모두 직각입니다.
다른점 예 정사각형은 네 변의 길이가 모두 같지만 직사각형은 마주 보는 두 변의 길이가 같습니다.

2 각의 꼭짓점인 점 ㅇ이 가운데에 오도록 읽습니다.

3
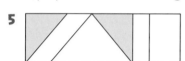

가: 0개, 나: 4개, 다: 3개
→ 4>3>0이므로 각의 수가 많은 도형부터 차례로 기호를 쓰면 나, 다, 가입니다.

4
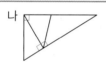

점 ㄱ을 ④의 점과 이어야 합니다.

5 한 각이 직각인 삼각형을 찾습니다.

6 직사각형은 마주 보는 두 변의 길이가 같습니다.

7
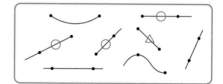

빨간색 점을 점 ㄷ으로 옮기면 네 각이 모두 직각이고 네 변의 길이가 모두 같은 정사각형이 됩니다.

8

반직선에 ○표, 선분에 △표 하면 반직선은 3개, 선분은 1개입니다.
따라서 반직선은 선분보다 3−1=2(개) 더 많습니다.

9 직각삼각형은 3개의 변과 3개의 꼭짓점이 있고, 한 각이 직각입니다.

10

삼각자의 직각 부분을 대었을 때 꼭 맞게 겹쳐지는 각을 찾아 직각 표시를 하고 직각의 수를 세어 보면 모두 3개입니다.

11 각 ㄷㄱㄹ, 각 ㄴㄱㄹ, 각 ㄷㄱㅁ, 각 ㄴㄱㅁ, 각 ㄷㄱㅂ, 각 ㄴㄱㅂ, 각 ㄷㄱㅅ, 각 ㄴㄱㅅ → 8개

12 직사각형을 그림과 같이 자른 후 펼치면 한 변의 길이가 6 cm인 정사각형이 됩니다.

13 • 각 ㄴㄱㄷ, 각 ㄷㄱㄹ, 각 ㄴㄱㄹ → 3개
• 각 ㄱㄴㄹ, 각 ㄹㄴㄷ, 각 ㄱㄴㄷ → 3개
• 각 ㄱㄷㄴ, 각 ㄱㄷㄹ, 각 ㄴㄷㄹ → 3개
• 각 ㄱㄹㄴ, 각 ㄴㄹㄷ, 각 ㄱㄹㄷ → 3개

따라서 그릴 수 있는 각은 모두
3＋3＋3＋3＝12(개)입니다.

14 시계의 긴바늘과 짧은바늘이 이루는 작은 쪽의 각이
직각인 시각은 3시, 9시입니다.
따라서 두 사람이 낮에 만나기로 했으므로 만나기로
한 시각은 오후 3시입니다.

15

- 작은 직사각형 1개짜리:
  ①, ②, ③, ④, ⑤ ➡ 5개
- 작은 직사각형 2개짜리:
  ①＋③, ③＋⑤, ②＋③, ③＋④ ➡ 4개
- 작은 직사각형 3개짜리:
  ①＋③＋⑤, ②＋③＋④ ➡ 2개
따라서 크고 작은 직사각형은 모두
5＋4＋2＝11(개)입니다.

16 (정사각형의 한 변의 길이)
＝3＋3＋3＋3＝12(cm)
➡ (만든 정사각형의 네 변의 길이의 합)
＝12＋12＋12＋12＝48(cm)

17 여러 가지 방법으로 자를 수 있습니다.

18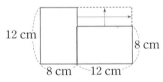

빨간색 선의 길이는 긴 변이 8＋12＝20(cm), 짧은
변이 12 cm인 직사각형의 네 변의 길이의 합과 같습
니다.
➡ 20＋12＋20＋12＝64(cm)

19

채점 기준	
상	풀이 과정을 완성하여 직각의 수의 차를 구한 경우
중	풀이 과정을 완성했지만 일부가 틀린 경우
하	답만 쓴 경우

20

채점 기준	
상	같은 점과 다른 점을 각각 한 가지씩 바르게 쓴 경우
중	같은 점과 다른 점을 썼지만 일부가 틀린 경우
하	같은 점과 다른 점 중 한 가지만 쓴 경우

3. 나눗셈

개념 1

38~39쪽

워크북

1	5	**2**	12÷4＝3
3	32 나누기 8은 4와 같습니다. / 27÷3＝9		
4	은주	**5**	㉡, ㉢
6	(○) ( )	**7**	6개
8	6 / 2	**9**	많아집니다에 ○표
10	선재		

1

얼음 조각을 한 개씩 컵에 번갈아 가며 담아 보면 컵
한 개에 얼음 조각을 5개씩 담을 수 있습니다.

2 옥수수 12개를 4개의 바구니에 똑같이 나누어 담으
면 바구니 한 개에 옥수수를 3개씩 담을 수 있습니다.

3 • 32÷8＝4 ➡ 32 나누기 8은 4와 같습니다.
　　　└ 같습니다.
　　└── 나누기
• 27 나누기 3은 9와 같습니다. ➡ 27÷3＝9
　27　　÷　　3　　　＝9

4 은주: 나눗셈식 45÷9＝5로 나타냅니다.

5 ■÷▲＝●에서 몫은 ●입니다.

6 20을 4로 나누면 5가 됩니다. ➡ 20÷4＝5

7 (봉지 한 개에 담는 감 수)
＝(전체 감 수)÷(봉지 수)
＝30÷5＝6(개)

8 • 컵케이크 18개를 접시 3개에 똑같이 나누어 담으
면 한 접시에 6개씩 담을 수 있습니다.
➡ 18÷3＝6
• 컵케이크 18개를 접시 9개에 똑같이 나누어 담으
면 한 접시에 2개씩 담을 수 있습니다.
➡ 18÷9＝2

10 소율: 색연필 16자루를 2명이 1자루씩 번갈아 가며
가지면 한 명이 8자루씩 가지고 남는 색연필
은 없습니다.

선재: 팽이 25개를 4명이 1개씩 번갈아 가며 가지
면 한 명이 6개씩 가지고 1개가 남습니다.

새연: 딱지 21장을 7명이 1장씩 번갈아 가며 가지면
한 명이 3장씩 가지고 남는 딱지는 없습니다.

따라서 남김없이 똑같이 나누어 가질 수 없는 경우
를 말한 친구는 선재입니다.

개념 2

40~41쪽

1 예  / 5

2 ( ) (○)

3 $18-6-6-6=0$ / $18\div6=3$ / 3개

4 3, 3 / 3, 7 **5** 7명

6 ㉠ **7** 5 / 8

8 많아집니다에 ○표 **9** 선하

10 예 상자 한 개에 8개씩 담으면 상자 7개에 담을
수 있습니다.

11 축구공

---

1 당근 20개를 4개씩 묶으면 5묶음이 되므로 봉지는
5개 필요합니다.

2 36에서 9씩 4번 빼면 0이 됩니다.
➡ $36\div9=4$

3 • 종이학 18개를 6개씩 3번 덜어 내면 남는 것이 없
으므로 뺄셈식으로 나타내면 $18-6-6-6=0$
입니다.

• 종이학 18개를 상자 한 개에 6개씩 담으면 상자가 3개
필요하므로 나눗셈식으로 나타내면 $18\div6=3$입
니다.

4 21에서 3씩 7번 빼면 0이 됩니다.
➡ $21\div3=7$

5 (나누어 준 친구 수)
= (전체 가방 고리 수)÷(한 명에게 준 가방 고리 수)
= $14\div2=7$(명)

---

6 ㉠ $30-6-6-6-6-6=0$
➡ $30\div6=5$
㉡ $18-2-2-2-2-2-2-2-2-2=0$
➡ $18\div2=9$
따라서 몫이 더 작은 것은 ㉠입니다.

7 • 색종이 40장을 8장씩 묶으면 5묶음이 됩니다.
➡ $40\div8=5$(명)
• 색종이 40장을 5장씩 묶으면 8묶음이 됩니다.
➡ $40\div5=8$(명)

9 나눗셈식으로 나타내면 $27\div9=3$이므로 상자 3개
에 담을 수 있습니다.
따라서 잘못 말한 친구는 선하입니다.

11

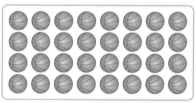

(축구공을 담는 바구니 수)= $24\div4=6$(개)

(농구공을 담는 바구니 수)= $32\div8=4$(개)
따라서 축구공을 담는 바구니가 더 많이 필요합니다.

개념 3

42~43쪽

1 18, 3, 6 / 6 **2** 18, 6, 3 / 3

3 ㉡, ㉢ **4** 21, 7, 3 / 21, 3, 7

5 9, 5, 45 / 5, 9, 45 **6** (1) 4 / 4 (2) 4 / 4

7 5, 20 / $20\div4=5$, $20\div5=4$

8 $12\div3=4$

9 $7\times5=35$, $5\times7=35$ / $35\div7=5$, $35\div5=7$

10 $8\times6=48$ / $48\div8=6$, $48\div6=8$

11 $7\times9=63$ (또는 $9\times7=63$) /
$63\div7=9$ (또는 $63\div9=7$)

3 $16\div2=8$ ⟨ $2\times8=16$
$8\times2=16$

---

4 $\blacktriangle \times \bullet = \blacksquare$ $\begin{cases} \rightarrow \blacksquare \div \blacktriangle = \bullet \\ \rightarrow \blacksquare \div \bullet = \blacktriangle \end{cases}$

5 $\blacksquare \div \blacktriangle = \bullet$ $\begin{cases} \rightarrow \blacktriangle \times \bullet = \blacksquare \\ \rightarrow \bullet \times \blacktriangle = \blacksquare \end{cases}$

6 완두콩은 9개씩 4줄이므로 36개입니다.

$9 \times 4 = 36$ $\begin{cases} \rightarrow 36 \div 9 = 4 \\ \rightarrow 36 \div 4 = 9 \end{cases}$

7 4씩 5번 뛰어 세면 20이므로 곱셈식 $4 \times 5 = 20$으로 나타낼 수 있습니다.

$\rightarrow 4 \times 5 = 20$ $\begin{cases} \rightarrow 20 \div 4 = 5 \\ \rightarrow 20 \div 5 = 4 \end{cases}$

8 동화책 12권을 한 줄에 3권씩 정리하면 4줄로 놓을 수 있습니다.

$\rightarrow 12 \div 3 = 4$

9 로봇은 7개씩 5줄 또는 5개씩 7줄이므로 곱셈식으로 나타내면 $7 \times 5 = 35$, $5 \times 7 = 35$입니다.

$\rightarrow 35 \div 7 = 5$, $35 \div 5 = 7$

10 작품이 8개씩 6줄로 걸려 있으므로 곱셈식으로 나타내면 $8 \times 6 = 48$입니다.

$\rightarrow 48 \div 8 = 6$, $48 \div 6 = 8$

11 수 카드 4장을 모두 이용하여 만들 수 있는 곱셈식은 $7 \times 9 = 63$(또는 $9 \times 7 = 63$)이고, 곱셈식을 나눗셈식으로 나타내면 $63 \div 7 = 9$(또는 $63 \div 9 = 7$)입니다.

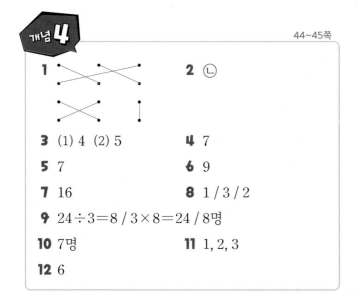

개념 **4**

44~45쪽

1

2 ㉡

3 (1) 4 (2) 5   **4** 7

5 7   **6** 9

7 16   **8** 1 / 3 / 2

9 $24 \div 3 = 8$ / $3 \times 8 = 24$ / 8명

10 7명   **11** 1, 2, 3

12 6

1 • $18 \div 6 = \square$에서 $6 \times \square = 18$, $6 \times 3 = 18$이므로 $\square = 3$입니다.
• $21 \div 3 = \square$에서 $3 \times \square = 21$, $3 \times 7 = 21$이므로 $\square = 7$입니다.
• $42 \div 7 = \square$에서 $7 \times \square = 42$, $7 \times 6 = 42$이므로 $\square = 6$입니다.

2 ㉠ $16 \div 8$은 나누는 수가 8이므로 8단 곱셈구구를 이용합니다.
㉡ $36 \div 9$는 나누는 수가 9이므로 9단 곱셈구구를 이용합니다.
㉢ $48 \div 8$은 나누는 수가 8이므로 8단 곱셈구구를 이용합니다.
따라서 곱셈구구의 단이 다른 하나는 ㉡입니다.

3 (1) $3 \times 4 = 12$ $\rightarrow$ $12 \div 3 = 4$
(2) $8 \times 5 = 40$ $\rightarrow$ $40 \div 8 = 5$

4 $28 \div 4 = 7$

5 $35 \div 5 = 7$ $\rightarrow$ $5 \times 7 = 35$

6 $54 > 49 > 9 > 6$이므로 가장 큰 수는 54, 가장 작은 수는 6입니다.
$\rightarrow$ (가장 큰 수) $\div$ (가장 작은 수) $= 54 \div 6 = 9$

7 $14 \div 2 = 7$, $54 \div 6 = 9$
따라서 두 나눗셈의 몫의 합은 $7 + 9 = 16$입니다.

8 $20 \div 5 = 4$, $63 \div 7 = 9$, $45 \div 9 = 5$
따라서 몫이 작은 것부터 차례로 쓰면
$20 \div 5$, $45 \div 9$, $63 \div 7$입니다.

9 (긴 의자 한 개에 앉을 수 있는 학생 수)
= (전체 학생 수) $\div$ (긴 의자 수)
= $24 \div 3 = 8$(명)

10 (나누어 줄 수 있는 사람 수)
= (전체 공책 수) $\div$ (한 명에게 나누어 주는 공책 수)
= $56 \div 8 = 7$(명)

11 $32 \div 8 = 4$이므로 $4 > \square$입니다.
따라서 $\square$ 안에 들어갈 수 있는 수는 1, 2, 3입니다.

12 어떤 수를 $\square$라 하면 $\square \div 4 = 9$입니다.
이것을 곱셈식으로 나타내면
$4 \times 9 = \square$, $\square = 36$입니다.
따라서 어떤 수를 6으로 나눈 몫은 $36 \div 6 = 6$입니다.

단원 마무리하기 (개념)

1 ○○○○○ ○○○○○ / 5

2 6, 6, 6, 0 / 3

3 12 나누기 3은 4와 같습니다.

4 (○) (　　)

5 3, 9 / 9, 3

6 $8 \times 6 = 48$에 ○표 / 6

7 5, 5 / 8, 8　　　**8** 32 / 8

9 ㉡, ㉢　　　**10** 9 / 7

11 $21 \div 3 = 7$　　　**12** 2 / 7

13 $<$　　　**14** ㉣

15 8개　　　**16** 7개

17 7 cm　　　**18** 5

19 뺄셈식 $15 - 3 - 3 - 3 - 3 - 3 = 0$
나눗셈식 $15 \div 3 = 5$
답 5명

20 풀이 예 • $45 \div ㉠ = 9$에서 $㉠ \times 9 = 45$,
$5 \times 9 = 45$이므로 ㉠ = 5입니다.
• $㉡ \div 4 = 7$에서 $4 \times 7 = ㉡$, ㉡ = 28입니다.
따라서 $28 > 5$이므로 $㉡ - ㉠ = 28 - 5 = 23$입니다.
답 23

---

1 사탕을 한 개씩 접시에 번갈아 가며 놓아 보면 접시 한 개에 사탕을 5개씩 놓을 수 있습니다.

2 18에서 6씩 3번 빼면 0이 됩니다.
➜ $18 - 6 - 6 - 6 = 0$
➜ $18 \div 6 = 3$

3 $12 \div 3 = 4$
➜ 12 나누기 3은 4와 같습니다.

4 35에서 5씩 7번 빼면 0이 됩니다.
➜ $35 \div 5 = 7$

5 ▲ $\times$ ● = ■ ⟨ ■ ÷ ▲ = ●
　　　　　　　　 ■ ÷ ● = ▲

6 8단 곱셈구구에서 곱이 48인 곱셈식을 찾아보면 $8 \times 6 = 48$이므로 $48 \div 8 = 6$입니다.

7 (1) 6단 곱셈구구에서 곱이 30인 곱셈식은 $6 \times 5 = 30$이므로 $30 \div 6 = 5$입니다.
(2) 9단 곱셈구구에서 곱이 72인 곱셈식은 $9 \times 8 = 72$이므로 $72 \div 9 = 8$입니다.

8 (전체 장미 수) ÷ (꽃병 수)
= (꽃병 한 개에 꽂는 장미 수)
➜ $32 \div 4 = 8$(송이)

9 $7 \times 6 = 42$ ⟨ $42 \div 7 = 6$
　　　　　　　 $42 \div 6 = 7$

10 $63 \div 9$는 나누는 수가 9이므로 9단 곱셈구구를 이용합니다.
$9 \times 7 = 63$ ➜ $63 \div 9 = 7$

11 머리핀 21개를 한 상자에 3개씩 담으려면 상자가 7개 필요합니다.
➜ $21 \div 3 = 7$

12 나누는 수가 7이므로 7단 곱셈구구를 이용합니다.
• $7 \times 2 = 14$ ➜ $14 \div 7 = 2$
• $7 \times 7 = 49$ ➜ $49 \div 7 = 7$

13 • $5 \times 5 = 25$ ➜ $25 \div 5 = 5$
• $4 \times 9 = 36$ ➜ $36 \div 4 = 9$
따라서 $5 < 9$이므로 $25 \div 5 < 36 \div 4$입니다.

14 ㉠ $8 \times 5 = 40$ ➜ $40 \div 8 = 5$
㉡ $4 \times 5 = 20$ ➜ $20 \div 4 = 5$
㉢ $7 \times 5 = 35$ ➜ $35 \div 7 = 5$
㉣ $5 \times 9 = 45$ ➜ $45 \div 5 = 9$

15 (한 명에게 주는 만두 수)
= (전체 만두 수) ÷ (사람 수)
= $56 \div 7 = 8$(개)

16 (한 명에게 주는 만두 수)
= (전체 만두 수) ÷ (사람 수)
= $56 \div 8 = 7$(개)

17 정사각형은 네 변의 길이가 모두 같습니다.
➜ (정사각형의 한 변의 길이) = $28 \div 4 = 7$ (cm)

18 $4 < 5 < 9$이므로 만들 수 있는 가장 작은 두 자리 수는 45입니다.
➜ $45 \div 9 = 5$

19

	채점 기준
상	몇 명에게 나누어 줄 수 있는지 두 가지 방법으로 해결한 경우
중	두 가지 방법으로 해결했지만 일부가 틀린 경우
하	답만 쓴 경우

20

	채점 기준
상	풀이 과정을 완성하여 ㉠과 ㉡에 알맞은 수의 차를 구한 경우
중	풀이 과정을 완성했지만 일부가 틀린 경우
하	답만 쓴 경우

단원 마무리하기 심화

49~51쪽

1 15, 5, 3
2 8
3 ㉠
4 48, 6, 8 / 48, 8, 6
5 ⑤
6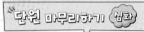
7 (1) 4 (2) 5
8 9 / 6
9 $7 \times 2 = 14, 2 \times 7 = 14$ / $14 \div 7 = 2, 14 \div 2 = 7$
10 9, 3
11 6장
12 ㉠
13 8
14 14개
15 ㉡, ㉣, ㉢, ㉠
16 2
17 2
18 5, 15

19 풀이 예 곱셈식을 만들 수 있는 세 수를 고르면 5, 6, 30입니다.
따라서 만들 수 있는 곱셈식은 $5 \times 6 = 30$, $6 \times 5 = 30$이고, 이것을 나눗셈식으로 나타내면 $30 \div 5 = 6$, $30 \div 6 = 5$입니다.
곱셈식 $5 \times 6 = 30, 6 \times 5 = 30$
나눗셈식 $30 \div 5 = 6, 30 \div 6 = 5$

20 풀이 예 (간격 수) = (길 길이) ÷ (나무 사이 간격)
       $= 81 \div 9 = 9$(군데)
(길 한쪽에 필요한 나무 수)
       = (간격 수) + 1 = 9 + 1 = 10(그루)
➔ (길 양쪽에 필요한 나무 수)
       = 10 + 10 = 20(그루)
답 20그루

1
$$15 \div 5 = 3$$
나누어지는 수 ┘   │   └ 몫
          나누는 수

2 붙임 딱지 24장을 3장씩 묶으면 8묶음이 되므로 8명에게 나누어 줄 수 있습니다.

3 $30 \div 6 = 5$를 뺄셈식으로 나타내면
$30 - 6 - 6 - 6 - 6 - 6 = 0$입니다.
       └─────── 5번 ───────┘

4
$\blacktriangle \times \bullet = \blacksquare$ ➔ $\blacksquare \div \blacktriangle = \bullet$
            ➔ $\blacksquare \div \bullet = \blacktriangle$

5 $16 \div 8$은 나누는 수가 8이므로 8단 곱셈구구에서 곱이 16인 곱셈식을 찾아보면 $8 \times 2 = 16$입니다.

6 • $28 \div 4 = \square$에서 $4 \times 7 = 28$이므로 $\square = 7$입니다.
• $21 \div 7 = \square$에서 $7 \times 3 = 21$이므로 $\square = 3$입니다.
• $32 \div 8 = \square$에서 $8 \times 4 = 32$이므로 $\square = 4$입니다.

7 (1) $5 \times 4 = 20$ ➔ $20 \div 5 = 4$
(2) $9 \times 5 = 45$ ➔ $45 \div 9 = 5$

8 • 귤 18개를 바구니 2개에 똑같이 나누어 담으면 한 바구니에 9개씩 담을 수 있습니다.
➔ $18 \div 2 = 9$
• 귤 18개를 바구니 3개에 똑같이 나누어 담으면 한 바구니에 6개씩 담을 수 있습니다.
➔ $18 \div 3 = 6$

9 구슬은 7개씩 2줄 또는 2개씩 7줄이므로 곱셈식으로 나타내면 $7 \times 2 = 14, 2 \times 7 = 14$입니다.
이것을 나눗셈식으로 나타내면 $14 \div 7 = 2$, $14 \div 2 = 7$입니다.

10 $54 \div 6 = 9, 9 \div 3 = 3$

11 (한 명에게 줄 수 있는 색종이 수)
= (전체 색종이 수) ÷ (사람 수)
$= 42 \div 7 = 6$(장)

12 ㉠ $63 \div 9 = 7$ ㉡ $45 \div 5 = 9$
따라서 몫이 더 작은 것은 ㉠입니다.

13 $72 \div 8 = 9$이므로 $\square < 9$입니다.
따라서 $\square$ 안에 들어갈 수 있는 가장 큰 수는 8입니다.

14 (단팥빵을 포장한 봉지 수) = $18 \div 2 = 9$(개)
(크림빵을 포장한 봉지 수) = $10 \div 2 = 5$(개)

따라서 빵을 포장한 봉지는 모두 9+5=14(개)입니다.

15 ㉠ 35÷7=□, □=5

㉡ 2×□=18 ➔ 18÷2=□, □=9

㉢ 6×□=36 ➔ 36÷6=□, □=6

㉣ 56÷□=7 ➔ □×7=56, 8×7=56, □=8

따라서 □ 안에 알맞은 수가 큰 것부터 차례로 쓰면
㉡, ㉣, ㉢, ㉠입니다.

16 몫이 가장 작은 나눗셈식을 만들려면 가장 작은 두 자리 수를 가장 큰 한 자리 수로 나누어야 합니다.
가장 작은 두 자리 수: 12, 가장 큰 한 자리 수: 6
➔ 12÷6=2

17 어떤 수를 □라 하면 □×4=32, 32÷4=□,
□=8입니다.
따라서 바르게 계산하면 8÷4=2입니다.

18 합이 20인 두 수는 1과 19, 2와 18, 3과 17, 4와 16,
5와 15, 6과 14, 7과 13, 8과 12, 9와 11, 10과 10입니다.
15÷5=3이므로 큰 수를 작은 수로 나눈 몫이 3인
두 수는 5와 15입니다.

19

채점 기준	
상	풀이 과정을 완성하여 곱셈식 2개와 나눗셈식 2개를 만든 경우
중	풀이 과정을 완성했지만 일부가 틀린 경우
하	답만 쓴 경우

20

채점 기준	
상	풀이 과정을 완성하여 필요한 나무는 모두 몇 그루인지 구한 경우
중	풀이 과정을 완성했지만 일부가 틀린 경우
하	답만 쓴 경우

4. 곱셈

개념 **1**

52~53쪽

1	(1) 90 (2) 84	**2**	5, 50
3	33, 96	**4**	99
5	29	**6**	㉠
7	84 cm	**8**	90점
9	26개	**10**	20
11	댄스	**12**	7, 8, 9

2 10개씩 5묶음이므로 10×5=50입니다.

3 ・11×3=33
・32×3=96

4 33>21>4>3이므로 가장 큰 수는 33, 가장 작은 수는 3입니다.
➔ 33×3=99

5 24×2=48, 11×7=77
➔ 77-48=29

6 ㉠ 12×4=48 ㉡ 41×2=82 ㉢ 10×7=70
➔ ㉠ 48< ㉢ 70< ㉡ 82

7 (이어 붙인 색 테이프의 전체 길이)
=21×4=84(cm)

8 세준이가 던진 화살이 30점에 3개 꽂혀 있습니다.
➔ (세준이가 얻은 점수)=30×3=90(점)

9 (민주가 산 전체 자두 수)
=(한 봉지에 들어 있는 자두 수)×(봉지 수)
=13×2=26(개)

10 어떤 두 자리 수를 □라 하면 □×4=80입니다.
따라서 4를 곱하여 80이 되는 두 자리 수는 20이므로 어떤 두 자리 수는 20입니다.

11 (바둑 수업을 듣는 학생 수)×3
=23×3=69(명)

12 32×2=64이므로 10×□>64입니다.
10×6=60, 10×7=70이므로 □ 안에 들어갈 수 있는 수는 6보다 큰 수인 7, 8, 9입니다.

1 (1) 153 (2) 166   **2** 288

3 세희   **4** ㉡

5 168   **6** 108

7 3, 1, 2   **8** 219개

9 126   **10** 89개

11 617   **12** 328

---

2 $72 \times 4 = 288$

3 십의 자리 계산에서 8×6은 $80 \times 6 = 480$을 나타 냅니다.

4 ㉠ $32 \times 4 = 128$
㉡ $43 \times 3 = $ ⓛ29
㉢ $64 \times 2 = 128$

5 삼각형에 적힌 수는 42, 4입니다.
→ $42 \times 4 = 168$

6 짝수는 2, 54입니다.
→ $54 \times 2 = 108$
참고 짝수는 둘씩 짝을 지을 수 있는 수로 일의 자리 수가 0, 2, 4, 6, 8인 수입니다.

7 $71 \times 5 = 355$, $93 \times 2 = 186$, $82 \times 3 = 246$
→ $186 < 246 < 355$

8 (상자에 들어 있는 전체 방울토마토 수)
＝(한 상자에 들어 있는 방울토마토 수)×(상자 수)
＝$73 \times 3 = 219$(개)

9 10이 6개, 1이 3개인 수는 63입니다.
63의 2배인 수는 $63 \times 2 = 126$입니다.

10 (사탕 수)＝$31 \times 8 = 248$(개)
(초콜릿 수)＝$53 \times 3 = 159$(개)
(사탕과 초콜릿 수의 차)＝$248 - 159 = 89$(개)

11 ㉮ 92의 4배는 $92 \times 4 = 368$입니다.
㉯ $83 + 83 + 83 = 83 \times 3 = 249$
3번
→ ㉮＋㉯＝$368 + 249 = 617$

12 두 번 곱해지는 한 자리 수에 가장 큰 수인 8을 놓 고 나머지 두 수로 가장 큰 두 자리 수를 만들면 41 입니다.
→ $41 \times 8 = 328$

---

1 16, 5, 80   **2**
$$\begin{array}{r} 3\,6 \\ \times \quad 2 \\ \hline 1\,2 \\ 6\,0 \\ \hline 7\,2 \end{array}$$

3 $24 \times 4 = 96$ **4** 45, 90

5 30   **6** ( )( )(○)

7 54개   **8** 92

9
$$\begin{array}{r} 4\,8 \\ \times \quad 2 \\ \hline 9\,6 \end{array}$$
예 일의 자리 계산 $8 \times 2 = 16$에서 십의 자리로 올림한 1을 십의 자리 계산에 더하지 않았습니다.

10 선재   **11** 75

12 81

---

1 16개씩 5상자이므로 $16 \times 5 = 80$입니다.

2 • 일의 자리 계산: $6 \times 2 = 12$
• 십의 자리 계산: $30 \times 2 = 60$
→ $36 \times 2 = 72$

3 $24 + 24 + 24 + 24 = 24 \times 4 = 96$
4번

4 $15 \times 3 = 45$, $45 \times 2 = 90$

5 □ 안의 수 3은 일의 자리 계산 $7 \times 5 = 35$에서 십의 자리로 올림한 수이므로 실제로 나타내는 값은 30 입니다.

6 $13 \times 7 = 91$, $25 \times 3 = 75$, $49 \times 2 = 98$
→ $98 > 91 > 75$이므로 곱이 가장 큰 것은 49×2 입니다.

7 세발자전거의 바퀴는 3개입니다.
(세발자전거 18대의 바퀴 수)＝$18 \times 3 = 54$(개)

8 10이 2개이면 20, 1이 3개이면 3이므로 수 카드 가 나타내는 수는 23입니다.
→ $23 \times 4 = 92$

10 • 선재: $16 \times 6 = 96$(개)
• 은주: $38 \times 2 = 76$(개)
→ $96 > 76$이므로 딸기를 더 많이 딴 친구는 선재입 니다.

11 $19 \times 4 = 76$
→ $76 >$□이므로 76보다 작은 두 자리 수 중에서

가장 큰 수는 75입니다.

12 어떤 수를 □라 하면 □＋3＝30입니다.
→ □＝30－3, □＝27
따라서 바르게 계산하면 27×3＝81입니다.

1 (위에서부터) 272 / 476

2 80×6에 색칠 **3** 168

4
```
    9 7
  ×   2
  ─────
    1 4
  1 8 0
  ─────
  1 9 4
```
5 261

6 591

7 ( )(○)( )

8 141 cm

9 432 **10** 180장

11 290개 **12** 8

1 • 68×4＝272
• 68×7＝476

2 82를 어림하면 약 80이므로 82×6은 약 80×6으로 어림셈을 할 수 있습니다.

3 56씩 3칸이므로 56×3＝168입니다.

4 십의 자리 계산 9×2는 실제로 90×2＝180을 나타냅니다.

5 29＜36＜47＜64이므로 가장 작은 수는 29입니다.
→ 29×9＝261

6 38×7＝266, 65×5＝325
→ 266＋325＝591

7 53×8＝424, 93×4＝372, 86×5＝430

8 사용한 철사의 길이는 삼각형의 세 변의 길이의 합과 같습니다.
→ (사용한 철사의 길이)＝47×3＝141(cm)

9 • 18×4＝72 → ▲＝72
• 72×6＝432 → ■＝432

10 (상자 1개를 꾸미는 데 필요한 색종이 수)
＝15×3＝45(장)
(상자 4개를 꾸미는 데 필요한 색종이 수)
＝45×4＝180(장)

11 (윤아가 5일 동안 푼 수학 문제 수)
＝25×5＝125(개)
(재호가 5일 동안 푼 수학 문제 수)
＝33×5＝165(개)
→ (두 사람이 5일 동안 푼 수학 문제 수)
＝125＋165＝290(개)

12 일의 자리 계산에서 7×6＝42이므로 십의 자리로 올림한 수는 4입니다.
□×6은 52－4＝48이어야 합니다.
→ □×6＝48, □＝8

단원 마무리하기 기본

1 78 / 3, 78 **2** (1) 39 (2) 248

3 5, 175 **4** 49, 4, 196

5 ( )(○) **6** 95

7 소율 **8** 75, 300

9 593 **10** 40

11 새연 **12** ㉡

13 168명 **14** 144 cm

15 ㉢ **16** 5

17 84개 **18** 364

19 풀이 예 (연아가 산 사탕 수)
＝68×4＝272(개)
(준하가 산 사탕 수)＝43×6＝258(개)
272＞258이므로 연아가 272－258＝14(개)
더 많이 샀습니다.
답 연아, 14개

20 풀이 예 39×2＝78, 23×4＝92이므로
78＜□＜92입니다.
따라서 □ 안에 들어갈 수 있는 수는 79부터 91까지의 수이므로 모두 13개입니다.
답 13개

1 26씩 3묶음이므로 26＋26＋26＝26×3＝78입니다.

3 35개씩 5상자 → 35×5＝175

4 49씩 4번 뛰어 세기 했으므로 49×4＝196입니다.

5 38×2＝76, 43×2＝86

6 $19 \times 5 = 95$

7 소율: $57 \times 6 = 342$

8 $25 \times 3 = 75$, $75 \times 4 = 300$

9 $61 \times 5 = 305$, $72 \times 4 = 288$
→ $305 + 288 = 593$

10 □ 안의 수 4는 일의 자리 계산 $7 \times 6 = 42$에서 십의 자리로 올림한 수이므로 실제로 나타내는 값은 40입니다.

11 주원: 41×2에 41을 더합니다.

12 ㉠ $52 \times 4 = 208$ ㉡ $67 \times 3 = 201$
→ ㉡ $201 <$ ㉠ 208

13 (3학년 학생 수) = (한 반의 학생 수) × (반 수)
= $24 \times 7 = 168$(명)

14 정사각형은 네 변의 길이가 모두 같으므로 액자의 네 변의 길이의 합은 한 변의 길이의 4배와 같습니다.
→ $36 \times 4 = 144$(cm)

15 ㉠ $53 + 53 + 53 = 53 \times 3 = 159$
㉡ $84 \times 2 = 168$
㉢ $27 \times 7 = 189$
→ ㉢ $189 >$ ㉡ $168 >$ ㉠ 159

16 일의 자리 계산에서 $8 \times 3 = 24$이므로 십의 자리로 올림한 수는 2입니다.
□ × 3은 $17 - 2 = 15$이어야 합니다.
→ □ × 3 = 15, □ = 5

17 (은우가 가지고 있는 구슬 수)
= (선하가 가지고 있는 구슬 수) × 2
= $42 \times 2 = 84$(개)

18 어떤 수를 □라 하면 □ − 7 = 45입니다.
→ □ = 45 + 7, □ = 52
따라서 바르게 계산하면 $52 \times 7 = 364$입니다.

19

채점 기준	
상	풀이 과정을 완성하여 누가 사탕을 몇 개 더 많이 샀는지 구한 경우
중	풀이 과정을 완성했지만 일부가 틀린 경우
하	답만 쓴 경우

20

채점 기준	
상	풀이 과정을 완성하여 □ 안에 들어갈 수 있는 수는 모두 몇 개인지 구한 경우
중	풀이 과정을 완성했지만 일부가 틀린 경우
하	답만 쓴 경우

단원 마무리하기 심화

1 336
2 (선으로 연결)
3 32×4에 ○표
4 >
5 90, 630 / 클에 ○표
6 ㉢
7 104

8
$\begin{array}{r} 4\ 8 \\ \times\quad 3 \\ \hline 1\ 4\ 4 \end{array}$
/ 예 일의 자리 계산 $8 \times 3 = 24$에서 십의 자리로 올림한 2를 십의 자리 계산에 더하지 않았습니다.

9 406
10 70문제
11 ㉢, ㉠, ㉡, ㉣
12 161개
13 윤서
14 4
15 5 / 4
16 6, 7, 4, 268
17 4개
18 62, 71, 80

19 풀이 예 어떤 수를 □라 하면 □ + 6 = 49이므로
□ = 49 − 6, □ = 43입니다.
따라서 바르게 계산하면 $43 \times 6 = 258$입니다.
답 258

20 풀이 예 (색 테이프 4장의 길이의 합)
= $38 \times 4 = 152$(cm)
겹쳐진 부분은 $4 - 1 = 3$(군데)입니다.
(겹쳐진 부분의 길이의 합) = $5 \times 3 = 15$(cm)
→ (이어 붙인 색 테이프의 전체 길이)
= $152 - 15 = 137$(cm)
답 137 cm

1 $42 \times 8 = 336$
3 $18 \times 6 = 108$, $32 \times 4 = 128$, $36 \times 3 = 108$
4 $54 \times 4 = 216$, $78 \times 2 = 156$
→ $216 > 156$
5 어림셈으로 구한 값은 92보다 작은 90으로 어림해서 구한 것이므로 실제 계산 결과는 어림셈으로 구한 값보다 큽니다.
6 ㉢ 빨간색 숫자 6은 $2 \times 3 = 6$을 나타냅니다.
7 $64 \times 5 = 320$, $72 \times 3 = 216$
→ $320 - 216 = 104$
9 $58 > 36 > 9 > 7$이므로 가장 큰 수는 58, 가장 작은 수는 7입니다.
→ $58 \times 7 = 406$
10 일주일은 7일이므로 $10 \times 7 = 70$(문제)를 풀었습니다.

11 ㉠ $31 \times 8 = 248$ ㉡ $53 \times 4 = 212$
㉢ $46 \times 6 = 276$ ㉣ $67 \times 3 = 201$
→ ㉢ $276 >$ ㉠ $248 >$ ㉡ $212 >$ ㉣ 201

12 (두발자전거 46대의 바퀴 수)$= 46 \times 2 = 92$(개)
(세발자전거 23대의 바퀴 수)$= 23 \times 3 = 69$(개)
→ (전체 자전거의 바퀴 수)$= 92 + 69 = 161$(개)

13 (윤서가 주운 밤의 수)$= 29 \times 3 = 87$(개)
(주원이가 주운 밤의 수)$= 42 \times 2 = 84$(개)
→ $87 > 84$이므로 윤서가 밤을 더 많이 주웠습니다.

14 $13 \times 7 = 91$, $14 \times 7 = 98$, $15 \times 7 = 105$이므로
□$= 4$일 때 곱이 100에 가장 가깝습니다.

15
```
    ㉠ 7
 ×    ㉡
─────────
  2 2 8
```
일의 자리 계산 $7 \times$ ㉡에서 일의 자리 수가 8이 되려면 ㉡$= 4$입니다.
일의 자리 계산에서 십의 자리로 올림한 수는 2이므로 ㉠$\times 4$는 $22 - 2 = 20$이어야 합니다.
→ ㉠$\times 4 = 20$, ㉠$= 5$

16 두 번 곱해지는 한 자리 수에 가장 작은 수인 4를 놓고, 나머지 두 수로 가장 작은 두 자리 수를 만들면 67입니다.
→ $67 \times 4 = 268$

17 $34 \times 3 = 102$, $34 \times 4 = \text{⑯136}$, …, $34 \times 7 = \text{⑯238}$,
$34 \times 8 = 272$입니다.
따라서 □ 안에 들어갈 수 있는 수는 4, 5, 6, 7로 모두 4개입니다.

18 합이 8인 두 수는 8과 0, 7과 1, 6과 2, 5와 3, 4와 4입니다.
십의 자리 수가 일의 자리 수보다 더 큰 두 자리 수는 80, 71, 62, 53이고 $80 \times 5 = \text{⑯400}$, $71 \times 5 = \text{⑯355}$, $62 \times 5 = \text{⑯310}$, $53 \times 5 = 265$이므로 5배 한 수가 300보다 큰 수는 62, 71, 80입니다.

19

채점 기준	
상	풀이 과정을 완성하여 바르게 계산한 값을 구한 경우
중	풀이 과정을 완성했지만 일부가 틀린 경우
하	답만 쓴 경우

20

채점 기준	
상	풀이 과정을 완성하여 이어 붙인 색 테이프의 전체 길이를 구한 경우
중	풀이 과정을 완성했지만 일부가 틀린 경우
하	답만 쓴 경우

---

5. 길이와 시간

개념 1

66~67쪽

1 5, 4	**2** (1) 27 (2) 13, 6
3 5 mm	
4 18 cm 3 mm, 183 mm	
5 (선 잇기)	**6** ㉡
	7 157 mm
8 4, 5, 45	**9** 다, 라
10 3 / 1 / 2	**11** 선재
12 14 cm 9 mm / 1 cm 9 mm	

1 5 cm보다 4 mm 더 길므로 5 cm 4 mm입니다.

2 (1) 2 cm 7 mm $= 2$ cm $+ 7$ mm
$= 20$ mm $+ 7$ mm $= 27$ mm
(2) 136 mm $= 130$ mm $+ 6$ mm
$= 13$ cm $+ 6$ mm $= 13$ cm 6 mm

3 자의 작은 눈금 5칸이므로 5 mm입니다.

4 가위의 길이는 18 cm보다 3 mm 더 길므로 18 cm 3 mm입니다.
→ 18 cm 3 mm $= 18$ cm $+ 3$ mm
$= 180$ mm $+ 3$ mm $= 183$ mm

5 • 49 cm $= 490$ mm
• 4 cm 9 mm $= 4$ cm $+ 9$ mm
$= 40$ mm $+ 9$ mm $= 49$ mm
• 94 cm $= 940$ mm

6 ㉠ 8 cm 2 mm $= 8$ cm $+ 2$ mm
$= 80$ mm $+ 2$ mm $= 82$ mm
→ 82 mm > 76 mm

7 15 cm 7 mm $= 15$ cm $+ 7$ mm
$= 150$ mm $+ 7$ mm $= 157$ mm

8 사탕의 길이는 1 cm가 4번 들어간 길이보다 5 mm 더 길므로 4 cm 5 mm입니다.
→ 4 cm 5 mm $= 4$ cm $+ 5$ mm
$= 40$ mm $+ 5$ mm $= 45$ mm

9 가: 40 mm, 나: 25 mm, 다: 32 mm, 라: 32 mm
따라서 길이가 같은 끈은 다, 라입니다.

10 · 1 cm 7 mm = 1 cm + 7 mm
$\qquad\qquad$ = 10 mm + 7 mm = 17 mm
· 7 cm = 70 mm
17 mm < 70 mm < 170 mm이므로 길이가 짧은
것부터 차례로 쓰면 1 cm 7 mm, 7 cm, 170 mm
입니다.

11 소율: 208 mm는 20 cm 8 mm로 나타낼 수 있습
$\qquad$ 니다.
따라서 바르게 말한 친구는 선재입니다.

12 84 mm = 8 cm 4 mm입니다.
(두 털실의 길이의 합)
= 8 cm 4 mm + 6 cm 5 mm
= 14 cm 9 mm
(두 털실의 길이의 차)
= 8 cm 4 mm − 6 cm 5 mm
= 1 cm 9 mm

개념2

68~69쪽

---

1 (1) 3600　(2) 4, 80　　**2** 1 km

3 2 km 650 m / 2 킬로미터 650 미터

4 ④　　　　　　**5** >

6 (위에서부터) 4200 m / 1 km 800 m

7 5600　　　　　**8** 7560 m

9 1 km, 1 m, 1 cm, 1 mm

10 다은　　　　　**11** 도서관

---

1 (1) 3 km 600 m = 3 km + 600 m
$\qquad\qquad$ = 3000 m + 600 m
$\qquad\qquad$ = 3600 m
　(2) 4080 m = 4000 m + 80 m
$\qquad\qquad$ = 4 km + 80 m
$\qquad\qquad$ = 4 km 80 m

2 700 m + 300 m = 1000 m이고, 1000 m = 1 km
이므로 집에서 놀이터를 지나 문구점까지의 거리는
1 km입니다.

3 2 km보다 650 m 더 먼 곳은 2 km 650 m입니다.
2 km 650 m는 2 킬로미터 650 미터라고 읽습니다.

4 ④ 8160 m = 8000 m + 160 m
$\qquad\qquad$ = 8 km + 160 m
$\qquad\qquad$ = 8 km 160 m

5 5 km 900 m = 5 km + 900 m
$\qquad\qquad$ = 5000 m + 900 m
$\qquad\qquad$ = 5900 m
→ 5900 m > 5090 m

6 · 남산 구간: 4 km 200 m = 4 km + 200 m
$\qquad\qquad\qquad$ = 4000 m + 200 m
$\qquad\qquad\qquad$ = 4200 m
· 숭례문 구간: 1800 m = 1000 m + 800 m
$\qquad\qquad\qquad$ = 1 km + 800 m
$\qquad\qquad\qquad$ = 1 km 800 m

7 수직선의 작은 눈금 한 칸의 길이는 100 m입니다.
□ m가 가리키는 곳은 5 km보다 600 m 더 간 곳
이므로 5 km 600 m입니다.
→ 5 km 600 m = 5 km + 600 m
$\qquad\qquad$ = 5000 m + 600 m
$\qquad\qquad$ = 5600 m

8 7 km보다 560 m 더 먼 거리는 7 km 560 m입니다.
→ 7 km 560 m = 7 km + 560 m
$\qquad\qquad$ = 7000 m + 560 m
$\qquad\qquad$ = 7560 m

9 10 mm = 1 cm, 100 cm = 1 m, 1000 m = 1 km
따라서 길이가 긴 것부터 차례로 쓰면 1 km, 1 m,
1 cm, 1 mm입니다.

10 다은: 6 km보다 40 m 더 먼 거리는 6 km 40 m입
$\qquad$ 니다.
→ 6 km 40 m = 6 km + 40 m
$\qquad\qquad$ = 6000 m + 40 m
$\qquad\qquad$ = 6040 m
따라서 잘못 말한 친구는 다은입니다.

11 집에서 은행까지의 거리는 4 km 500 m = 4500 m
입니다.
집에서 각 장소까지의 거리를 비교해 보면
4900 m > 4500 m > 4280 m이므로 집에서 가장
먼 곳은 도서관입니다.

1 6

2 예 3 cm / 3 cm 5 mm

3 (1) 예 |————————————- - - - - -

   (2) 예 |————————— - - - - - - -

4 ②, ④

5 (1) mm (2) cm (3) km (4) m

6 (○)   **7** ㉠
   ( )
   ( )

8 (1) 180 cm (2) 2 m 50 cm (3) 420 km

9 가

10 ㉢ / 예 학교에서 문구점까지의 거리는 약 150 m
입니다.

11 극장, 경찰서

---

1 물감의 길이는 색 테이프의 길이의 3배 정도입니다.
따라서 물감의 길이는 약 6 cm입니다.

4 1 km=1000 m임을 생각해 봅니다.

5 주어진 상황에 알맞은 길이의 단위를 찾아봅니다.

6 100원짜리 동전의 두께는 약 1 mm, 공깃돌의 길이
는 약 1 cm, 내 새끼 손톱의 너비는 약 5 mm입니다.
따라서 길이가 가장 짧은 것은 100원짜리 동전의 두
께입니다.

7 ㉠ 수학책 한 권의 두께 ➡ 약 9 mm
   ㉡ 등산로의 길이 ➡ 약 3 km
   ㉢ 전봇대의 높이 ➡ 약 5 m
   따라서 □ 안에 알맞은 단위가 mm인 것은 ㉠입니다.

8 단위의 크기와 수를 생각하여 알맞은 길이를 고릅니다.

9 적게 꺾어질수록 길이가 더 짧습니다.
따라서 더 적게 꺾어진 가의 길이가 더 짧습니다.

11 약 1 km=약 1000 m이고, 약 500 m의 2배입니다.
따라서 집에서 약 1 km 떨어진 곳을 모두 찾으면
극장, 경찰서입니다.

---

1 10시 25분 10초   **2** (1) 265 (2) 1, 40

3   **4**

5 (1) 분 (2) 시간 (3)초

6 420초   **7** 5분 25초

8 예 신발을 신는 데 5초가 걸렸습니다.

9 회전목마   **10** ㉢

11 미나

---

1 초바늘이 숫자 2를 가리키므로 10초입니다.

2 (1) 4분 25초=4분+25초=240초+25초=265초
   (2) 100초=60초+40초=1분+40초=1분 40초

3 55초이므로 초바늘이 숫자 11을 가리키도록 그립니다.

4 • 3분 32초=3분+32초=180초+32초=212초
   • 6분 12초=6분+12초=360초+12초=372초

6 초바늘이 시계를 한 바퀴 도는 데 걸리는 시간은 60초
이므로 시계를 7바퀴 도는 데 걸리는 시간은
60×7=420(초)입니다.

7 325초=300초+25초=5분+25초=5분 25초

9 7분 30초=7분+30초=420초+30초=450초
➡ 450초>445초이므로 탑승 시간이 더 긴 놀이
기구는 회전목마입니다.

10 ㉢ 동요 한 곡을 부르는 데 걸리는 시간은 1시간보다
짧으므로 1분이 알맞습니다.
따라서 시간의 단위를 잘못 쓴 문장은 ㉢입니다.

11 1분=60초이므로 3분 25초=205초입니다.
오래매달리기 기록을 비교해 보면
215초>205초>200초이므로 기록이 가장 좋은
친구는 미나입니다.

1 (1) 5시 40분   (2) 7시간 6분 3초
   (3) 40분 49초   (4) 8시간 24분 35초

2 45, 30   **3** 3시간 45분 29초

4 5시 17분 49초

5   3시 54분
      +   47분 12초
   ─────────────────
      4시 41분 12초

6 ㉡   **7** 3시간 5분 10초

8 예 딸기 따기, 딸기 포장하기 / 56분 45초

9 나 모둠   **10** 11시 55분

---

2 36분 52초＋8분 38초＝45분 30초

3 2시간 18분 54초＋1시간 26분 35초
    ＝3시간 45분 29초

4 시계가 나타내는 시각은 4시 29분 14초입니다.
    따라서 시계가 나타내는 시각에서 48분 35초 후의
    시각은 4시 29분 14초＋48분 35초＝5시 17분 49초
    입니다.

5 60분을 1시간으로 받아올림하여 계산해야 하는데
    100분을 1시간으로 받아올림하여 계산했습니다.

6 ㉠ 1시간 46분 8초＋3시간 57분 34초
      ＝5시간 43분 42초
    ㉡ 2시간 17분 38초＋3시간 12분 58초
      ＝5시간 30분 36초
    → 5시간 43분 42초＞5시간 30분 36초이므로 시
      간이 더 짧은 것은 ㉡입니다.

7 (그림을 완성하는 데 걸린 시간)
    ＝(밑그림을 그린 시간)＋(색칠을 한 시간)
    ＝1시간 15분 40초＋1시간 49분 30초
    ＝3시간 5분 10초

8 예 딸기 따기는 34분 20초, 딸기 포장하기는 22분
    25초이므로 두 가지 활동을 참여하는 데 걸리는
    시간은 34분 20초＋22분 25초＝56분 45초입
    니다.

---

9 가 모둠: 92초＝1분 32초이므로
    (가 모둠의 수영 기록의 합)
    ＝2분 19초＋1분 32초
    ＝3분 51초입니다.
    나 모둠: 114초＝1분 54초이므로
    (나 모둠의 수영 기록의 합)
    ＝1분 55초＋1분 54초
    ＝3분 49초입니다.
    → 3분 51초＞3분 49초이므로 기록이 더 빠른 모둠은
      나 모둠입니다.

10 (1회가 끝나는 시각)
    ＝10시＋50분
    ＝10시 50분
    (2회가 시작하는 시각)
    ＝10시 50분＋15분
    ＝11시 5분
    (2회가 끝나는 시각)
    ＝11시 5분＋50분
    ＝11시 55분

1 (1) 3시 22분   (2) 2시간 13분 45초
   (3) 18분 13초   (4) 3시간 21분 41초

2 16, 48   **3** 3시간 36분 11초

4   4시간 47분
      －   2분 35초
   ─────────────────
      4시간 44분 25초

5 준하   **6** ㉠

7 5시 12분 14초   **8** 3시 29분 44초

9 16초   **10** 1시간 10분 51초

11 민아, 1분 41초

---

2 42분 24초－25분 36초＝16분 48초

3 7시간 16분 46초－3시간 40분 35초
    ＝3시간 36분 11초

4 시는 시끼리, 분은 분끼리, 초는 초끼리 계산합니다.

5 1분＝60초이므로 60초와의 차를 각각 구하면 준하는 8초, 현우는 10초, 은미는 12초입니다.
따라서 1분에 가장 가깝게 말한 친구는 준하입니다.

6 ㉠ 3시간 20분 36초－45분 12초
＝2시간 35분 24초
㉡ 3시간 51분 25초－1시간 38분 43초
＝2시간 12분 42초
➡ 2시간 35분 24초＞2시간 12분 42초이므로 시간이 더 긴 것은 ㉠입니다.

7 시계가 나타내는 시각은 8시 35분 50초입니다.
따라서 시계가 나타내는 시각에서 3시간 23분 36초 전의 시각은
8시 35분 50초－3시간 23분 36초＝5시 12분 14초입니다.
참고 ●시 ■분 ▲초 전의 시각을 구할 때는 시간의 뺄셈을 이용합니다.

8 (운동을 시작한 시각)
＝(운동이 끝난 시각)－(운동을 한 시간)
＝5시 15분 24초－1시간 45분 40초
＝3시 29분 44초

9 129초＝2분 9초이므로
2분 9초＞2분 4초＞1분 53초
따라서 가장 빠른 모둠은 가장 느린 모둠보다
2분 9초－1분 53초＝16초 더 빨리 도착했습니다.

10 숙제를 시작한 시각은 3시 24분 37초이고, 숙제를 끝낸 시각은 4시 35분 28초입니다.
(숙제를 한 시간)
＝(숙제를 끝낸 시각)－(숙제를 시작한 시각)
＝4시 35분 28초－3시 24분 37초
＝1시간 10분 51초

11 (은호가 통화를 한 시간)
＝5시 35분 30초－5시 29분 46초
＝5분 44초
(민아가 통화를 한 시간)
＝7시 32분 15초－7시 24분 50초
＝7분 25초
➡ 5분 44초＜7분 25초이므로 민아가 통화를 7분 25초－5분 44초＝1분 41초 더 오래 했습니다.

단원 마무리하기 기본

78~80쪽

1 6, 8, 68
2 2, 500
3 (   )
 (○)
4 11, 20, 12
5 (1) 330 (2) 3, 20
6 (1) 5시간 52분 9초 (2) 54분 49초
7 ㉢
8 (1) mm (2) km
9 10, 3
10 <
11 ㉢
12 4 km
13 지현
14 7시 52분 24초
15
```
      6시  25분
  －      3분  55초
      6시  21분   5초
```
16 8시 8분 22초
17 ㉠, ㉢, ㉣
18 2시 27분 51초
19 풀이 예 은주: 22 cm＝220 mm
하준: 220 mm보다 6 mm 더 긴 길이는 226 mm입니다.
윤서: 213 mm
➡ 226 mm＞220 mm＞213 mm이므로 발 길이가 긴 친구부터 차례로 이름을 쓰면 하준, 은주, 윤서입니다.
답 하준, 은주, 윤서
20 풀이 예 가 모둠: 2분 54초＋3분 9초＝6분 3초
나 모둠: 3분 22초＋2분 47초＝6분 9초
➡ 6분 3초＜6분 9초이므로 경기에서 이긴 모둠은 가 모둠입니다.
답 가 모둠

2 수직선의 작은 눈금 한 칸의 길이는 100 m입니다.
따라서 2 km보다 500 m 더 먼 거리는
2 km 500 m입니다.

3 요구르트 한 병을 마시는 데 걸리는 시간은 1초보다 깁니다.

4 짧은바늘이 숫자 11과 12 사이를 가리키고 긴바늘은 숫자 4를 지났으므로 11시 20분이고 초바늘이 숫자 2에서 작은 눈금 2칸 더 간 곳을 가리키므로 12초입니다.

72 바른답 · 알찬풀이

5
(1) 5분 30초=5분+30초=300초+30초=330초
(2) 200초=180초+20초=3분+20초=3분 20초

7
㉠ 8640 m=8 km 640 m
㉡ 8 km 640 m
㉢ 8 km 64 m
따라서 길이가 다른 것은 ㉢입니다.

8 주어진 상황에 알맞은 길이의 단위를 찾아봅니다.

9 4 cm 7 mm+5 cm 6 mm=10 cm 3 mm

10 3 km 9 m=3 km+9 m
                 =3000 m+9 m=3009 m
➜ 3009 m < 3200 m

11 1 km=1000 m임을 생각해 봅니다.

12 기차역에서 식물원까지의 거리는 약 2 km이고, 기차역에서 동물원까지의 거리는 기차역에서 식물원까지의 거리의 약 2배이므로 약 4 km입니다.

13 2분 47초=2분+47초=120초+47초=167초입니다.
➜ 167초>160초이므로 철봉에 더 오래 매달린 친구는 지현입니다.

14 시계가 나타내는 시각은 9시 38분 24초입니다.
➜ 9시 38분 24초에서 1시간 46분 전의 시각은
9시 38분 24초−1시간 46분=7시 52분 24초입니다.

15 1분을 60초로 받아내림하여 계산해야 하는데 1분을 100초로 받아내림하여 계산했습니다.

16 (숙제를 끝낸 시각)
=(숙제를 시작한 시각)+(숙제를 한 시간)
=6시 28분 55초+1시간 39분 27초
=8시 8분 22초

17 1시간 10분=70분이므로 3가지 체험을 하는 시간의 합이 70분을 넘지 않아야 합니다.
➜ ㉠+㉢+㉣=32분+20분+15분=67분

18 (관람을 시작한 시각)
=(관람을 마친 시각)−(관람한 시간)
=5시 12분 20초−2시간 44분 29초
=2시 27분 51초

19

채점 기준	
상	풀이 과정을 완성하여 발 길이가 긴 친구부터 차례로 이름을 쓴 경우
중	풀이 과정을 완성했지만 일부가 틀린 경우
하	답만 쓴 경우

20

채점 기준	
상	풀이 과정을 완성하여 경기에서 이긴 모둠을 구한 경우
중	풀이 과정을 완성했지만 일부가 틀린 경우
하	답만 쓴 경우

단원 마무리하기 심화
81~83쪽

1 2 cm 6 mm

2 1, 700, 1700

3

4

5 (1) 초 (2) 분

6

7 (1) 1 m 60 cm (2) 5 mm

8 은행

9 병원, 마트

10 ㉡, ㉢, ㉠

11 (위에서부터) 41 / 4, 40

12

13 2시간 23분

14 39분 47초

15 7 cm 2 mm

16 소방서, 350 m

17 1 km

18 11시간 15분 32초

19 ㉡ / 예 설악산의 높이는 약 1700 m입니다.

20 풀이 예 1교시 수업을 시작할 때부터 3교시 수업을 시작할 때까지 걸린 시간은
40+10+40+10=100(분)입니다.
100분=1시간 40분이므로 1교시 수업을 시작한 시각은 10시 50분−1시간 40분=9시 10분입니다.
답 9시 10분

1 클립의 길이는 1cm가 2번 들어간 길이보다 6mm 더 길므로 2cm 6mm입니다.

2 1km보다 700m 더 먼 거리는 1km 700m입니다.
→ 1km 700m＝1km＋700m
＝1000m＋700m＝1700m

3 ・5cm 6mm＝5cm＋6mm
＝50mm＋6mm＝56mm
・50cm 6mm＝50cm＋6mm
＝500mm＋6mm＝506mm
・56cm＝560mm

4 38초이므로 초바늘이 숫자 7에서 작은 눈금 3칸 더 간 곳을 가리키게 그립니다.

6
$$\begin{array}{r} 1 \\ 10분\ 55초 \\ +\ 29분\ 50초 \\ \hline 40분\ 45초 \end{array}$$

7 단위의 크기와 수를 생각하여 알맞은 길이를 고릅니다.

8 2km 50m＝2050m
→ 2050m＜2150m＜2510m이므로 선호네 집에서 가장 가까운 곳은 은행입니다.

9 약 1km＝약 1000m이고, 약 500m의 2배입니다. 따라서 준미네 집에서 약 1km 떨어진 곳을 모두 찾으면 병원, 마트입니다.

10 ㉡ 8분 30초＝8분＋30초＝480초＋30초＝510초
→ ㉡ 510초＞㉢ 500초＞㉠ 450초

11 ・초 단위 계산: 60＋30－□＝50, 90－□＝50,
□＝40
・분 단위 계산: □－1－18＝22, □－19＝22,
□＝41
・시 단위 계산: 7－□＝3, □＝4

12 왼쪽 시계가 나타내는 시각은 8시 10분 25초입니다.
(4분 30초 후의 시각)＝8시 10분 25초＋4분 30초
＝8시 14분 55초

13 65분＝1시간 5분
→ (리코더와 피아노를 연습한 시간)
＝(리코더를 연습한 시간)
＋(피아노를 연습한 시간)
＝1시간 18분＋1시간 5분＝2시간 23분

14 수영을 시작한 시각은 3시 35분 27초이고, 수영을 끝낸 시각은 4시 15분 14초입니다.
→ (수영을 한 시간)
＝(끝낸 시각)－(시작한 시각)
＝4시 15분 14초－3시 35분 27초
＝39분 47초

15 (색 테이프 2장의 길이의 합)
＝4cm 5mm＋4cm 5mm＝9cm
(이어 붙인 색 테이프의 전체 길이)
＝9cm－18mm＝90mm－18mm
＝72mm＝7cm 2mm

16 (집~경찰서~학교)＝1km 50m＋2600m
＝1km 50m＋2km 600m
＝3km 650m
(집~소방서~학교)＝2400m＋900m
＝3300m＝3km 300m
→ 3km 650m＞3km 300m이므로 소방서를 지나서 가는 것이
3km 650m－3km 300m＝350m 더 가깝습니다.

17 한 걸음이 약 50cm이므로 2걸음은 약 1m입니다. 2000걸음은 약 1000m＝약 1km이므로 집에서 버스 정류장까지의 거리는 약 1km입니다.

18 오후 6시 10분 24초＝18시 10분 24초
(낮의 길이)＝18시 10분 24초－5시 25분 56초
＝12시간 44분 28초
→ (밤의 길이)＝24시간－12시간 44분 28초
＝11시간 15분 32초
참고 하루는 24시간이므로
(밤의 길이)＝24시간－(낮의 길이)입니다.

19

20

6. 분수와 소수

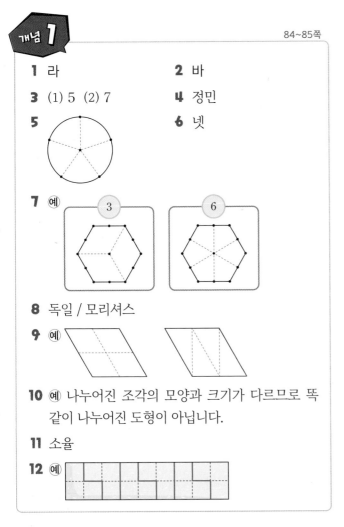

개념 1   84~85쪽

1 라　　　　　　**2** 바

3 (1) 5　(2) 7　　**4** 정민

5

6 넷

7 예

8 독일 / 모리셔스

9 예

10 예 나누어진 조각의 모양과 크기가 다르므로 똑같이 나누어진 도형이 아닙니다.

11 소율

12 예

---

1 나누어진 두 조각의 모양과 크기가 같은 것을 찾습니다.

2 나누어진 네 조각의 모양과 크기가 같은 것을 찾습니다.

3 (1) 모양과 크기가 같은 조각이 5조각 있습니다.
　　(2) 모양과 크기가 같은 조각이 7조각 있습니다.

4 나누어진 부분을 서로 겹쳐 보았을 때 완전히 겹쳐져야 도형을 똑같이 나눈 것입니다.
　　따라서 도형을 똑같이 나눈 친구는 정민입니다.

5 점을 이용하여 모양과 크기가 같도록 도형을 다섯으로 나누어 봅니다.

6 나누어진 네 조각의 모양과 크기가 같으므로 샌드위치는 똑같이 넷으로 나누어져 있습니다.

7 모양과 크기가 같도록 주어진 수만큼 도형을 똑같이 나누어 봅니다.

8 아랍에미리트와 태국 국기는 똑같이 나누어지지 않았습니다.

9 나누어진 네 조각의 모양과 크기가 같도록 도형을 나누어 봅니다.

11 지호: 똑같이 나누어지지 않았습니다.
　　선재: 똑같이 여덟으로 나누어졌습니다.

12 나누어진 떡의 모양과 크기가 같도록 나누어야 합니다. 전체 떡은 18조각이므로 한 부분이 3조각이 되도록 똑같이 여섯으로 나누어 봅니다.

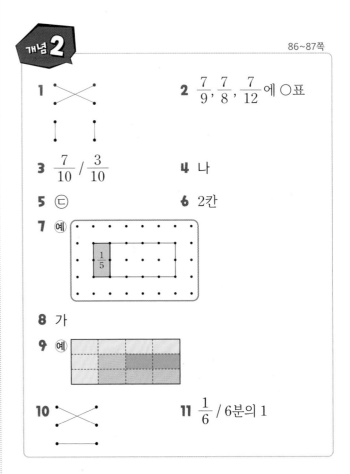

개념 2   86~87쪽

1

2 $\frac{7}{9}$, $\frac{7}{8}$, $\frac{7}{12}$ 에 ○표

3 $\frac{7}{10}$ / $\frac{3}{10}$　　**4** 나

5 ㉢　　　　　　**6** 2칸

7 예

$\frac{1}{5}$

8 가

9 예

10　　　　　　**11** $\frac{1}{6}$ / 6분의 1

---

1 • 전체를 똑같이 4로 나눈 것 중의 3을 분수로 나타내면 $\frac{3}{4}$이고 4분의 3이라고 읽습니다.
　　• 전체를 똑같이 6으로 나눈 것 중의 5를 분수로 나타내면 $\frac{5}{6}$이고 6분의 5라고 읽습니다.

2 $\dfrac{\blacktriangle}{\blacksquare}$에서 ■는 분모, ▲는 분자입니다.

→ 분자가 7인 분수는 $\dfrac{7}{9}, \dfrac{7}{8}, \dfrac{7}{12}$입니다.

3 • 색칠한 부분: 전체를 똑같이 10으로 나눈 것 중의 7

→ $\dfrac{7}{10}$

• 색칠하지 않은 부분: 전체를 똑같이 10으로 나눈 것 중의 3 → $\dfrac{3}{10}$

4 가: $\dfrac{2}{6}$　　나: $\dfrac{4}{6}$　　다: $\dfrac{4}{5}$

따라서 $\dfrac{4}{6}$만큼 색칠한 것은 나입니다.

5 ㉠ 분자는 2입니다.
㉡ 분모는 8입니다.

6 $\dfrac{9}{15}$는 전체를 똑같이 15로 나눈 것 중의 9입니다.

→ 전체 15칸 중 7칸이 색칠되어 있으므로
　9−7=2(칸) 더 색칠해야 합니다.

7 $\dfrac{1}{5}$은 전체를 똑같이 5로 나눈 것 중의 1이고 $\dfrac{1}{5}$이 그려져 있으므로 전체는 부분이 5개 모인 모양이 되도록 그립니다.

8 가: $\dfrac{3}{6}$　　나: $\dfrac{4}{7}$　　다: $\dfrac{4}{7}$

따라서 색칠한 부분이 나타내는 분수가 다른 하나는 가입니다.

9 전체를 똑같이 12칸으로 나눈 것 중 6칸만큼 노란색, 4칸만큼 초록색, 2칸만큼 파란색으로 색칠합니다.

10 각각의 부분은 전체의 $\dfrac{1}{3}, \dfrac{1}{4}, \dfrac{1}{6}$이므로 전체는 주어진 부분이 3개, 4개, 6개 모인 모양인 것을 찾습니다.

11 피자 한 판을 똑같이 6조각으로 나눈 것 중 연아는 2조각, 준호는 3조각을 먹었으므로 남은 피자는 6−2−3=1(조각)입니다.

따라서 남은 피자는 전체를 똑같이 6조각으로 나눈 것 중의 1이므로 전체의 $\dfrac{1}{6}$이라 쓰고 6분의 1이라고 읽습니다.

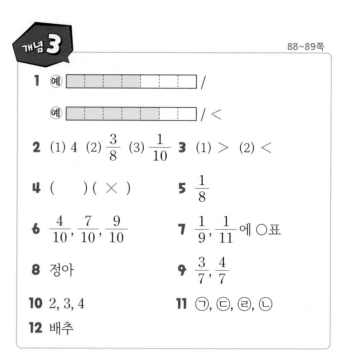

개념3

88~89쪽

1 예 ▨▨▨▨▨□□□□ /
예 ▨▨▨▨▨▨□□□ / <

2 (1) 4　(2) $\dfrac{3}{8}$　(3) $\dfrac{1}{10}$　　**3** (1) >　(2) <

4 (　) (×)　　**5** $\dfrac{1}{8}$

6 $\dfrac{4}{10}, \dfrac{7}{10}, \dfrac{9}{10}$　　**7** $\dfrac{1}{9}, \dfrac{1}{11}$에 ○표

8 정아　　**9** $\dfrac{3}{7}, \dfrac{4}{7}$

10 2, 3, 4　　**11** ㉠, ㉢, ㉣, ㉡

12 배추

1 색칠한 부분의 크기를 비교하면 $\dfrac{4}{7}$는 $\dfrac{5}{7}$보다 더 작습니다.

3 (1) 7>4 → $\dfrac{7}{9} > \dfrac{4}{9}$
(2) 5>3 → $\dfrac{1}{5} < \dfrac{1}{3}$

4 $\dfrac{6}{11}$과 $\dfrac{3}{11}$의 분자의 크기를 비교하면 6>3이므로 $\dfrac{6}{11} > \dfrac{3}{11}$입니다.

5 단위분수의 분자는 1이므로 분자와 분모의 차가 7인 단위분수의 분모는 8입니다. → $\dfrac{1}{8}$

6 분모가 같은 분수는 분자가 작을수록 더 작습니다.
→ $\dfrac{4}{10} < \dfrac{7}{10} < \dfrac{9}{10}$

7 단위분수는 분모가 클수록 더 작습니다.
따라서 분모가 8보다 큰 단위분수를 모두 찾으면 $\dfrac{1}{9}, \dfrac{1}{11}$입니다.

8 $\dfrac{2}{8} < \dfrac{5}{8}$이므로 파이를 더 많이 먹은 친구는 정아입니다.

9 분모가 7이고 분자가 2보다 크고 5보다 작은 분수는 $\dfrac{3}{7}, \dfrac{4}{7}$입니다.

10 단위분수는 분모가 작을수록 더 크므로 $\dfrac{1}{\square}>\dfrac{1}{5}$이 되려면 $\square<5$이어야 합니다.

따라서 $\square$ 안에 들어갈 수 있는 수는 2, 3, 4입니다.

11 ㉠ $\dfrac{8}{9}$　㉡ $\dfrac{5}{9}$　㉢ $\dfrac{7}{9}$　㉣ $\dfrac{6}{9}$

→ ㉠ $\dfrac{8}{9}>$ ㉢ $\dfrac{7}{9}>$ ㉣ $\dfrac{6}{9}>$ ㉡ $\dfrac{5}{9}$

12 무를 심은 밭은 밭 전체의 $\dfrac{3}{8}$입니다.

→ $\dfrac{5}{8}>\dfrac{3}{8}$이므로 배추를 심은 밭이 더 넓습니다.

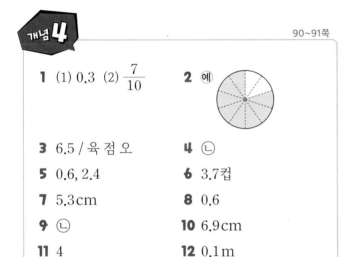

개념 **4**　90~91쪽

1 (1) 0.3　(2) $\dfrac{7}{10}$　**2** 예

3 6.5 / 육 점 오　**4** ㉡

5 0.6, 2.4　**6** 3.7컵

7 5.3 cm　**8** 0.6

9 ㉡　**10** 6.9 cm

11 4　**12** 0.1 m

2 0.1이 8개인 수는 0.8입니다.

$0.8=\dfrac{8}{10}$이고 $\dfrac{8}{10}$은 전체를 똑같이 10으로 나눈 것 중의 8이므로 8칸을 색칠합니다.

3 $\dfrac{5}{10}=0.5$이므로 6과 $\dfrac{5}{10}$만큼인 수는 6.5라 쓰고 육 점 오라고 읽습니다.

4 ㉠ 0.6은 0.1이 6개입니다. → $\square=6$
㉡ 0.1이 2개이면 0.2입니다. → $\square=2$
→ 6>2이므로 $\square$ 안에 알맞은 수가 더 작은 것은 ㉡입니다.

5 수직선에서 작은 눈금 한 칸은 0.1을 나타내므로 0.1 이 6개인 수는 0.6, 2와 0.4만큼인 수는 2.4입니다.

6 컵에서 눈금 한 칸은 0.1컵입니다.
오렌지주스는 3컵과 0.7컵만큼이므로 모두 3.7컵입니다.

7 크레파스의 길이는 5 cm 3 mm입니다.
3 mm=0.3 cm이므로 5 cm 3 mm=5.3 cm입니다.

8 국화를 심은 칸은 $10-4=6$(칸)입니다.
따라서 국화를 심은 칸은 화단을 똑같이 10칸으로 나눈 것 중의 6칸이므로 전체의 0.6입니다.

9 ㉠ 4와 0.2만큼인 수는 4.2입니다.
㉡ 0.1이 24개인 수는 2.4입니다.
㉢ $\dfrac{1}{10}=0.1$이고 0.1이 42개인 수는 4.2입니다.
따라서 나타내는 수가 다른 하나는 ㉡입니다.

10 9 mm=0.9 cm이므로
6 cm 9 mm=6.9 cm입니다.

11 • $\dfrac{8}{10}=0.8$이고, 0.8은 0.1이 8개인 수입니다.
→ ㉠=8
• $0.4=\dfrac{4}{10}$이고, $\dfrac{4}{10}$는 $\dfrac{1}{10}$이 4개인 수입니다.
→ ㉡=4
→ ㉠-㉡=8-4=4

12 색 테이프 1 m를 똑같이 10칸으로 나눈 것 중의 1칸 은 $\dfrac{1}{10}$ m=0.1 m입니다.
윤아는 2칸, 재환이는 7칸을 사용했으므로 남은 색 테이프는 1칸입니다.
따라서 남은 색 테이프의 길이는 0.1 m입니다.

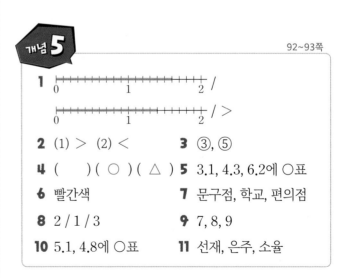

개념 **5**　92~93쪽

2 (1) >　(2) <　**3** ③, ⑤

4 (　) (○) (△)　**5** 3.1, 4.3, 6.2에 ○표

6 빨간색　**7** 문구점, 학교, 편의점

8 2 / 1 / 3　**9** 7, 8, 9

10 5.1, 4.8에 ○표　**11** 선재, 은주, 소율

1 수직선에 나타냈을 때 1.6이 1.4보다 더 오른쪽에 있으므로 1.6이 1.4보다 더 큽니다.
→ 1.6>1.4

2 (1) 3.2 > 2.7
        └─ 3 > 2 ─┘

(2) 6.1 < 6.5
    └─ 1 < 5 ─┘

3 ③ 5.1 > 4.9   ⑤ 2.5 > 2.3
       └─5 > 4─┘   └─5 > 3─┘

4 소수점 왼쪽에 있는 수의 크기가 같으므로 소수점 오른쪽에 있는 수의 크기를 비교하면 1.8 > 1.3 > 1.2입니다.

5 · 2.8 = 2.8   · 2.8 < 3.1   · 2.8 > 1.9
     · 2.8 < 4.3   · 2.8 < 6.2

6 6.4 > 5.9이므로 빨간색 테이프의 길이가 더 깁니다.

7 세 소수의 크기를 비교하면 1.8 > 1.4 > 0.9이므로 집에서 거리가 먼 곳부터 차례로 쓰면 문구점, 학교, 편의점입니다.

8 칠 점 육: 7.6
     1이 7개, 0.1이 8개인 수: 7.8
     → 7.3 < 7.6 < 7.8

9 소수점 왼쪽에 있는 수의 크기가 같으므로 소수점 오른쪽에 있는 수의 크기를 비교하면 6 < □입니다. 따라서 □ 안에 들어갈 수 있는 수는 7, 8, 9입니다.

10 0.1이 45개인 수는 4.5이므로 주어진 수 중에서 4.5보다 크고 5.2보다 작은 수를 모두 찾으면 5.1, 4.8입니다.

11 발 길이를 소수로 나타내면
     은주: 23 cm 5 mm = 23.5 cm
     선재: 242 mm = 24.2 cm
     소율: 22.8 cm
     → 24.2 > 23.5 > 22.8이므로 발 길이가 긴 친구부터 차례로 이름을 쓰면 선재, 은주, 소율입니다.

94~96쪽

1 가, 나   **2** 라, 바

3 다, 마   **4** $\frac{1}{8}$에 ○표

---

5 $\frac{3}{7}$ / 7분의 3   **6** 예 [그림]

7 >, 예 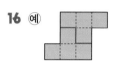   **8** 0.6 / 영 점 육

9 2.8 m   **10** ㉣

11 [선잇기]   **12** 3.5컵

13 나   **14** (1) <   (2) <

15 2.1에 ○표, 0.2에 △표

16 예 [그림]   **17** $\frac{4}{8}$, $\frac{5}{8}$

18 7, 6

19 풀이 예 $\frac{4}{7}$는 $\frac{1}{7}$이 4개입니다. → ㉠ = 1
     0.1이 15개이면 1.5입니다. → ㉡ = 15
     따라서 ㉠ + ㉡ = 1 + 15 = 16입니다.
     답 16

20 풀이 예 남은 떡의 양은 10 − 4 − 1 = 5(조각)입니다.
     전체를 똑같이 10으로 나눈 것 중의 5는
     $\frac{5}{10}$ = 0.5입니다.
     답 $\frac{5}{10}$, 0.5

1 나누어진 조각의 모양과 크기가 같지 않은 도형을 모두 찾으면 가, 나입니다.

2 나누어진 두 조각의 모양과 크기가 같은 도형을 모두 찾으면 라, 바입니다.

3 나누어진 세 조각의 모양과 크기가 같은 도형을 모두 찾으면 다, 마입니다.

4 단위분수는 분자가 1인 분수입니다.

5 전체를 똑같이 7로 나눈 것 중의 3은 $\frac{3}{7}$이라 쓰고 7분의 3이라고 읽습니다.

6 $\frac{5}{9}$는 전체를 똑같이 9로 나눈 것 중의 5입니다.

7 색칠한 부분이 많을수록 더 큰 분수입니다.

8 0.1이 6개인 수는 0.6이고 영 점 육이라고 읽습니다.

9 2와 0.8만큼인 수는 2.8입니다.
따라서 이어 붙인 색 테이프의 전체 길이는 2.8 m 입니다.

10 점선 ㉠, ㉡, ㉢으로 나누면 도형을 똑같이 둘로 나눌 수 있습니다.

11 • 전체를 똑같이 3으로 나눈 것 중의 2 ➡ $\frac{2}{3}$

• 전체를 똑같이 5로 나눈 것 중의 3 ➡ $\frac{3}{5}$

• 전체를 똑같이 6으로 나눈 것 중의 4
➡ $\frac{4}{6}$ (6분의 4)

12 컵에서 눈금 한 칸은 0.1컵입니다.
물은 3컵과 0.5컵만큼이므로 모두 3.5컵입니다.

13 가: $\frac{5}{9}$ 　 나: $\frac{5}{8}$ 　 다: $\frac{5}{9}$

➡ 색칠한 부분이 나타내는 분수가 다른 하나는 나입니다.

14 (1) $2<7$ ➡ $\frac{2}{8}<\frac{7}{8}$

(2) $15>14$ ➡ $\frac{1}{15}<\frac{1}{14}$

15 먼저 소수점 왼쪽에 있는 수의 크기를 비교하고, 소수점 왼쪽에 있는 수의 크기가 같으면 소수점 오른쪽에 있는 수의 크기를 비교합니다.

16 과 같이 나눌 수도 있습니다.

17 분모가 8이고 분자가 3보다 크고 6보다 작은 분수는 $\frac{4}{8}$, $\frac{5}{8}$입니다.

18 가장 큰 소수를 만들려면 소수점 왼쪽에 가장 큰 수를 놓고, 소수점 오른쪽에 두 번째로 큰 수를 놓습니다.
➡ 7.6

19

채점 기준	
상	풀이 과정을 완성하여 ㉠과 ㉡에 알맞은 수의 합을 구한 경우
중	풀이 과정을 완성했지만 일부가 틀린 경우
하	답만 쓴 경우

20

채점 기준	
상	풀이 과정을 완성하여 남은 떡의 양을 분수와 소수로 각각 나타낸 경우
중	풀이 과정을 완성했지만 일부가 틀린 경우
하	답만 쓴 경우

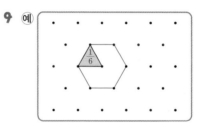

97~99쪽

단원 마무리하기 심화

1 나, 라 　　　　**2** 세호

3 (1) 7 　(2) $\frac{3}{5}$ 　　**4** 0.7 / 영 점 칠

5 (1) $>$ 　(2) $<$ 　　**6** 재진

7 2.4 km 　　　　**8** $\frac{1}{12}$ / $\frac{1}{20}$

9 예

10 7, 8, 9 　　　　**11** 나, 다

12 ㉠ 　　　　　　**13** ㉠

14 ㉠, ㉣, ㉢, ㉡ 　**15** 4개

16 해수 　　　　**17** $\frac{1}{3}$, $\frac{1}{4}$, $\frac{1}{5}$

18 다, 가, 나

19 풀이 예 전체를 똑같이 10으로 나눈 것 중의 4에는 당근을, 2에는 파를, 1에는 고구마를 심었으므로 상추를 심은 부분은 $10-4-2-1=3$입니다.
따라서 상추를 심은 부분은 전체의 0.3입니다.
답 0.3

20 풀이 예 $\frac{9}{13}$는 $\frac{1}{13}$이 9개인 수입니다.
양동이의 $\frac{1}{13}$만큼을 채우는 데 8분이 걸리므로 $\frac{9}{13}$만큼을 채우는 데 걸리는 시간은
$8\times9=72$(분)입니다.
따라서 72분=1시간 12분입니다.
답 1시간 12분

위크북

1 나누어진 네 조각의 모양과 크기가 같은 도형을 찾습니다.

2 세호: 전체를 똑같이 5로 나눈 것 중의 1을 색칠하였으므로 $\frac{1}{5}$만큼 색칠한 것입니다.

4 색칠한 부분은 전체를 똑같이 10으로 나눈 것 중의 7이므로 $\frac{7}{10}$이고 $\frac{7}{10}=0.7$입니다.

5 (1) $7>3$ ➡ $\frac{7}{8}>\frac{3}{8}$

(2) $2.8<4.5$
$\underset{2<4}{\underline{\phantom{2.8<4.}}}$

6 $\frac{3}{6}<\frac{5}{6}$이므로 수영을 더 오래 한 친구는 재진입니다.

7 $\frac{4}{10}=0.4$입니다.

➡ 2와 0.4만큼인 수는 2.4이므로 윤서가 걸은 거리는 2.4 km입니다.

8 단위분수는 분모가 클수록 더 작습니다.
$20>16>15>12$이므로 $\frac{1}{20}<\frac{1}{16}<\frac{1}{15}<\frac{1}{12}$입니다.

➡ 가장 큰 수: $\frac{1}{12}$, 가장 작은 수: $\frac{1}{20}$

9 $\frac{1}{6}$은 전체를 똑같이 6으로 나눈 것 중의 1이고 $\frac{1}{6}$이 그려져 있으므로 전체는 부분이 6개 모인 모양이 되도록 그립니다.

10 단위분수는 분모가 작을수록 더 크므로 $\frac{1}{\square}>\frac{1}{7}$이 되려면 $\square<7$이어야 합니다.

➡ $\square$ 안에 들어갈 수 있는 수는 2, 3, 4, 5, 6이므로 $\square$ 안에 들어갈 수 없는 수는 7, 8, 9입니다.

11 가: 부분은 전체를 똑같이 3으로 나눈 것 중의 2입니다.
라: 부분은 전체를 똑같이 5로 나눈 것 중의 2입니다.

12 ㉠ 7 cm 9 mm=7.9 cm
㉡ 74 mm=7.4 cm
㉢ 7.6 cm

➡ $7.9>7.6>7.4$이므로 길이가 가장 긴 것은 ㉠입니다.

13 ㉠ 0.1이 17개이면 1.7입니다. ➡ $\square=17$
㉡ $\frac{8}{14}$은 $\frac{1}{14}$이 8개입니다. ➡ $\square=14$
따라서 $\square$ 안에 알맞은 수가 더 큰 것은 ㉠입니다.

14 ㉠ 5.7   ㉡ 0.8   ㉢ 0.9   ㉣ 5.5

➡ $5.7>5.5>0.9>0.8$이므로 큰 수부터 차례로 기호를 쓰면 ㉠, ㉣, ㉢, ㉡입니다.

15 소수점 왼쪽에 있는 수의 크기가 같으므로 소수점 오른쪽에 있는 수의 크기를 비교하면 $3<\square<8$입니다.

➡ $\square$ 안에 들어갈 수 있는 수는 4, 5, 6, 7이므로 모두 4개입니다.

16 남은 음료수의 양을 비교하면 $5>2$이므로 $\frac{5}{9}>\frac{2}{9}$입니다.
남은 음료수의 양이 적을수록 음료수를 더 많이 마신 것이므로 음료수를 더 많이 마신 친구는 해수입니다.

17 단위분수는 분자가 1인 분수이고, 단위분수는 분모가 작을수록 더 큽니다.
따라서 분모가 2보다 크고 6보다 작은 단위분수는 $\frac{1}{3}, \frac{1}{4}, \frac{1}{5}$입니다.

18 2 cm 6 mm=2.6 cm, 22 mm=2.2 cm이고,
$2.6 \text{ cm}>2.5 \text{ cm}>2.2 \text{ cm}$입니다.
따라서 비의 양이 2 cm 6 mm인 곳이 가 지역,
22 mm인 곳이 나 지역, 2.5 cm인 곳이 다 지역입니다.

19

	채점 기준
상	풀이 과정을 완성하여 상추를 심은 부분은 전체의 얼마인지 소수로 나타낸 경우
중	풀이 과정을 완성했지만 일부가 틀린 경우
하	답만 쓴 경우

20

	채점 기준
상	풀이 과정을 완성하여 양동이의 $\frac{9}{13}$만큼을 채우려면 몇 시간 몇 분이 걸리는지 구한 경우
중	풀이 과정을 완성했지만 일부가 틀린 경우
하	답만 쓴 경우

www.mirae-n.com

학습하다가 이해되지 않는 부분이나 정오표 등의 궁금한 사항이 있나요?
미래엔 홈페이지에서 해결해 드립니다.

교재 내용 문의
나의 교재 문의 | 자주하는 질문 | 기타 문의

교재 정답 및 정오표
정답과 해설 | 정오표

함께해요! ▶
바른 공부법 캠페인

궁금해요! ▶
교재 질문 & 학습 고민 타파

공부해요! ▶
미래엔 에듀 초·중등 교재

참여해요! ▶
선물이 마구 쏟아지는 이벤트

하루 한장 비문학 독해 한 권이면 확! 달라집니다.

비문학
독해력 향상

+

사회·과학 영역
배경지식 확장

+

매체 정보를 분석하는
미디어 문해력 강화

하루 한장 비문학 독해의 똑똑한 학습 비법

비법 하나 **다양한 매체 자료로 미디어 문해력을 키워요!**

각종 매체를 통해 제공되는 카드 뉴스, 광고, 그래프 등을 이해하고 해석하는 힘을 키웁니다.

비법 둘 **폭넓은 사회·과학 이야기로 비문학 독해력을 키우고 교과 자신감도 길러요!**

초등 사회, 과학 교과서와 연계하여 선정한 주제의 글을 읽으며 독해력을 키우고 교과 공부력도
탄탄하게 다집니다.

비법 셋 **기본 뜻부터 쓰임까지 매일매일 어휘력을 향상시켜요!**

새롭게 알게 된 낱말의 뜻과 쓰임을 익히고, 이와 관련된 낱말들을 함께 공부합니다.

비법 넷 **블렌디드 러닝으로 교과 배경지식을 넓혀요!**

교재 속 QR코드를 스캔하면 다양한 자료를 볼 수 있습니다. 스스로 궁금증을
해결하며 깊이 있는 학습을 할 수 있습니다.

"문제 해결의 길잡이"와 함께 문제 해결 전략을 익히며 수학 사고력을 향상시켜요!

초등 수학 상위권 진입을 위한
"문제 해결의 길잡이" 비법 전략 4가지

비법 전략 1 문제 분석을 통한 **수학 독해력 향상**

문제에서 구하고자 하는 것과 주어진 조건을 찾아내는 훈련으로 수학 독해력을 키웁니다.

비법 전략 2 해결 전략 집중 학습으로 **수학적 사고력 향상**

문해길에서 제시하는 8가지 문제 해결 전략을 익히고 적용하는 과정을 집중 연습함으로써 수학적 사고력을 키웁니다.

비법 전략 3 문장제 유형 정복으로 **고난도 수학 자신감 향상**

문장제 및 서술형 유형을 풀이하는 연습을 반복적으로 함으로써 어려운 문제도 흔들림 없이 해결하는 자신감을 키웁니다.

비법 전략 4 스스로 학습이 가능한 **문제 풀이 동영상 제공**

해결 전략에 따라 단계별로 문제를 풀이하는 동영상 제공으로 자기 주도 학습 능력을 키웁니다.